自动化设备和工程的设计、安装、调试、故障诊断

姚福来　田英辉　孙鹤旭　等编著

U0257714

机械工业出版社

本书根据自动化相关专业的特点，从基本内容入手，对自动化设备的原理、结构、选型、安装、调试、验收和维护进行了较为全面的讲解，能够帮助自动化专业的技术人员在遇到问题时可以得心应手地完成任务。为了提高技术人员对各种自动化设备和工程的适应性，书中内容尽量涵盖自动化领域的方方面面。同时本书给出很多实际工作中最常用的设计、选型、安装、调试、故障诊断的方法，使学习者能够快速掌握自动化领域的各种实战技能。

　　本书力图使学习者在短期内基本掌握实际工作中最常用的一些实用知识，为自动化专业大中专毕业生、本科毕业生、研究生及爱好者快速进入实战状态提供帮助。本书可作为自动化专业的短期速成培训教材或自学教材。

图书在版编目（CIP）数据

自动化设备和工程的设计、安装、调试、故障诊断/姚福来等编著. —北京：机械工业出版社，2012.10（2024.6重印）

ISBN 978-7-111-40227-5

Ⅰ.①自… Ⅱ.①姚… Ⅲ.①自动化设备 Ⅳ.①TP2

中国版本图书馆 CIP 数据核字（2012）第 257252 号

机械工业出版社（北京市百万庄大街 22 号　邮政编码 100037）

策划编辑：林春泉　责任编辑：赵　任

版式设计：闫玥红　责任校对：陈立辉

封面设计：路恩中　责任印制：郜　敏

中煤（北京）印务有限公司印刷

2024 年 6 月第 1 版第 15 次印刷

184mm×260mm · 19 印张 · 527 千字

标准书号：ISBN 978-7-111-40227-5

定价：49.90 元

前　　言

　　本书首先对自动化领域的基本知识进行了较为全面的介绍，使工程技术人员对自动化领域的方方面面有一个基本且整体的了解。同时本书对自动化设备和自动化工程目前流行的一些结构、做法和趋势进行了深入浅出的讲解，并给出了一些自动化设备和自动化工程的实际案例。本书对自动化设备安装、调试、运行中经常出现的故障和问题进行了分析，并给出解决办法；同时对于工业现场经常出现的干扰问题，进行了分析，并给出解决办法。在后面的几个章节中，本书还对自动化工程的有关内容进行了简要且全面的讲解。

　　本书从应用层面对工程管理方法、经验、教训进行探讨，结合作者多年在不同行业的工程实践经验，从招投标、设计、设备采购、系统集成、软件开发、安装调试、竣工验收等各主要环节，介绍了电气自动化工程实施过程中的通用行业知识、项目管理知识及综合运用的经验。

　　自动化项目管理知识，旨在培养读者的工程思维模式。本书以项目管理为主线，结合自动化工程的特点，介绍了项目管理方面的专业技能，使工程技术人员尽快进入项目管理角色；按照实际项目实施流程，结合实例、工程经验，介绍了自动化项目管理的灵活运用，使工程管理人员逐渐成为出色的项目经理。本书的部分章节给出了工程总结和典型工程案例，这些案例既有各种技术方案的选择，又有管理方法的运用，通过典型案例的分析，读者可以更直观地理解实际工程项目的管理思想，能大大加强读者的临场感，强化实际问题的处理能力，快速提高项目管理经验，以便直接应用于实际工作中。

　　本书力图使学习者在短期内基本掌握实际工作中最常用的一些实用知识。本书可作为电气自动化工程建设领域项目管理的参考用书，工程设计人员、建设单位、总包方、施工企业、监理公司在实际工作中都可以参考；也可以作为从普通技术人员向复合型工程技术管理人才转型的指导用书；还可以作为新手快速入门，掌握自动化项目管理的培训教材。本书内容难免有不足、陈旧甚至错误的观点，欢迎大家不吝指教。

　　本书第18~23章的内容由田英辉高级项目经理编写，姚福来博士进行修改和整理；第3章、第7章、第9章和第10章的部分内容由孙鹤旭教授编写；第9章的部分内容由张艳芳高级工程师编写；第8章的部分内容由张艳彬工程师和王红霞工程师编写；第7章的部分内容由姚泊生工程师和姚雅明同学编写；其余各章均由姚福来博士编写。

作者

目　录

第1章 自动化设备和自动化工程

1.1 自动化设备、自动化系统和自动化项目

自动化设备和自动化系统存在于各行各业中。自动化设备多是指完成同一个任务自成一体的装置或较集中放置的装置和部件。自动化系统包含的范围更广一些，即使装置或部件不是集中放置，只要它们是完成同一个任务，也将它们称为一个自动化系统。自动化在不同的场合和不同的行业，它们会被赋予不同的名称，如电气自动化、过程自动化、电力自动化、冶金自动化、采矿自动化等。

自动化设备和自动化系统的组织和实施，统称为自动化项目的组织和实施。

1.2 电气自动化和过程自动化系统的特点

以跟随控制和位置动作控制为主线的电气自动化控制，如机械手、加工中心、数控机床、注塑机、自动化装配线和保证线等；以工艺参数（如温度、压力、流量、成分等）为控制目标的过程控制，如化肥、炼油、化工、制药、焦化等领域；以输电、配电、发电为目标的电力自动化系统，如电力公司、企业输配电部门的自动化系统；以煅烧、冶炼为控制目的的冶金自动化系统，如炼铁厂、水泥厂、玻璃厂等；以开采、输送和选矿为目的的采矿自动化系统，如矿山、煤矿、石膏矿、金矿、银矿、铁矿、锡矿等。

简单地讲，如果生产过程中的工件或物料其性质不发生化学变化，用物理方法或机械方法生产出的产品归为电气自动化，这样的系统执行机构以电动机为主，传感器以位置、速度传感器为主；参与反应的物料将改变化学性质或形态（如水汽相变），利用化学反应或相变反应来生产的产品归为过程自动化，这种系统以阀门、传送带输送、叶轮给料、定量泵、螺旋给料等执行器为主，传感器以温度、压力、流量、成分传感器为主。

1.3 电气自动化、电力自动化、采矿自动化和机械自动化系统的构成

电气自动化和机械自动化系统以传动和定位为主要目标，电动机是其主要执行器件，电气自动化系统的构成主要有：以速度、直线位移、旋转角度、接近开关等传感器组成的检测部分，以伺服电动机、步进电动机、直线电动机、同步电动机、异步电动机、气缸、液压缸为输出动力的执行部分，以电控柜、可编程序控制器（Programmable Logic Controller，PLC）、分布式控制系统（Distributed Control System，DCS）、同步控制器、PC、PID、触摸屏、按钮、继电器指示灯等装置和器件组成的控制部分。还有与此配套的丝杠、直线导轨、直线轴承、同步带、链条等辅助部分。检测传感器测得生产线上产品当前的位置，把信号送入控制柜，控制柜内的控制器经过分析、计算、判断，通过继电器、气缸或调速器等装置去控制执行机构的运动速度、运动位置和装置开合，并完成需要的加工、速度调节、位置调节、配合、包装、印刷、标记等工作。如果需要人工启停或干预，可以通过计算机屏幕或控制柜上的按钮实现。

电气自动化同步控制系统的工作原理：控制器启动整个系统运行，被加工的产品被输送到各

个工位，传感器检测各个工位当前的速度或位置，与设定的速度或位置进行比较，然后调节各个工位的运行速度和位置，以完成产品的加工。如自动化纸机生产线的网部、烘干、压光、卷曲等环节电动机的同步随动控制，数控自动化机床的几个坐标电动机的进退、旋转、定位等控制，多色自动印刷机的各色印刷辊电动机的同步套准控制，自动轧钢机的几个工位轧辊的同步控制，机械手的几个关节电动机的协调控制等。

电气自动化加工和装配生产线的工作原理：控制器启动输送装置，传送带（或链条）将需要装配的产品送到每一个工位，在每一个工位将需要装配的原料按一定的姿势或方向输送到出料口，由机械手（或组合气缸）拾取工件，检测到产品到达，且为合格品后，产品停止运动（或用止动气缸拦下），机械手将工件装到产品上，完成旋转紧固、冲孔、裁剪、喷漆、打标或点焊，如是液体灌装，则定量注入液体，产品运动进入下一个工序，一直到最后工位，完成产品的全部装配、加工和包装。如汽车、摩托车、电动车、减速机、继电器、按钮等设备或器件的自动化生产装配线、饮料灌装自动化生产线、家用电器自动化装配线、食品（药品、化工原料、电气产品等）的自动包装机等。

电力自动化系统以发电、输电和配电为主要目的，用电压传感器、电流传感器、功率传感器、功率因数传感器、接地测量传感器、短路测量传感器、漏电传感器、电能表等传感器检测各条电路的参数，用高压电动分断器、电动开关、接触器作为执行部件，用电控柜、PLC、DCS、PC、触摸屏、按钮、继电器指示灯等装置和器件做控制部件，检测传感器测得电路参数，把信号送入控制柜，控制柜内的控制器经过分析、计算、判断，通过各种开关去控制电路的通断和分合。如果需要人工启停或干预，可以通过计算机屏幕或控制柜上的按钮实现。发电部分主要是锅炉、汽轮机和并网控制，其中锅炉控制与过程自动化内容交叉。

采矿自动化系统以电动机拖动的挖掘机、开采机、通风、排水、传送带输送、料斗输送、选矿分拣等方法，把煤炭、石膏、矿石等挖掘出来，并分类和集中存储，其生产过程与电气自动化中的物料输送基本类似。

其实，大量的电气自动化系统是混合型的自动化系统，如数控加工中心既有各个坐标电动机的同步配合控制，也有更换刀具的装配控制，机械手既有几个关节电动机的同步协调控制，也有抓取和放下等装配动作，有可能还有油压闭环恒值控制。大量的电气自动化系统的电能都是由前端的配电系统提供的。数控机床和机械手如图1-1所示。

数控机床　　　　　　　　　　　　　　　　　机械手

图 1-1　数控机床和机械手

汽车自动化转配线和继电器装配线如图 1-2 所示。

汽车自动化转配线　　　　　　　　　　　　　　继电器装配线

图 1-2　汽车自动化转配线和继电器装配线

纸机自动化生产线和自动印刷机如图 1-3 所示。

纸机自动化生产线　　　　　　　　　　　　　　自动印刷机

图 1-3　纸机自动化生产线和自动印刷机

1.4　过程自动化和冶金自动化系统的构成

　　过程自动化系统以温度、压力、流量和成分为主要控制目标，阀门是过程控制系统的主要执行器件。过程控制系统的构成主要有：以温度、压力、液位、流量、成分等传感器（可能成千上万个）组成的检测部分，以电动（或气动）阀门、电动执行器、电动机、气缸、液压缸为输出动力的执行部分，以电控柜、PLC、DCS、同步控制器、PC、PID、触摸屏、按钮、继电器指示灯等装置和器件组成的控制部分，检测传感器测得生产流程中反应釜、发酵罐、合成塔、精馏塔、混合池和管路上的温度、压力、液位和成分，把信号送入控制柜，控制柜内的控制器经过分析、计算、判断，通过继电器、电动（或气动）阀门、气缸或调速器等装置去控制阀门的开度、闸板的高低、送料的速度和电动机的转速，并完成化合反应、混合、配比、发酵、保温、保压等工作。如果需要人工启停或干预，可以通过计算机屏幕或控制柜上的按钮实现。

　　冶金自动化系统以温度、压力、成分、重量、流量为主要测量参数，采用电动机拖动、阀门开关、叶轮给料、螺旋给料、传送带输送、链条输送等控制方式，以电控柜、PLC、DCS、PC、PID、触摸屏、按钮、继电器指示灯等装置和器件组成的控制部分，最后生产出合格的原材料产品。

　　间歇式过程控制系统的工作原理：控制器启动整个系统运行，控制阀门或给料机（如叶轮给料机、定量泵），按体积或重量比例投加各种化工原料，通过传感器测量重量或液位，加料完毕，关闭进料阀门或输送机，然后蒸汽加温诱发反应进行，也有些过程是用火烧制或加温，控制搅拌电动机运行，同时控制凉水流入反应釜内部交换器的流量，控制温度上升的速度，到达需要的温度，根据工艺要求保持一定时间，然后再加温、冷却或加料，如果压力过高，反应过快，则停止搅拌或打开排压阀门，生产过程完毕，打开阀门卸料，包装或灌装，完成产品的生产。这样的自动化生产过程有油漆、制药、食品、橡胶等化工产品的生产过程。

连续性过程控制的工作原理：控制器启动整个系统运行，控制阀门或给料机（如叶轮给料机、定量泵），按体积或重量比例持续投加各种化工原料或水，通过传感器测量重量或液位连续检测加入量，搅拌电动机起动，同时控制蒸汽和凉水的流量（或鼓风机）来控制反应釜（或锅炉）的温度，根据工艺要求保持一定的时间，然后进入下一个工艺过程，也有些过程控制并不控制温度，只是根据反应的速度和半成品的浓度控制反应时间，还有的过程只是控制压力、液位和流量，下一道工序的原料输入是上一道工序半成品的输出，一直到最后完成产品的生产，产品包装或灌装（如是电力则送入电网，如是污水，则排入管道）。这样的自动化生产过程有化肥、炼油、火力发电、污水处理、炼钢、净水等。

大量的过程自动化系统是混合型的自动化系统，在整个生产过程中，既有间歇性过程控制又有连续性过程控制，如化肥厂、水泥厂、钢铁厂、玻璃厂等。

化肥厂和炼油厂如图 1-4 所示。

化肥厂　　　　　　　　　　　　　　　　炼油厂

图 1-4　化肥厂和炼油厂

炼钢厂和火力发电厂如图 1-5 所示。

炼钢厂　　　　　　　　　　　　　　　　火力发电厂

图 1-5　炼钢厂和火力发电厂

污水处理厂和净水厂如图 1-6 所示。

污水处理厂　　　　　　　　　　　　　　　　　净水厂

图 1-6　污水处理厂和净水厂

1.5　综合自动化系统

对于多数的工厂企业，其内部的自动化系统多为综合自动化系统，里面既有电气自动化的内容，又有过程控制的内容，如在造纸厂，前面的制浆阶段，主要是过程控制的内容，后面的纸机同步控制则是电气自动化的内容；在汽车厂，虽然大量的是电气自动化系统，但是车间温度、湿度、喷漆的温度和配比控制，则是过程控制的内容；在化肥厂，虽然是过程控制在发挥主要作用，但是里面的水泵、风机、压缩机、定量泵的调速控制则是电气传动的内容，发电厂也是过程控制和电气自动化控制相混合的，所以在实际工厂中，大量存在的是综合自动化系统。

1.6　自动化工程与自动化知识的区别

完成自动化项目的过程称之为自动化工程，自动化工程不同于自动化技术和自动化知识，自动化知识中没有责任的概念，而自动化工程是做事，所以与自动化知识有很大不同。作为自动化工程应该包含以下内容：

1）想干什么事（项目的内容）。

2）想花多少钱干这个事（预算）。

3）什么机构能干这个事（企业资质）。

4）什么人能干这个事（个人资质）。

5）想多长时间干完这个事（工期）。

6）谁该干什么（分工）。

7）该怎么干（操作规范与标准）。

8）什么叫干好（验收标准，出厂验收与竣工验收）。

第2章　自动化设备和工程常用器件

2.1　指示灯

指示灯多由发光二极管（LED）组成，寿命较长。氖泡和灯泡组成的指示灯，寿命较短。指示灯通电后发光，断电后熄灭，一般用于指示电源的通断、设备起停状态、故障等。其工作电压有 AC 380V、AC 220V、DC 12V、DC 24V 等。电控柜常用按钮开孔尺寸为直径 22mm，其主要参数有电压等级、开孔尺寸、颜色、是否带标牌等，常见型号有 AD17、K22 等。

指示灯的外形如图 2-1 所示。

图 2-1　指示灯的外形

2.2　按钮和急停开关

按钮压下后触点动作，抬起后触点又复原，按钮一般用作设备的起停控制或功能输入。旋钮开关（1 档、2 档、3 档）则通过旋转一定角度并停在该位置使触点接通，反方向旋转又使触点断开，一般用于电源开关或功能切换。有些按钮是模块化的，可以自由增减；也有一些按钮的标准配置为一个常开触点和一个常闭触点。

急停按钮一般为红色或黄色，动作方式是用手压下时触点动作，然后自锁，只有用手将按钮旋转一定角度才能复位，一般用于事故紧急停车。

电控柜常用按钮的开孔尺寸为直径 22mm，其主要参数有常开触点数量、常闭触点数量、开孔尺寸、颜色、是否带灯、是否自锁、是否带标牌等，常见型号有 LA42、K22 等。

按钮的外形如图 2-2 所示。

2.3　熔断器

熔断器的作用类似于熔丝，当电流大于其标称电流的一定比例时，熔断器内的熔断材料（或熔丝）发热，经过一定时间后熔断，以保护电路，避免发生较大范围的损害。熔断器可以用作仪器仪表及电路装置的过载保护和短路保护。多数熔断器为不可恢复性产品（可恢复熔断器

急停按钮

图 2-2　按钮的外形

除外），一般二次电路用的熔断器电流小于 10A，动力用熔断器根据被保护装置或电路的电流值乘 2.3 倍的系数所得数值的上一档选取。快速熔断器还可以用来保护电力电子器件。常见型号有 RT14、RT32 等。

熔断器的外形如图 2-3 所示。

图 2-3　熔断器的外形

2.4　转换开关和电源开关

转换开关一般用作控制功能的转换及电源的通断，转换位置可以有很多档。转换开关上有多个常开触点和常闭触点，当转动转换开关到不同位置时，就有不同的触点发生断开和闭合动作，利用这些触点的开闭来完成电气功能的切换。常见型号有 LW5D、HZ12 等。

专门用作电源通断的转换开关叫电源开关，电源开关的转换位置一般为两档，颜色多为红黄搭配，触点容量（额定电流）一般较大。

转换开关和电源开关的外形如图 2-4 所示。

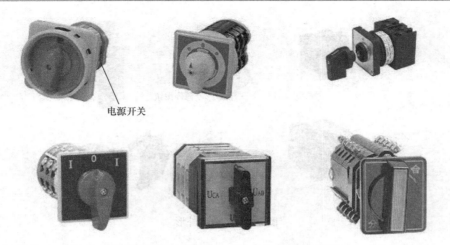

图 2-4　转换开关和电源开关的外形

2.5　断路器

断路器主要提供可以恢复的短路保护，当电路或电气装置发生瞬间短路或瞬间大电流时，断路器自动跳闸断开，以保护电路和电气装置，跳闸后可以人工重新合上。与熔断器比，断路器可以反复使用。断路器也叫空气断路器，断路器因利用空气为绝缘介质而得名，以区别于以油为绝缘介质的油开关。断路器分电路保护型和电机保护型，电路保护型的断路器其瞬间允许的跳闸电流约为 7 倍额定电流，电机保护型的约为 11 倍，这一点初学者一定要引起注意。断路器一般按被保护电机的 2.25 ~ 2.5 倍选取，没有同规格的向上一档选取，常见型号有 DZ47、C45、DZ12、DZ20 等。

断路器的外形如图 2-5 所示。

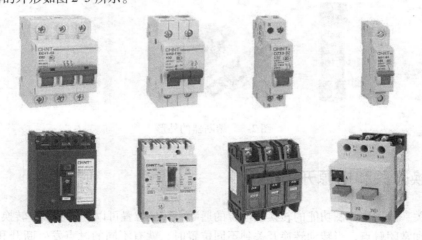

图 2-5　断路器的外形

2.6　交流接触器

交流接触器主要用来控制主电路设备的通、断电，因控制电流一般较大，其内有消弧装置，

　　交流接触器通电后铁心动作带动主触点和辅助触点动作，主触点接通主电路，辅助触点用于自锁、安全互锁或告知功能，线包断电，主触点抬起，主电路断电，辅助触点断开。主触点多数为3个常开触点，用于控制三相主电源；当有4个主触点时，可以同时控制零线的通断。辅助触点有常开触点和常闭触点，有些交流接触器的辅助触点是模块化的，可以自由增减。交流接触器的主要参数为触点电流和线包工作电压，触点电流一般按被控装置的额定电流选取，没有相同规格的向上一档选取。交流接触器柜内安装时要注意其前面留出说明书中要求的安全喷弧距离。常见型号有 CJ20、CJ12、NC3 等。

　　交流接触器的外形如图 2-6 所示。

图 2-6　交流接触器的外形

2.7　中间继电器

　　中间继电器的原理同交流接触器一样，也是利用线包的通、断电使触点发生闭合或断开的动作，只不过它的主要作用是控制中间电路或其他小功率电气装置的断通，在主电气元件之前起中继作用，或发出知告信号。中间继电器的触点无主辅之分，数量也有多有少，有一开一闭，四开四闭不等。有的中间继电器有防尘罩，以保护触点的清洁。常见型号有 JZ7、JZC4、JQX－13F、JZX－22F、HH52 等。

　　部分中间继电器及插座的外形如图 2-7 所示。

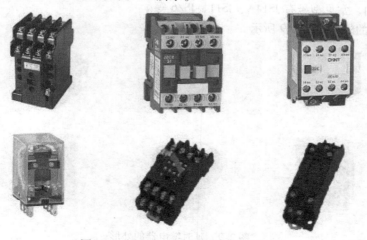

图 2-7　部分中间继电器及插座的外形

2.8　热继电器

　　热继电器由热感元件、动作电流设定钮和辅助触点等组成。将热继电器的主端子串入被保护的电路中，当电路有电流流过时，热感元件发热，当流过的电流超过设定值，经过一定时间，热感元件发热变形使辅助触点动作，辅助触点用于使交流接触器断电或接通故障信号灯。热继电器一般用于保护电路或电动机避免过载，当过载断开后可以按其上的复位按钮人工快速复位或自动复位。热继电器一般对瞬间过电流不敏感。热继电器的辅助触点多数为一常开一常闭。热继电器的主要参数为动作电流，选型时尽量保证被保护电动机的过载动作电流值位于设定旋钮可调节范围的区间内。常见型号有 JR20、JR36、NR2 等。

　　热继电器的外形如图 2-8 所示。

图 2-8　热继电器的外形

2.9　延时继电器

　　延时继电器由时间设定钮和控制触点等组成。延时继电器有通电延时型和断电延时型之分，对于通电延时型，继电器通电后，其触点延时一定时间后再发生动作，触点断电后立即释放；对断电延时型继电器，其触点在通电后马上动作，在断电后延时一定时间触点才释放，触点动作的时间由时间设定旋钮或开关设定。多数延时继电器的控制触点为一常开一常闭，较常用的是定时范围为 1min 之内，常见型号有 JS14A、JS11、JSZ6 等。

　　延时继电器的外形如图 2-9 所示。

图 2-9　延时继电器的外形

2.10　刀开关

刀开关在过去的配电设备中是一种较常见的通、断电控制装置，有 2 位和 3 位刀开关。刀开关上的熔断器起过载或短路保护作用，合上开关，电流接通，拉下开关，电源断开，上端口接进电侧，下端口接用户负载，其外形如图 2-10 所示，常见型号有 HD、HS、HH 等。

图 2-10　刀开关的外形

2.11　漏电开关

漏电开关主要用于保护人身安全，有单相和三相漏电开关之分，它的主要原理是根据电路中各相电流矢量之和为零。在单相电路中，相线上的电流 I_A 和零线上的电流 I_N 的矢量之和为零，也就是来的电流和回去的电流应该相等，并且方向相反，即 $I_A + I_N = 0$，$I_A = -I_N$。当发生人身触电事故时，由于一部分电流通过人体直接流入大地，使得 $I_A + I_N \neq 0$。以单相漏电开关为例，它是在一个铁心上把相线和零线绕相同的圈数，铁心上还绕有一个测量线圈，当无人触电时，因 $I_A = -I_N$，正向电流形成的磁场和负向电流形成的磁场作用相抵，所以测量线圈上无感应电流，漏电开关不动作；当有人触电时，$I_A \neq -I_N$，测量线圈上将有感应电流，该感应电流接在一个电磁线圈上，并使磁铁吸下，拉下漏电开关的脱扣器，使漏电开关断开，这就起到了保护人身安全的作用。三相电路的原理基本相同，它也是利用无人触电时三相电流 I_A、I_B、I_C 和零线电流 I_N 的矢量和为零的原理，既 $I_A + I_B + I_C + I_N = 0$，当无人触电时，漏电开关不动作，当 $I_A + I_B + I_C + I_N \neq 0$ 时，说明有漏电的地方，电流通过其他通路流入地下，漏电开关动作，开关断开。漏电检测单元和断路器共同组成一个漏电开关。常见型号有 DZ、CDB 等。

漏电开关的常见外形如图 2-11 所示。

图 2-11　漏电开关的常见外形

2.12　控制变压器和自耦变压器

变压器由绕在特制铁心上的几组线圈组成。变压器因用途不同分为电力变压器、自耦降压变压器、控制变压器等。常见变压器有单相变压器和三相变压器，自动控制领域常用的为控制变压器和自耦降压变压器。

控制变压器用于为控制电路或装置提供低压电源或隔离电源，输入侧电压和输出侧电压之比等于输入线圈匝数与输出线圈匝数之比。它的主要参数为额定功率、输入电压和输出电压等。常用的输出电压为 AC 6V、AC 12V、AC 24V 和 AC 36V 等。作为抗干扰用的隔离变压器，输入电压和输出电压相等，不过请注意，隔离后的输出侧如果没有一端接地，电压就不再有零线、相线之分，摸任何一根输出线都不会触电。

　　自耦降压变压器是通过缠在铁心上的同一组线圈在不同处的抽头来实现升压或降压的，不过在电气自动化领域应用较多的是起动电动机用的三相自耦降压变压器。多数三相自耦降压变压器有 65% 和 85% 两组降压抽头，其主要参数为功率。自耦降压变压器一般为短时工作制，时间太长就会发热而烧毁，初学者一定要注意这一点。

　　调压器有单相和三相之分，调压器用于调节电压的大小，多用于实验室。

　　控制变压器、自耦降压变压器、电抗器的外形如图 2-12 所示。

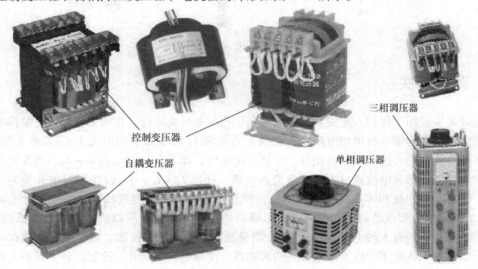

图 2-12　控制变压器、自耦降压变压器、电抗器的外形

2.13　进线电抗器、直流电抗器和出线电抗器

　　电抗器就是可以流过较大电流的电感，将电抗器的绕组串联在电路中，利用电感线圈中的电流不能突变的原理，提供续流和稳流作用。在变频器应用中，有时需要在三相电源输入侧串接三进三出的三相输入电抗器以减少变频器产生的谐波对电网的干扰；在变频器的中间直流环节串接一进一出的直流电抗器以提高功率因数；在电动机的输出侧串接三相输出电抗器以减少变频器产生的谐波对大地形成的位移电流漏电效应，延长变频器到电动机之间的使用距离。

　　电抗器的外形如图 2-13 所示。

图 2-13　电抗器的外形

2. 14　固态继电器和调功器

固态继电器用于控制交流单相电源或交流三相电源的通断，它的控制侧为直流电压信号（2 ~ 32V，也有的用交流电压进行控制），利用光电耦合或高频变压器耦合，控制反向并联的单相晶闸管或双向晶闸管（或 IGBT 等功率器件）切断和接通供电电源和负载的连接，双向晶闸管在电压过零时开启，负载电流过零时关断。固态继电器没有触点的闭合和断开，所以切换速度快，且没有电弧打火问题，缺点是有导通后的压降，关断后有漏电流，负载侧需注意安全。

利用 4 ~ 20mA（或直流电压信号）控制单相（或三相）交流电输出电压的大小的装置叫调功器，也有的叫无源调压器。

固态继电器和调功器的外形如图 2-14 所示。

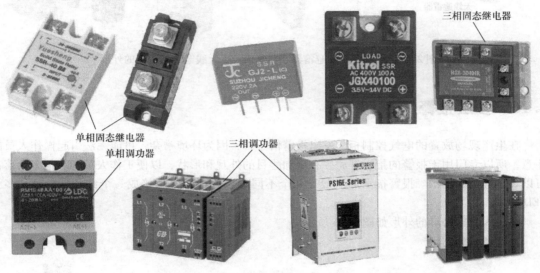

图 2-14　固态继电器和调功器的外形

2. 15　避雷器

在有些雷电高发区，雷电有可能通过电源、外部的信号线、外部控制线、天线馈线等通道窜入控制室，对控制柜中的电路、控制器和电气元件造成破坏，所以需要在电气控制柜中增加防雷措施。电源防雷的方法是将进入控制柜的外部电源的相线和零线同时用粗线接到避雷器上，并用粗线接好避雷器的地线，以将雷电引入地线，保护避雷器以后的线路免遭雷击。电源避雷器有单相和三相之分，弱电信号或通信信号的避雷措施是将输入信号接到避雷器上，避雷器上的输出信号进入控制柜内，保护柜内的输出侧避免遭受雷击。

电源电路的避雷器、弱电信号、天线馈线避雷器的外形如图 2-15 所示。

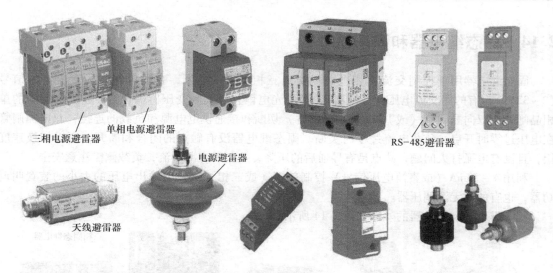

　　三相电源避雷器　　单相电源避雷器　　　　　　　　　　　　　　　　　RS-485避雷器

　　　　　　　　　　　　　　电源避雷器

　　天线避雷器

图 2-15　电源电路的避雷器、弱电信号、天线馈线避雷器的外形

2.16　多层报警灯

　　在生产现场放置的电气控制柜，发出报警信号时，因为环境嘈杂，可能无法引起操作人员的注意，所以专门用于报警的指示灯需要有更加醒目的外观和形状，以便工作人员能从很多角落都可以看到报警的指示。报警指示灯一般是几个不同颜色的报警灯串接成一个细长型的灯，多为LED灯。

　　多层闪光报警灯的外形如图 2-16 所示。

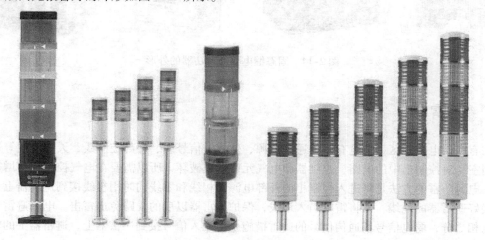

图 2-16　多层闪光报警灯的外形

2.17　蜂鸣器和报警器

　　蜂鸣器和报警器通电后会发出报警信号，以提醒工作人员注意，有压电式、机械式、电磁式等，工作电压有 DC 6V、DC 12V、DC 24V、DC 36V、AC 220V、AC 380V 等不同的电压等级，报

警声音也有很多种，常见型号有 ZAD、LA、AS、HY 等。

常见蜂鸣器和报警器的外形如图 2-17 所示。

图 2-17　常见蜂鸣器和报警器的外形

2.18　电压表

电压表一般并联在被测电路中，用于测量和指示电路的电压值，计量单位为 mV、V 或 kV，分数字式和指针式，因使用范围不同有不同的电压等级。电压表有直流和交流之分，常见型号有 6L2、CP96、1T1 等。

电压表的形状如图 2-18 所示。

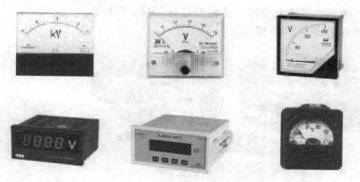

图 2-18　电压表的外形

2.19　电流表

电流表一般串接于被测电路中，用于测量和指示电路中流过电流的大小，测量单位为 mA、A、kA 等，分数字式和指针式，因被测电路电流的范围不同而有不同的测量等级，如 300A、100A 等。电流表也有测量交流和测量直流之分，常用型号有 6L2、CP96、1T1 等。

电流表的外形如图 2-19 所示。

图 2-19　电流表的外形

2.20　电流互感器

　　一般交流电流表不直接测量太大的电流，当被测电流大于 5A 时，一般用电流互感器将大电流变为 5A 以内的标准电流，再用电流表去测量。互感器的主要指标为电流比和一次侧穿匝数，电流比 300/5 的互感器指的是将 0~300A 的电流转变为 0~5A 的电流，一次侧穿匝数 1T 指的是被测线路穿过电流互感器内孔一次，需要注意的是电流互感器的二次侧不可开路，否则将因失去二次侧的去磁作用而导致互感器过热，甚至损坏。二次侧也会出现很高的电压而危害人身安全，在运行中更换电流表要先将二次侧短路，换好后再断开。电流互感器必须保持一端可靠接地，以防止绝缘损坏后高压侧电压传到二次侧，危害人身安全。电流互感器二次侧的外接仪表的电阻不能大于技术要求值，否则会影响测量精度。电流互感器是利用变压器原理，一次侧线圈和二次侧线圈是隔离的，二次侧的线圈数较多，常见型号有 LMZ、BH 等。

　　电流互感器的外形如图 2-20 所示。

图 2-20　电流互感器的外形

2.21　功率因数表

　　功率因数是指交流电路中电压和电流的相位角 ϕ 的余弦值 $\cos\phi$，它的值在 0~1 之间。工业中大量使用的电气装置多数为感性负载（如电动机、变压器等），这就造成电路的电流相位滞后于电压相位 0~90°，这样负载侧除实际消耗的功率外还占用了电源的无功功率，致使电源的利用率下降，电路损耗增加。实际应用中人们利用电容负载电流相位超前电压相位 0~90° 的特性对功率因数进行补偿，使其尽量接近 1，以解决无功损耗问题。常见型号有 42L、XJ96 等。
功率因数表的外形如图 2-21 所示。

图 2-21　功率因数表的外形

2.22　电能表

电能表主要用来计量电路中的输入、输出或两者之间的电能值（也叫千瓦时，记为 kW·h）。电能表多数情况下用于计量负载侧（用户）消耗的电能。交流电能表有单相、三相四线或三相三线之分，居民家中使用的多为单相电能表，工业或单位使用的多数为三相四线或三相三线电能表。电能表的电压和电流接线有一定的相序（顺序），需要按说明书接线，如果电能表倒转则把所有三相的电流进出接线同时对调一下，单相表则对调一相。脉冲电能表可以输出脉冲信号，电子式自动计费电能表用数码管或液晶屏幕显示购电剩余的读数和提醒报警。常见型号有 DD862、DD864 等。

电能表的外形如图 2-22 所示。

图 2-22　电能表的外形

2.23　开关电源

常规直流线性电源由变压器、整流桥、滤波电容和稳压器件组成，开关电源通过控制开关管的导通占空比来控制输出电压值，它比常规直流线性电源体积小且质量小，所以，近年来得到了大量的应用。它的输出电压可以有很多种，并且同时也可以有多组输出。常用的电压输出有 DC 5V、DC 6V、DC 10V、DC 12V、DC 15V、DC 24V 等。

常见开关电源的外形如图 2-23 所示。

图 2-23　常见开关电源的外形

第3章 自动化设备和工程常用传感器

传感器是把被测量的物理量（如压力、温度、流量、位置、速度等非电信号，电压、电流、功率等电信号）按照一定的规律转换成模拟电信号或开关电信号输出。如果把模拟电信号再转换为标准电信号输出就是变送器，两者基本差不多，就像过去定义的一次仪表（现场侧仪表）和二次仪表（显示或控制仪表）的概念一样。现在很多仪表是一体式的，既有测量也有显示或控制，传感器和变送器的区分也不是太严格，我们不用关心这些，只要会使用就可以了。

3.1 行程开关

行程开关也叫限位开关，行程开关有一个探测头，探测头可以是按钮状、杆状、弹簧状、轮状、板状等多种形式，它利用运动物体的机械碰撞产生开关信号，当运动的部件体碰到限位开关的探测头后，开关里面的触点动作。多数限位开关有一个常开触点和一个常闭触点，行程开关有直动式、滚轮式和微动式多种。

直动式的探测头为按钮状，运动物体压下按钮，里面的触点产生开关动作。

滚轮式的探测头为滚轮，运动物体拨动滚轮，里面的触点产生开关动作。滚轮式行程开关又分单滚轮和双滚轮，单滚轮的行程开关压下时动作，抬起时复位，而双滚轮式的行程开关是碰撞一个滚轮产生开关动作，碰撞另一个滚轮才能复位，一般这种行程开关用于工作台的往返控制。

微动式行程开关即微动开关，在电动阀门、小型机械和家用电器等设备上有较多的应用，探测头为一个小凸台或是一个探出的板，压下凸台或探出板则内部的开关动作。

行程开关可以安装在运动的部件上，也可以安装在固定不动的部件上。行程开关既可以检测直线运动的物体是否到位，也可以检测旋转的物体是否到位。行程开关主要用于检测运动物体是否到达某一位置，到达该位置时，由控制器完成诸如行程控制、保护停车、功能转换等一系列动作。

行程开关的外形如图3-1所示。

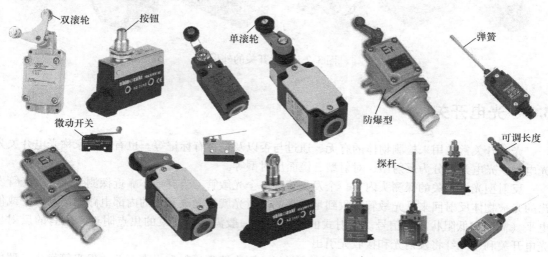

图3-1 行程开关的外形

3.2　接近开关

接近开关分为有源型（有电源供电）和无源型（无电源供电）两种。对于无源型的接近开关，如干簧管（或磁簧管）式接近开关，当有磁性物体接近它的感应部位时，内部触点发生动作，常见的是常开触点闭合。对于有源型的接近开关（如电感型、电容型、霍尔型），当有物体接近它的感应部位时，内部参数（电感、电容等）发生变化，从而电路发生动作，使输出端输出高电平或低电平，也有的是产生低电阻或高电阻状态，外界控制器根据此信号的变化，判别是否有物体靠近，这种接近开关有时也叫无触点行程开关。

电感型接近开关（或叫涡流式接近开关）主要是测量导电金属物体，金属物体接近传感器产生的磁场时，会在物体内产生涡流，并导致磁场发生变化，利用这一变化使内部电路判别有无导电物体靠近，进而产生开关信号。

电容型接近开关可以测量金属和非金属物体的靠近与否，传感器的探头是电容的一个极板，一般利用外壳构成另一个极板，当有物体靠近接近开关时，电容的介电常数变化，从而改变电容量，使得内部电路发生变化，进而产生开关信号。它可以检测导体或非导体的物质。

霍尔型接近开关是一种对磁场敏感的传感器，它主要检测带磁性的物体，当磁性物体接近时，开关上的霍尔元件产生霍尔效应从而使内部电路状态变化，产生开关信号。

电感、电容和霍尔等几种不同类型的接近开关，有时形状都很接近，所以选型时需要确认种类。接近开关的外形如图3-2所示。

图 3-2　接近开关的外形

3.3　光电开关

光电开关常被用来检测物体的有无、通过与否以及是否有标记等。也有的厂家称光电开关为光电眼。光电开关分为反射型、对射型、镜面反射型等。

反射型光电开关的探测头内有一个发光管和一个光敏管，当有物体靠近探测头时，发光管发出的光被物体反射回来，光敏管接收到足够强的反射光就使光电开关的内部电路输出高电平或低电平（高阻或低阻状态）信号。反射式的被测物体一般需要在光束的焦点附近，也有的反射型光电开关利用光纤将发射光和接收光引出。

反射型光电开关如果使用配套的镜面反射板，则为镜面反射型光电开关，发光管发光，照射到对面的反光板，如果没有物体阻拦光线，则光敏管可以接收返回来的光线，如果有物体在反光板与传感器中间通过，则收不到返回的光信号，内部电路状态输出的电平发生高低变化（高阻或低阻状态）。它可以实现较远距离内物体的检测，检测不透明的、透明的和半透明的物体。

对射型光电开关其发光管和光敏管分别被放置到相对的位置，当有物体通过发光管和光敏管之间的空间时，发光管的光线被阻挡，光敏管接收不到发光管射来的光线，光电开关的内部电路输出高电平或低电平（高阻或低阻状态）信号。它既可以做成远距离的红外开关，也可以做成小型的槽形结构。

光电开关发出的光有红外光、红色光、绿色光、蓝色光或激光等，发出的光线人眼不一定都可以看见。红外方式的光电开关在安全防范系统中多有应用，如热释电红外传感器，它使用热电元件探测人体辐射的红外光，使用透明塑料制成的菲涅尔透镜，透镜分成若干个聚焦区域，当人从前面走过时，人体辐射出的红外线交替进入非聚焦区（盲区）和聚焦区（高灵敏区），传感器收到的红外信号就出现强弱交替的脉冲信号，产生开关信号，热释电红外传感器的原理及外形如图 3-3 所示。

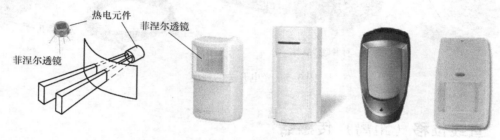

图 3-3　热释电红外传感器的原理及外形

色标光电传感器为反射式光电开关，主要用于多色印刷领域和印后模切自动化生产线，它发出一个 1.5mm×4mm（或其他尺寸）的光斑照射到印刷品一侧的黑色（或其他颜色）色标上，有黑色标记时，光敏管接收不到反射光，送出有标记（Mark）的高低信号，也有些色标传感器还送出 0～10V 的模拟信号以示反光的强度；没有黑色标记的印刷材料，光敏管接收到反射光，送出没有标记的信号。为了便于现场安装，有些色标传感器探测镜头的方向有两个位置可以选择，色标传感器的外形如图 3-4 所示。

图 3-4　色标传感器的外形

光电开关以非接触方式检测物体，即可以检测固体、液体、透明体、软体，也可以检测烟雾。它体积小、响应快、精度高，广泛应用于计数、物位、液位、检测孔、检测长度、色标检出、安全防范等场合。

光电开关的外形如图 3-5 所示。

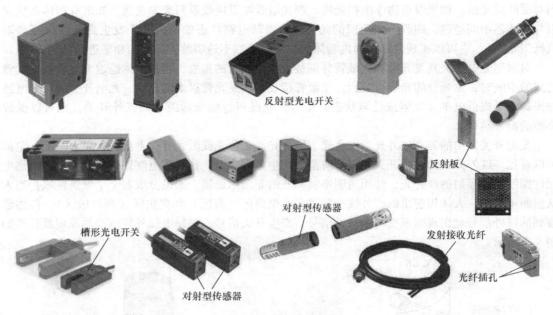

图 3-5　光电开关的外形

3.4　直线位移（距离）传感器

直线位移传感器用于检测直线方向的位移，把位移变成连续的电压、电流或电阻信号输出。直线位移传感器有电阻型、差动变压器型、光栅型和感应同步器型等。

电阻型直线位移传感器最简单，它类似于一个精密的直滑电位器，拉杆发生移位，它的电阻就发生变化。它的缺点是有相互接触的摩擦点，寿命较短，不过新型的塑料电位器已经很耐用，寿命长达几千万至几亿次。

光栅型位移传感器有玻璃透射光栅和钢带反射光栅，也叫光栅尺，它有主尺（或叫标尺光栅）和读数头，主尺上有很多光刻或腐蚀出的刻度线。读数头上有指示光栅，指示光栅上也有刻度线。主尺安装在滑动的工作台上，读数头固定安装，标尺光栅和指示光栅之间有很小的缝隙，可以相对运动。安装标尺光栅和指示光栅的刻度线有小的倾斜角度，这样在标尺光栅和指示光栅左右相对运动时，就会产生上下移动的摩尔条纹，摩尔条纹的数量远远大于运动走过的光栅刻度线的数量。读数头上有光电传感器，计量摩尔条纹数就可以得出位移变化量。光栅型直线传感器没有电阻型直线传感器那样的摩擦点，寿命长。

差动变压器型直线传感器由滑杆、激励绕组和检测线圈组成，内部金属滑杆直线移动时，检测线圈上的电压就进行相应改变，通过测量这种变化可以检测直线位移量。

感应同步器由定尺和滑尺组成，定尺和滑尺相对放置，滑尺上有覆铜刻蚀而成的两个励磁绕组，正弦激励绕组和余弦励磁绕组，极距为 T，正弦激励绕组和余弦励磁绕组相差 $90°$（合 1/4 极距），随着滑尺和定尺的位置变化，在定尺上的感应绕组中产生对应的周期性相位变化，通过检测相位的变化来测定直线位移量，感应同步器的原理如图 3-6 所示。

拉绳式直线位移传感器可以测量长距离，拉出的绳子带动一个旋转编码器旋转，这样就可以用脉冲数来表示长度。

滚轮式直线位移传感器是用一个固定直径的滚轮安在编码器的输入轴上，滚轮在被测移动物

体的平面上滚动，滚轮转过的角度即
代表了长度，可以用编码器的脉冲数
来计量长度。

另外，用激光、超声波、电感、
电容、磁致伸缩（魏德曼效应）等原
理也可以进行位移测量，相对而言这
些传感器在自动化生产线上应用数量
较少。

激光测距传感器是利用激光的发
射和接收之间的时间差来计算距离。

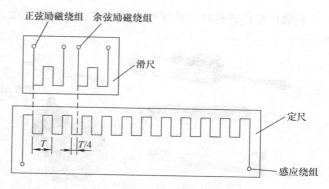

图 3-6　感应同步器的原理

激光二极管对目标发射激光，部分返
回的光用光学系统成像到雪崩光敏二极管上，雪崩光敏二极管能检测极其微弱的光。激光的单向
性好，可以测量一个点，精度非常高。激光测传感器可以输出 4～20mA 的标准信号或 RS－232、
RS－485 通信信号。

激光测距传感器的外形如图 3-7 所示。

图 3-7　激光测距传感器的外形

超声波测距传感器是利用声波的发射信号时间和接收时间之间的时间差来计算距离，在真空
中不能使用，且超声波散射面积太大，不能准确对集中在一起的多个目标中的一个进行测量。超
声波测距传感器的外形如图 3-8 所示。

图 3-8　超声波测距传感器的外形

直线位移传感器的主要参数为线性度、精度和长度。常见直线位移传感器的外形如图3-9所示。

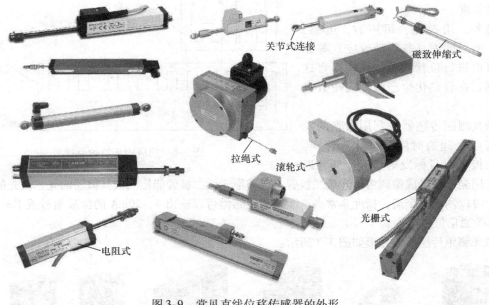

图 3-9　常见直线位移传感器的外形

3.5　角度传感器

角度传感器用于检测转角的变化情况，与直线传感器类似，它也有电阻型、光电旋转编码器型、旋转变压器型等。

电阻型角度传感器或叫旋转电位器，转轴角度变化时，中间抽头与任一固定端的电阻值发生相应变化，该电阻值与转角线性一一对应，测量电阻的变化既可得出转角的变化。传统的电位器寿命较短，目前塑料型的电阻角度传感器（或叫导电塑料电位器）已经很耐用，寿命长达几千万至几亿次。多数导电塑料电位器是用于测量小于360°的角度，导电塑料电位器的输入轴可以是空心轴，也可以是实心轴。

旋转编码器有绝对型和增量型之分，绝对型编码器的转角位置同输出的转角位置一一对应，增量型编码器是每增加一定角度就发出一个脉冲，通过计量脉冲个数来对应角度值。增量型编码器的输出多数为 A、B 两相再加一个零相 Z，或是 A、B 两相输出，绝对型编码器由于要细分不同的位置，在内部盘状光栅上从圆心到最外圈有很多圈相互按一定规律错开的光栅缝隙，其输出线的数量因精度不同而不同，总体来说线的数量比增量型编码器要多，采用串行通信方式输出的绝对值编码器其输出线则可以只有 3 – 3 根。测量 16 个绝对位置的编码器如图3-10 所示。旋转编码器的输入轴可以是空心轴，也可以是实心轴，空心输入轴的编码器上有弹簧片用于固定安装。负载的输出轴与编码器的孔不同心时弹簧片提供缓冲；实心轴编码器上有固定孔用于安装。旋转编码器是目前较常见的测量角度的传感器，尤其在伺服电动机上更是有大量的应用。

刻度盘上有主刻度和零点刻度，零点刻度为一周只有一个，主刻度根据要求的分辨率沿圆周均匀分布，如2500 条，分度盘上有 3 个缝隙 A、B、Z，其中 A 和 B 之间的距离为主刻度上两条刻度距离的一半，输入轴带动刻度盘旋转，发光管发出的光线透过刻度盘上的刻度和分度盘，被光敏管接收，其中 Z 信号每周接收到一次，A 和 B 信号一周各出现 2500 个脉冲，由于 A 和 B 之间的信号相差90°，该编码器的实际分辨率是一周刻度数量2500 的 4 倍，10000 脉冲/轴。

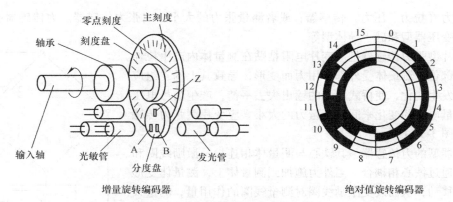

图 3-10　测量 16 个绝对位置的编码器

旋转变压器（也称同步分解器）是根据互感器原理，通过在定子绕组（一次侧）施加激励信号，一般为 400Hz 以上的交流电压信号，检测转子上的二次绕组侧信号的相位角随着转角的变化而发生周期变化，可以用来确定角度，利用变压器将二次侧绕组侧信号引出进行测量，而不使用电刷和集电环。旋转变压器在伺服电动机上也有较多的应用，旋转变压器同感应同步器的原理差不多。

用旋转式感应同步器也可以进行角度测量，励磁绕组和感应绕组，原理同直线感应同步器。

自整角机（也叫自同步机）与旋转变压器近似，它相当于一台绕线式交流电动机，可以通过测量绕组电压信号的相位变化测量角度。

角度传感器的主要参数为分辨率、精度和线性度等，编码器的主要参数为每转脉冲数、输出相数和信号类型等。

角度传感器的外形如图 3-11 所示。

图 3-11　角度传感器的外形

3.6　力传感器

力传感器有的用于测量重量的大小，叫做称重传感器或荷重传感器；有的用于测量力的大小，叫测力（拉力、压力）传感器；或者测量张力的大小，叫张力传感器。力传感器有电阻应变片型、变压器型和硅半导体型等。

应变片型张力传感器把应变片电阻粘贴在测量体内产生拉伸和压缩的部位，测量体受外部作用力而变形，导致其上的4组应变片电阻发生变化，使桥式电路的输出失去平衡，产生信号电压输出，测量电压的变化来间接测量力的大小。应变片型张力传感器原理如图3-12所示。

变压器型的力传感器，其铁心与测量体相连接，激励线圈和测量线圈通过铁心相耦合，当外力施加到测量体上，测量体变形导致铁心移动，从而改变激励线圈对测量线圈的作用量，测量线圈电信号的变化反映了作用力的大小。

半导体型的力传感器，利用半导体在受压变形时产生的电特性变化对力进行测量。

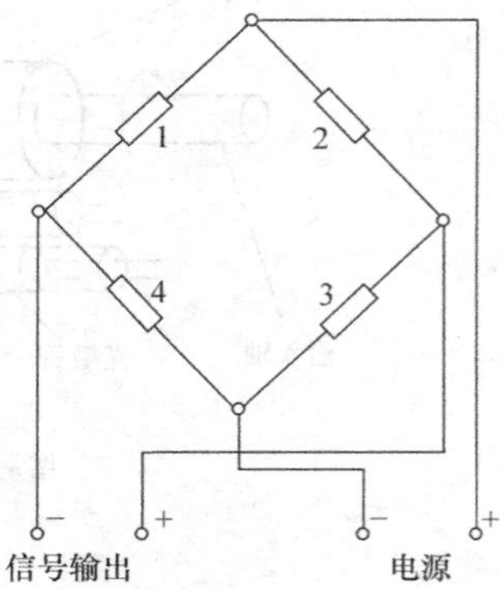

图3-12 应变片型张力传感器原理

在配料、物料输送、机械制造等领域经常会用到称重传感器和测力传感器，在带状材料的输送和加工当中，经常需要测量和控制料带的张力，就需要张力传感器。

常见的测量力和重量的传感器的外形如图3-13所示。

图 3-13 常见的测量力和重量的传感器的外形

常见的张力传感器，有轴台式、悬臂式和穿轴式等几种，其外形如图3-14所示。

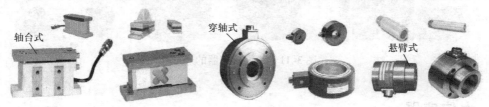

图 3-14 常见的张力传感器的外形

张力传感器的几种安装方式如图3-15所示。

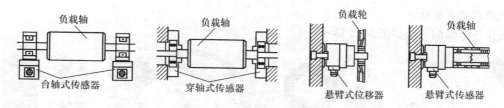

图 3-15　张力传感器的几种安装方式

3.7　液位传感器

液位传感器按信号的不同分为开关型和连续测量型两种，按传感器是否接触被测液体分为接触式和非接触式液位传感器。

接触式液位传感器有投入式液位变送器、静压液位变送器、测量液位上方和液体底部的差压液位变送器，利用浮球随液位高低变化的浮球式液位变送器（浮球的升降可以带动旋转编码器进行测量液位），利用液位变化导致电容介电常数变化的电容式液位变送器，利用浮子上磁铁随液位升降的磁致伸缩液位变送器，利用浮子内磁铁的磁性传递液位的磁性液位传感器，利用磁致伸缩原理的液位传感器，利用电极的高度测量液位的传感器，利用振动的音叉遇液体振动发生变化的原理测量液位的传感器等。

非接触式的液位传感器有利用超声波回波测量液位高度的超声波液位变送器，利用雷达反射波测量液位的雷达液位变送器，利用核辐射原理制成的射线液位计等。

开关型液位传感器也叫液位开关，当液体达到一定位置时液位开关发生动作，触点闭合或打开。一般液位开关有一个常开触点或一个常闭触点或一个常开触点加一个常闭触点，可以利用测压膜对压力的感知推动一个开关，使开关闭合，也可以利用液体到达设定位置时降浮球翻转而使内部的触点闭合，利用内部装有磁铁的浮子的升降将干簧管闭合，利用浮子的升降直接拨动开关，利用红外线的在液气分界面时锥面不再反射的特点给出液位开关量等。

连续测量的液位传感器，也叫液位计，可以采用应变片、电容极板、磁性元件、超声波、雷达、红外线等构成。

应变片式的测量原理同力传感器相似，利用贴在测量腔上的 4 个应变片组成电桥，传感器探头会由于液位高度产生的压强而使测量腔受力变形，根据测量腔的变形来测量液体的深度。

超声波液位传感器和雷达液位传感器的原理差不多，都是利用发出的波和回来的波之间的时间差来计算液体的液位。这两种测量方式，传感器与液体可以不接触，还可以放在压力容器的外面。

对于投入式液位传感器，为了消除大气压力对液位测量的影响，液体中放置的传感器探头上有一根导气管从电缆中引出，保持参考压力腔与环境压力相通，安装时一定要注意千万不要堵塞或折断该导气管。

对于开口容器，直接在容器的底部安装静压液位变送器，就可以直接测得液位的高度。

对于带有压力的密闭容器，则需要使用差压式液位传感器，通过测量液位上方和液体底部的差压来得到液位值。

液位传感器的主要参数为测量范围、输出信号类型等。当液位传感器的输出信号为标准的 0～10mA、4～20mA、0～5V、1～5V 信号时，也称为液位变送器。

如果变送器只利用两根导线同时完成电源提供和测量信号返回，则该变送器称为两线制变送器，如果电源线和信号线是分开的则称为四线制变送器，如果 0V 和信号的负端公用，四线制传感器也可以是 3 根线。

液位传感器的外形如图 3-16 所示。

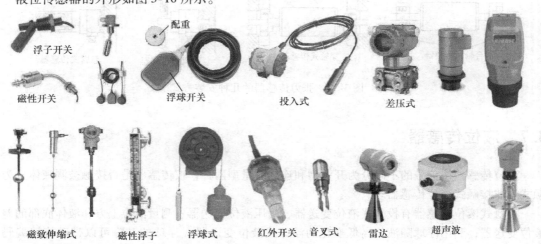

图 3-16　液位传感器的外形

3.8　压力传感器

　　压力传感器是工业中使用最广泛的传感器之一，压力传感器（压力变送器）用于对管道和容器中的压力进行测量，压力传感器可以采用电阻应变片、半导体应变片、压阻式、电感式、电容式、磁控式、陶瓷压电式、测压管等方式进行测量压力，也有利用液体高度直接指示气压高低的 U 形测压计，还有在现场校验压力的手操压力泵（校验仪）。

　　对于应变片式压力传感器，将应变片黏合在测量体上，测量体受压产生变化，应变片也一起产生形变，使应变片的阻值或内特性发生改变，从而使加在应变片上的电压发生变化，利用桥式电路提取差动信号，并经过后续放大，给出对应的测量信号。压力传感器的测量原理有些同液位传感器的测量原理基本类似，对于采用测压管方式的压力传感器，是利用测压管通入被测液体后会发生机械形变，用机械形变带动电位器等测量元件，给出与压力成比例的电信号。

　　有抗腐蚀、抗震、耐高温有隔膜、充油、耐震、高温等压力表，为了满足不同的测压范围，有正压、负压、差压、正负压等量程范围的压力表，为了测量不同的介质，还有不同专门用途的压力表，可以测量两个管路压力差的叫差压式压力变送器，也可只测管路一点的表压。

　　对于只输出开关信号的压力传感器叫压力开关，也叫压力继电器。压力开关的压力动作值可以根据需要设定，当压力值达到动作压力时，触点开关动作。

　　带触点的压力表叫电接点压力表，它的原理是压力大于高设定值时一个触点动作，压力小于低设定值时另一个触点动作。

　　对于连续测量的压力传感器，最简单的是输出电阻变化信号的远传压力表，它类似一个电位器，管道或容器的压力发生变化时，压力传感器的中间抽头和固定端之间的电阻会随之变化。

　　需要注意的是：对于水井出口安装的压力表，如果水泵关闭时止回阀不严，会产生负压，或是水泵向低处供水（也会出现负压），这时，对只有正压显示功能的压力传感器就会损坏，所以应选用具有正、负量程的压力表，如选用 $-0.1 \sim +1\text{MPa}$ 量程的压力表、电接点压力表或压力变送器。

　　当压力传感器输出标准的 $0 \sim 10\text{mA}$、$4 \sim 20\text{mA}$、$0 \sim 5\text{V}$、$1 \sim 5\text{V}$ 信号时，称为压力变送器；

专门用于测量两点压力差的压力传感器叫差压变送器。压力变送器也有 2 线制和 4 线制两种接线方式。压力传感器的主要参数是测量范围、输出信号类型、防爆等级、防护等级等。

常见压力开关、压力变送器的外形如图 3-17 所示。

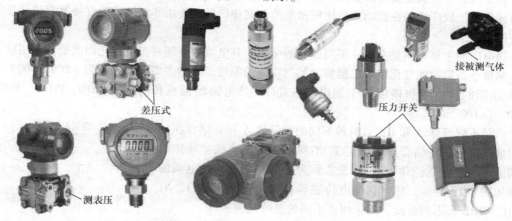

图 3-17　常见压力开关、压力变送器的外形

常见压力表的外形如图 3-18 所示。

图 3-18　常见压力表的外形

3.9　温度传感器

温度传感器是工业中使用最广泛的传感器之一。温度传感器用于对液体、气体、固体或热辐射进行温度测量。典型的温度传感器类型有热电阻、热电偶、半导体、双金属片、压力、玻璃液体（如体温计）、光学（红外）、辐射、比色温度计等，其中热电阻、热电偶、半导体、双金属片、压力、玻璃液体类型的温度传感器（温度计）为接触被测物质的温度传感器，光学、辐射、比色等为非接触式温度传感器。

最简单的温度传感器是能输出触点开关信号的温度开关，利用一个温包内的某种液体在不同温度下的膨胀行程的压力，推动一个开关动作；利用水银随温度的膨胀接通开关触点；或是利用双金属片在不同温度下，两侧金属的膨胀系数不同，双金属片将会弯曲成不同的角度，利用此弯曲力去推动一个开关，温度高于某个温度值或是温度低于某个温度值时开关动作，如电接点双金属温度计。

热电阻和热电偶温度传感器是工业上使用最多的温度传感器，在千家万户中，可能玻璃液体体温计使用比较广泛，在流动人口比较密集的车站和机场，使用非接触式的红外测温仪就显得更为方便。

热电阻的主要材料是金属，不同成分的金属，其电阻值会随着温度变化而改变，利用这一原理，测量金属阻值的变化就可以推算出被测物体的温度。它的主要测量范围为 $-200 \sim 500$℃，铂（Pt）电阻的线性度和精度优于铜电阻（Cu），热电阻型温度传感器有 Pt10、Pt100、Pt1000、Cu50、Cu100、NTC 等。

两种不同导体 A 和 B，或两种不同的半导体 A 和 B 结合在一起组成热电偶，在结合点的温度 T_1 不同，则在导体或半导体的两端的电动势 E_{ab} 就不同，这种现象称为塞贝克效应。热电偶的原理如图 3-19 所示。热电偶温度传感器有 K、S、E、B、J、N、T、R、WRE 等不同分度，用于测量不同的温度范围。

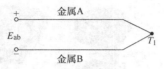

图 3-19　热电偶的原理

相反的应用是，给两种不同导体 A 和 B，或两种不同的半导体 A 和 B 通过电流，则会产生温度制冷和制热，这种现象称为帕尔帖效应。电制冷片就是利用这种原理制成，它由两种半导体材料制成，P 型和 N 型半导体连接成电偶对，在电制冷片两端通入直流电，则在电制冷片的一个面变冷，一个面变热，电流由 N 流向 P 时冷面和热面如图 3-20 所示，电流由 P 流向 N 时放出热量。冷面和热面相反，利用冷面则可以制成电子式冰箱或冷水机，也可以用于其他电子器件的散热。

半导体制冷片的原理和实际产品的外形如图 3-20 所示。作者曾利用这一原理，发明了体温手表电池和热计量表用物理电池。

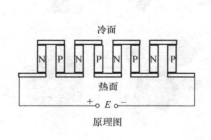

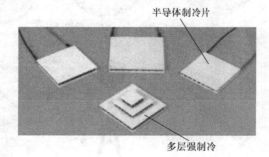

图 3-20　半导体制冷片的原理和实际产品的外形

温度传感器因使用场合不同而千差万别，测量室温和空气温度的传感器可能就是一个比导线还细的小金属珠（或小玻璃珠）上有两根引出线，而测量管道中的温度时，就必须要有防护外壳，以及便于拆卸维护的油杯等附件，所以有时很难根据外形来判断是否为温度传感器。

温度传感器能输出标准信号 $0 \sim 10$mA、$4 \sim 20$mA、$0 \sim 5$V、$1 \sim 5$V 的叫温度变送器。温度变送器的主要参数为测量范围、输出信号类型、信号精度、线性度、2 线制还是 4 线制、防护方式及防爆与否等。

温度传感器的外形如图 3-21 所示。

温度传感器配套的温度变送模块和显示变送单元，可以外置安装在现场与测温元件配套，也可以内置于温度传感器内，还可以用导轨集中安装于仪表柜内。温度变送模块的外形如图 3-22 所示。

电接点温度表、比色温度计、玻璃温度计等温度传感器的外形如图 3-23 所示。

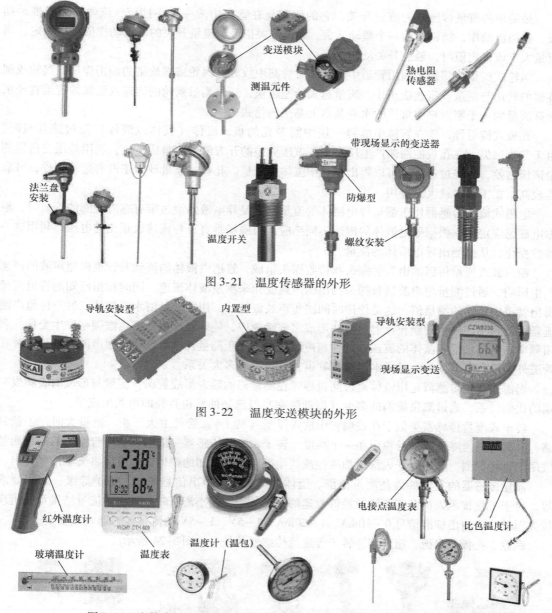

图 3-21　温度传感器的外形

图 3-22　温度变送模块的外形

图 3-23　电接点温度表、比色温度计、玻璃温度计等温度传感器的外形

3.10　流量传感器

　　流量传感器主要用于测量管道或明渠中液体或气体的流量，常见的流量传感器有孔板式、涡轮式、电磁式、超声波式、涡街式、转子式、明渠式等。另外，还有靶式（在管路中央放一个测压力的靶子）、阿牛巴式（管道中央插入一个中间带孔的管，测量管前后的压差）、威力巴式（测量带孔的板前后的压差）、文丘里式（管道中央有一个收缩然后扩散的管，测量不同截面的压差）、皮托管式（插入一个管头带孔的皮托管，测量差压）、锥式（管路中间内部放一个锥形体，测量差压）、椭圆齿轮容积式（利用流体推动齿轮旋转，测量流量）、旋翼式（分流一部分蒸汽推动转轮）、旋进漩涡式（先用一个固定涡轮使流体旋转）等不同形式的流量传感器。

最简单的流量传感器为流量开关，它的原理是在管路中放一个小挡板，流体经过时推动挡板，使挡板动作，挡板拨动一个微动开关，送出开关信号。流量开关的流量动作值可以设定，当流量大于该设定值时，触点开关动作。

涡轮式流量传感器是利用管道中的液体对管路中放置的涡轮或螺旋桨的冲击作用，涡轮或螺旋桨的转速与流量或流速成正比，流量越大转速越快，通过测量涡轮的转速及已知的管道直径来计算流量的。千家万户中常见的水表基本上都是涡轮式的。

孔板式流量计，是在管路中放置一块中间带孔的板，流体（气体或液体）流过该孔板时，由于节流损失，在孔板的两侧产生压力差，该压力差的开方值与流量成正比，利用差压变送器测量该压力差，再经过运算就可以得出管路中流体的流量。孔板式流量计由于没有运动部件，可靠性较高，在工业中被大量应用。

电磁式流量传感器用于测量导电液体的流量，它是导电液体流过带有感应线圈的管道时，根据电磁感应定律，根据导电液体的流速不同感应出与磁场垂直且与流速成正比的电压，利用这一参数变化，从而测出导电液体的流量。

超声波式流量传感器由发射探头和接收探头组成，管道内液体的流动对管道内超声波的声速产生影响，通过测量超声波接收探头测出的声速变化来测量液体流速，同时根据已知的管道直径得出管道中液体的流量值，这是传播时间法超声波流量计，用于测量清水等液体；另一种超声波流量计是利用流体中的颗粒反射超声波形成多普勒效应，使颗粒反射的超声波频率发生变化，利用频率的变化量推算流体的流速，这种超声波流量计用于测量污水等流体。超声波流量计安装在管道外面没有阻力损失，且成本与被测管道的直径没有多大关系。

涡街式流量传感器是用流体流过测量棒时在测量棒的后方形成旋涡，流量与形成的旋涡成一定的比例关系，通过测量旋涡的多少（振动频率）及已知的管道直径即可测出流量。

转子式流量传感器类似于在玻璃管中放入浮子（转子），管径上大下小，流量大时浮子就升高，升高后流速降低，最后稳定在一个高度。转子式流量传感器一般用于垂直管路中的流量测量或用于直接观测，如果浮子内部增加磁性或其他可以外界感知的物体，也可以将流量信号传出。

流量传感器的主要参数是测量范围、流体最低流速、输出信号类型、防护等级、防爆要求等，对于工程技术人员尤其要注意最低流速的要求，否则在小流量时测量出的流量结果可能出现较大误差。能输出标准信号 0~10mA、4~20mA、0~5V、1~5V 的流量传感器叫流量变送器。

涡轮、孔板、涡街、超声波、转子等流量传感器的外形如图 3-24 所示。

图 3-24　涡轮、孔板、涡街、超声波、转子等流量传感器的外形

靶式、阿牛巴、齿轮等流量计的外形如图 3-25 所示。

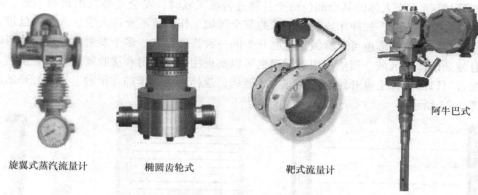

旋翼式蒸汽流量计　　　　椭圆齿轮式　　　　靶式流量计　　　　阿牛巴式

图 3-25　靶式、阿牛巴、齿轮等流量计的外形

3.11　成分分析传感器

　　成分分析传感器因测量种类较多而很复杂，有 pH 分析仪、浊度仪、电导仪、余氯分析仪、漏氯报警器、氧化锆测氧传感器、气相色谱仪、红外线分析仪、密度仪等，外形如图 3-26 所示。成分分析传感器的形状相差很大，细节在此不再多述。成分分析传感器的主要参数为测量类型、测量范围、测量精度、反映时间、输出信号、防护等级等。

图 3-26　成分分析传感器的外形

3.12　测速发电机

　　测速发电机用于测量旋转物体的转速，也称转速传感器。有交流测速发电机和直流测速发电机，其输出的电压与转速成正比。直流测速发电机的结构和直流电动机相似；交流测速发电机的转子为空心杯形状，定子上一相绕组激磁，另一相绕组输出频率不变的交流电压。测速发电机一般用于电动机的调速环控制中。测速发电机的外形如图 3-27 所示。

图 3-27　测速发电机的外形

3.13　安全光幕

　　安全光幕用于局部空间、一个设备或一个区域的保护，用若干个发光管排成一个直线作为发射体，用若干个光敏管排成一个直线作为接收体，一对发射器和接收器相对放置，也可以利用一

个反射器，将发射和接受功能放在一起称为传感器。发射器和接收器光线走过的路径为被保护区域（或叫警戒区），当人体的某个部位或全身越过警戒区域时，安全光幕发出报警信号，可以联锁停机或采取其他措施，如冲床或其他机床的某个区域工作时，不允许人手进入，一旦进入，则机床停止运行。安全光幕也可以看做是光电开关的一种特殊形式，多个发射体和接受体可以组成大面积且复杂的保护区域。当然利用反射镜也可以实现用一对发射和接收器组成安全围墙，也有些安全光幕可以屏蔽掉上电开始时的一些固定遮挡，遮挡光线再增加才报警。安全光幕的原理和外形如图 3-28 所示。

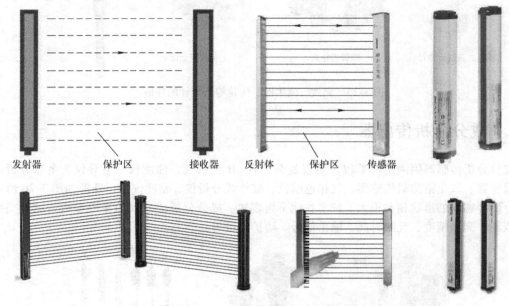

图 3-28　安全光幕的原理和外形

3.14　视觉传感器

在自动化生产线中，把合格的标签粘贴到产品上，印刷品的正品分拣，把元件放到合格的位置上，液位是否正确，产品是否破损，产品上有没有污渍，两种物品是否按需要的位置（或相位）结合在一起等，在产品分类、缺陷判别、条码判别、文字识别、面积、数量、光洁度等场合，可以采用光电、人工、视频或视觉传感器等手动或自动工作方式，采用视觉传感器是一个较好的选择。

用产品到达的开关信号，同步触发频闪照明光源，几十万或几百万计像素的视觉传感器同步采集图像，工件或产品的图像采集后，将其与预先采集并存储（预先示教）的标准图像比较分析，作出产品是否合格的判断，给出开关信号或模拟信号，送给控制器，以采取合适的策略。比如把次品放入另一个容器或做一个不合格的标记。也有些视觉传感器具有图像旋转功能，即使产品是活动的，或是采集的产品图像有一定的旋转角度，将采集的图像坐标变换后，与标准图像做对比，给出合格与否的判别。

视觉（图像）传感器，或叫机器视觉系统，或叫智能相机（视觉相机），除了像素和反应速度外，照明（或采用背光照明）也很重要，同时还要选择合适的算法处理图像。

如果工件的颜色较混乱，色谱太宽，视觉传感器采集的关注部位图形就不突出，容易出现误判，这时可以采用辅助光（如激光）照射出一个定位位置、直线或区域，工件或现场的光线通过滤光片（限定为一定带宽的光线）后进入，这时可以只采集需要的光线及图形。
（智能）视觉传感器的外形如图 3-29 所示。

图 3-29　（智能）视觉传感器的外形

　　视觉传感器的两个应用案例，第一个是检测瓶子的数量和完整性，第二个是检测药片的数
量和完整性，如图 3-30 所示。

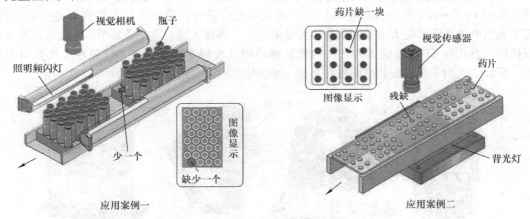

图 3-30　视觉传感器的应用案例

3.15　电压变送器

　　在输电、配电和动力设备保护等电气系统和自动化系统中，需要对供电线路的电压、电流、
功率因数和功率进行测量，以便进行电力分配或采取其他保护措施。这些参数的测量有的用于单
相、三相三线、三相四线等，目前使用的电压、电流、功率因数、功率变送器多数是综合一体
的。在直流电路中，为电压和电流测量。

　　电压变送器：把线路的电压信号变成线性并隔离的 4 ~ 20mA（或 0 ~ 10mA、0 ~ 20mA、1 ~
5V、0 ~ 5V、0 ~ 10V 等）模拟标准信号（或数字通信信号）输出，如果测量的是交流线路的电

压信号，且电压很高，需要先使用电压互感器把高电压变成低电压信号，再输入到电压变送器中。电压输入有 0~220V、0~380V 直接输入方式和 PT 次极输入方式。电压互感器一次侧加熔断器，以避免二次侧短路时一次侧电压太大对电路造成影响，所以二次侧不允许短路且一端接地。电压变送器的外形如图 3-31 所示。

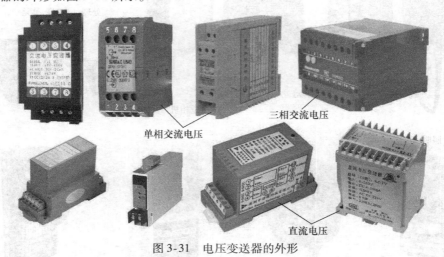

图 3-31　电压变送器的外形

3.16　电流变送器

电流变送器：把电路的电流信号变成线性并隔离的 4~20mA（或 0~10mA、0~20mA、1~5V、0~5V、0~10V 等）模拟标准信号（或数字通信信号）输出，如果交流电路的电流较大，需要先用电流互感器把大电流变成较小的电流信号，再输入到电流变送器中。电流输入有 0~5A 直接输入方式和 CT 次极输入方式。电流互感器的二次侧不允许开路，以免在二次侧出现高电压，所以二次侧不允许安装熔断器且必须一端接地。电流变送器的外形如图 3-32 所示。

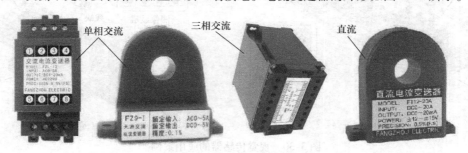

图 3-32　电流变送器的外形

3.17　功率因数变送器和功率变送器

功率因数变送器：把交流电路的功率因数（即电压与电流之间相位角的余弦函数，取值 0~1）变成 4~20mA（或 0~10mA、0~20mA、1~5V、0~5V、0~10V 等）的模拟标准信号（或数字通信信号）输出，如果电路的电流和电压较大，需要先使用电流互感器或电压互感器把大电流和大电压变成较小的电流和电压信号，再输入到功率因数变送器中。功率因数代表了电路中使用的电能和占用的电能之间的函数关系，其意义可以参考第二册无功补偿部分。

功率因数变送器和功率变送器的外形如图 3-33 所示。

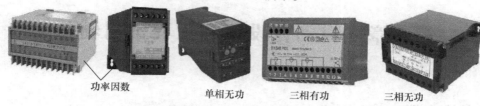

功率因数　　　　　单相无功　　　三相有功　　　三相无功

图 3-33　功率因数变送器和功率变送器的外形

第 4 章　自动化设备和工程常用辅件

4.1　电线电缆

电线电缆用于电力输送、电气设备或通信等不同场合，电线电缆的种类非常多。

一般电控柜内的控制电路（也叫二次电路）多使用截面积为 0.3～1.5mm² 的电线（紫铜）连接，二次电路一般不用铝电线。电线的颜色有多种，可以根据国标规范及需要选择，如接地线只能选择白绿两色外观的电线。二次电路电线的常用型号有 BV、BVR、RV 等。

主电源线路（也叫一次电路或动力电路）根据电路工作电流的大小选择相应截面积的电线或电缆。电流太大时，因电线或电缆走线不方便，在电控柜内常用铜排（或铝排）代替动力电线或电缆，也有时用铜丝制成的软铜排。铜排比铝排的电流载流量要大，铜排也叫铜母线、汇流排，为了避免铜表面氧化后接触不良，铜排表面一般需要做镀锡处理。

为便于检查相线的对错，三相电源线用 A、B、C 表示，A、B、C 在柜内按上中下、左中右、后中前布置。A、B、C 相对应的色标是 A 相为黄、B 相为绿、C 相为红，零线（N 相）颜色为淡蓝，保护接地（PE）颜色为黄绿。

控制柜到电动机之间的连接多用动力电缆。

连接现场设备和控制柜之间的控制线常采用多芯控制电缆或带屏蔽的多芯控制电缆。一般控制电缆每根线的截面积为 1～1.5mm²，常用型号有 KVV、KVVP。

传输压力、流量、温度等弱电信号时，常采用多芯屏蔽电缆或屏蔽双绞电缆，也可以使用控制电缆连接。

用于 PLC 之间、控制器之间、带通信功能的传感器等设备之间通信信号的传输，需要采用屏蔽通信电缆，且多采用 2 芯的屏蔽双绞线。所谓双绞线就是两根线绕在一起形成一对双绞线，多采用 DJYVP 型号。

计算机网络常用（超）5 类双绞线、8 芯双绞线，在建筑物之间 PC 网络通信信号的传输可以采用没有屏蔽的 8 芯双绞线。

居民住户的电话线到电信交换站的通信电缆每根可能就有几百根线，当然每根线的截面积都很小，用于传输视频信号的视频电缆（SYV）多为同轴电缆结构，还有计算机等电子设备近距离通信使用的扁平电缆等。

电动机内部定子绕组、继电器线包一般使用漆包线绕制而成。

电线一般指单根铜心或单股多丝，芯数少，截面积小，结构简单，耐压比较低（450V/750V）。电缆一般由多根互相绝缘的导线揽在一起而成，耐压一般较高，450V/750V 及以上的耐压等级都有，耐压 1000V 以下的为低压电缆。电线和电缆的区别有时并不明显，电线电缆除了单根截面积和根数外，还有绝缘耐压、铠装、屏蔽层、阻燃、耐火、耐油、耐寒、耐高温、防鼠、镀银、是否为补偿导线等方面的要求，需要根据实际现场具体的要求选取。

常见电线电缆的外形如图 4-1 所示。

铜排的外形如图 4-2 所示。

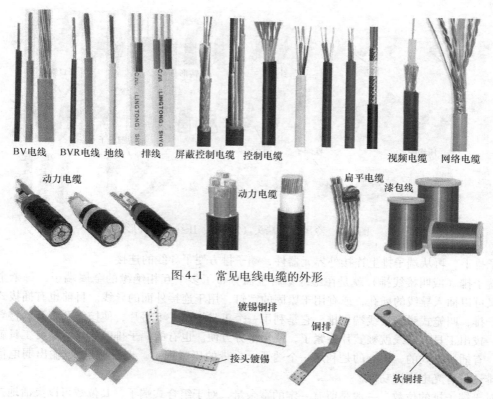

图 4-1　常见电线电缆的外形

图 4-2　铜排的外形

4.2　冷压接线端头、铜线鼻子、压线帽

为了将电线牢固地安装在电气元件、控制设备或端子排的端子上，将电线或电缆裸露出的金属头部先插入一个冷压接线端头（接头、端子），用冷压钳压紧，经冷压压接后，再将冷压接线端头接到端子上，这样可以实现可靠的连接，并且拆卸方便。

压线帽用于将两根剥出的金属部位压接在一起，用冷压钳压接，使两根导线接为一体。压线帽上的塑料外壳提供绝缘，所以不再需要包覆绝缘胶布，使用十分方便。

冷压接线端头（接头、端子）的种类很多，有绝缘护套的称为预绝缘，没有绝缘护套的称为非绝缘或裸接头，有叉形（或 U 形）冷压接线端头（压接后部的连接部位）、圆形冷压接线端头、针形冷压端头、钩形冷压端头、片形冷压端头、管形冷压端头（把线穿入管中，对管进行压接）、开口铜鼻子、油堵铜鼻子（冷压端头）等。开口铜鼻子和油堵铜鼻子用于连接动力电缆，使用开口铜鼻子时，一般采用沾锡焊接，也可以用冷压方式压接；油堵铜鼻子用冷压方式压接，其他接线端头多用于冷压连接控制电线电缆。

冷压接线端头（端子）、压线帽的外形如图 4-3 所示。

4.3　端子排

当电控柜需要同柜外装置、远端控制盘或柜门上的元器件连接时，多数情况下，为了便于成柜和集中接线装配，外边的电线不是直接接到内部元器件上，而是先将柜内需要外接的接点连接

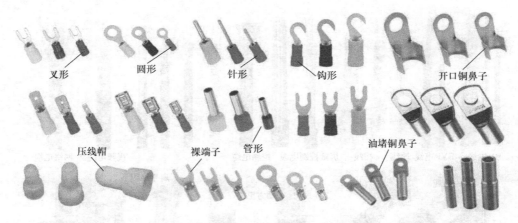

叉形　　　圆形　　　针形　　　钩形　　　开口铜鼻子

压线帽　　　裸端子　　管形　　　油堵铜鼻子

图 4-3　冷压接线端头（端子）、压线帽的外形

到端子排上，再从端子排上连接外界元器件，端子排方便了导线的连接。

　　端子排（或叫接线排）就是在绝缘塑料里面分布了多个互相绝缘的金属端子，每个金属端子上又可以插入导线的插孔，或有用于紧固的螺钉，用于连接外面的导线。目前也有插拔式连接的端子排，叫笼式弹簧接线端子排，它是利用一个工具按压一下簧片，使接线孔张开，将导线插入后，拔出工具，导线就被簧片夹紧了，使用十分方便。也有的端子排的连接不需要工具就可以进行，有插拔方式的，也有的是利用一个端子上自带的压紧把手。也有些输入/输出弱电信号的端子排还带有光电隔离功能。

　　对于端子排的位数，一般是留有一定的富余量，对于组合式端子，其位数可以灵活地按需要组装。目前在电控设备中，组合式端子排使用较多，对于一体式的端子排，其端子的位数是固定的。

　　每个端子的中间可以断开后增加保险管、短接板、插头等组件，以方便实验、故障检测或电路保护。端子排的类型很多，有实验型（中间有一个可断开的滑动块）、开关型（中间有一个开关）、熔断器端子（中间接入了一个保险管）、双层接线端子、单端接线端子（两端的接线都在一侧进行）、普通型、栅栏型、大电流型、免剥线型，插拔型等。接地端子的接线端和轨道安装上的金属片是联通的，直接通过轨道接地。

　　印制电路板（PCB）上用的端子排多数只有一个接线侧，另一侧是焊接到 PCB 上。

　　二次电路和一次电路都有端子排，电气控制柜中常见的连接端子外形如图 4-4 所示。

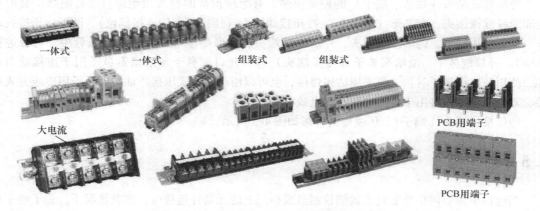

一体式　　　一体式　　　组装式　　　组装式　　　PCB用端子

大电流　　　　　　　　　　　　　　　　　　　　PCB用端子

图 4-4　电气控制柜中常见的连接端子外形

组合式端子排每位的结构样式如图 4-5 所示。

接地端子

熔断管

熔断带灯型　　熔断型　　熔断型　　单侧端子排　　笼式弹簧型

开关

短接块

压紧把手

开关型　　实验型　　笼式弹簧型

图 4-5　组合式端子排每位的结构样式

4.4　电气导轨

电气导轨，也叫（电器）安装轨。电气导轨用于安装端子排、断路器、中间继电器、交流接触器、继电器、传感器的变送模块、信号隔离模块、PLC、控制器、避雷器等器件。很多电气元件和控制器需要安装在导轨上使用，导轨用钢板、铝合金等不同材料制成，导轨上的孔用于将导轨安装到控制柜框架或安装板上，导轨上翘起的边沿用于卡住安装到导轨上的电气元件。

导轨的外形如图 4-6 所示。

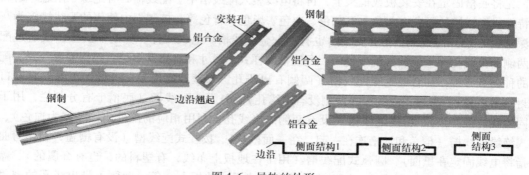

安装孔　　钢制

铝合金

铝合金

钢制　　边沿翘起

铝合金

边沿　　侧面结构1　　侧面结构2　　侧面结构3

图 4-6　导轨的外形

4.5　绝缘子

电气控制柜内使用的绝缘子主要用于支撑动力铜排、动力铝排于安装板上，使动力线之间绝缘，使动力线与二次线之间互相绝缘。用于支撑接地铜排和电控柜的零线输出，绝缘子的上下两侧带螺钉，或带螺纹，也可以是一边带螺钉，一边带螺纹，一侧的螺钉（或螺纹）固定在控制柜机架或安装板上，另一侧安装铜排（或铝排）或接线端子。绝缘子的材料有环氧树脂、电木、塑料等。

　　绝缘子的外形如图 4-7 所示。

图 4-7　绝缘子的外形

4.6　配线槽和电缆桥架

　　配线槽也简称线槽，控制柜内的线路较多时，为了美观同时为了布线和维修都方便，把电线放入配线槽中。多数配线槽由底槽和槽盖两部分组成，也有配线槽的槽盖和底槽是一体的，只在一面可以掀开，槽盖的边沿可以扣紧在底槽上，底槽两边有出线孔，拆卸方便，易于配线。使用时，先将底槽固定在安装板或框架上，再将电线装入配线槽中。配线槽具有绝缘、阻燃、耐高温等特性。配线槽的颜色有灰色、深灰色、白色、黑色、青色等，控制柜内使用的配线槽多为灰色或深灰色的 PVC 配线槽，柜外安装的也有铝合金配线槽。电气元件和控制器的接出线通过配线槽两侧的出线孔穿入或放入配线槽中。配线槽的样式、尺寸和规格有多种，根据需要选择。配线槽的种类有多种，如普通绝缘配线槽（两侧有出线孔，槽盖和底槽是分开的，出线孔有开口型和封口型之分）、密封式配线槽（两侧没有出线孔）、分隔型配线槽（底槽上有分割栏，用于将不同的线分割开来）、明线配线槽（没有两侧的出线孔，利用相应的配件出线，多为白色）、一体式绝缘配线槽（槽盖和地槽连在一起，在一面掀开）、拨开式配线槽（没有槽盖，利用弯曲的手指将电线固定在里面）、圆弧式配线槽（用于在地板上布线，有塑料的，也有金属的）、盖式配线槽（只有一个几字形槽盖，用于将线固定在墙面或地板上）等。两侧不带出线孔的密封型配线槽，多用于柜外的明线安装。

　　配线槽的外观如图 4-8 所示。

　　控制柜到动力设备的动力电缆，控制柜到其他控制柜之间的控制线和控制电缆，一般都通过电缆桥架或电缆沟铺设。电缆桥架有镀锌钢制、铝合金、喷塑、玻璃钢、合金塑料等不

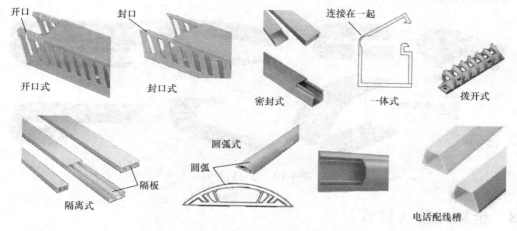

图 4-8　配线槽的外观

同材质。电缆桥架的结构形式有槽式（底部没有冲孔，为全封闭结构，护罩为必备品，屏蔽性好）、托盘式（底部有很多冲孔，护罩为选配品，散热性较好，适合于控制电缆和动力电缆）、梯架式（底部为梯子状，护罩为选配品，散热透气性好，适合于动力电缆）和网格型（由不同直径的金属丝焊接而成，散热性好，可以节省费用）等，在腐蚀性或高温场合，最好选用铝合金桥架。

电缆桥架的外形如图 4-9 所示。

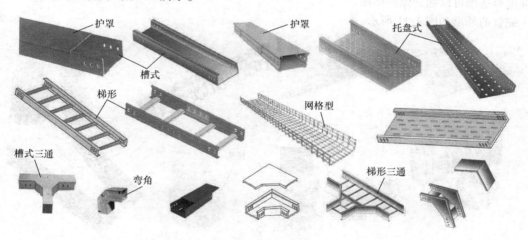

图 4-9　电缆桥架的外形

4.7　拖链

在数控机床等自动化生产设备中，对于一直往复运动的工作台或部件，为了将电线电缆、压缩空气的气管、液压油管从固定的控制柜接到工作台上，使用拖链可以保护这些运动的管线。将经常运动的管线放入拖链中，并固定在拖链上，拖链的一端固定在运动平台上，拖链的另一端固定在不动的机器机架上，这样在平台运动时，拖链中的管线可以防止硬性弯曲，同时也可以对管线进行保护。拖链广泛应用于数控机床、注塑机、机械手、电子设备、木工（石材、玻璃、门窗）机械等场合。拖链由金属或塑料等材料制成的。

拖链的外形如图 4-10 所示。

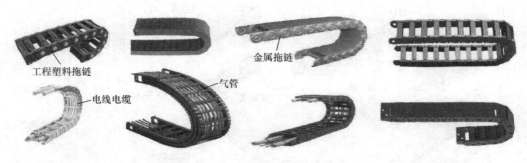

图 4-10　拖链的外形

4.8　金属蛇管（软管）

当运动的部件与自动化生产线的主体设备是分离的，如操作台在自动化设备主体的外面，运动可能损伤电线，且不好安装拖链的场合，或是电线穿越经常运动的部件，如机床上的电线电缆，或是避免被动物咬坏，或是避免化学物质腐蚀线路，这时需要将电线电缆穿入金属蛇管（或工程塑料蛇管）进行保护。蛇管即可以避免电线电缆硬性弯曲造成损伤，隔热并避免腐蚀，同时也是一个屏蔽体，能防止外界干扰。蛇管的材料有不锈钢、镀锌钢带等，有些机床台灯的杆也是蛇管做成的，可以弯曲。也有用工程塑料和尼龙材料制成的波纹管（也叫软管、浪管），只要强度合适也可以起到保护作用。

蛇管的外形如图 4-11 所示。

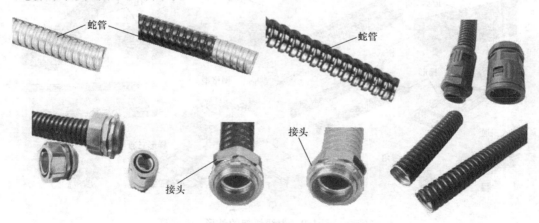

图 4-11　蛇管的外形

4.9　尼龙扎带

尼龙扎带也叫扎带、扎线，用于捆绑电线，以使布线显得规整，用力一拉就可以将电线电缆扎紧，且越拉越紧。尼龙扎带的头上有止退的小舌头，保证扎带上的齿纹只能向前拉。尼龙扎带有自锁功能，带有标牌的尼龙扎带叫标牌尼龙扎带或尼龙标志扎带。尼龙扎带捆扎方便，绝缘、耐酸、耐老化。

尼龙扎带的外形如图 4-12 所示。

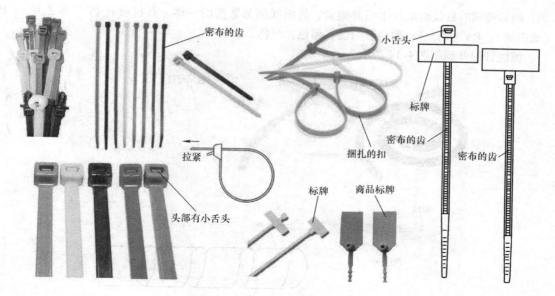

图 4-12　尼龙扎带的外形

4.10　电缆牌

为了检修和调试的方便，现场设备与控制柜之间连接的电线电缆，除了有线号，采用电缆牌则会更方便，因为这样可以一眼看出该电线电缆是来自于什么地方。用扎带将电缆牌拴在相应的电缆上，电缆牌上有电缆起点、电缆终点、电缆编号、电缆型号、电缆长度等信息，电缆信息可以采用手写，也可以采用打印方式。

电缆牌（或电缆标志牌、电缆标示牌、电缆挂牌）的外形如图 4-13 所示。

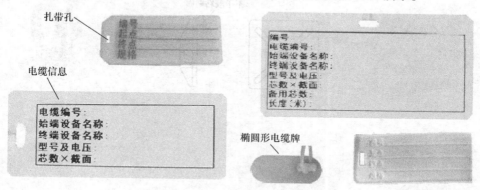

图 4-13　电缆牌（或电缆标志牌、电缆标示牌、电缆挂牌）的外形

4.11　缠绕管

控制柜门上的指示灯、按钮、显示器、开关的电线与控制主体连接时，由于柜门是活动的，随意布线则可能造成电线损伤，或是拉松两端的接线端子，为了电线电缆的防护及美观，就需要使用缠绕管。缠绕管也叫卷式结束保护带、卷式结束带或卷式束线带，用于保护电线不受磨损，提高绝缘强度，并使电线电缆弯曲得美观。缠绕管为开式螺旋状，用缠绕管固定电线电缆的一

端，然后按顺时针绕缠电线电缆并缠紧，将电线捆为紧密的一体。其材质有 PE（聚乙烯）、PP（聚丙烯）、PA（尼龙）；颜色有白色、黑色、红色、蓝色等。

缠绕管的外观如图 4-14 所示。

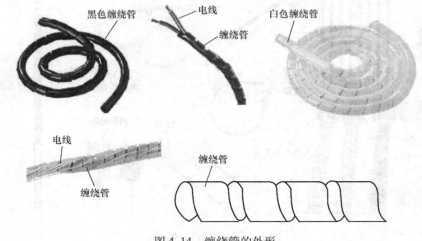

图 4-14　缠绕管的外形

4.12　束线固定座

束线固定座（粘式固定座）的用法：用束线固定座上不干胶一面将束线固定座粘贴在控制柜体上，用自锁式尼龙扎带将电线绑在束线固定座上。束线固定座一般用于对少量电线的固定，比如控制柜门上的电线，数量较少，使用配线槽不方便时，就使用束线固定座固定。

束线固定座的外形如图 4-15 所示。

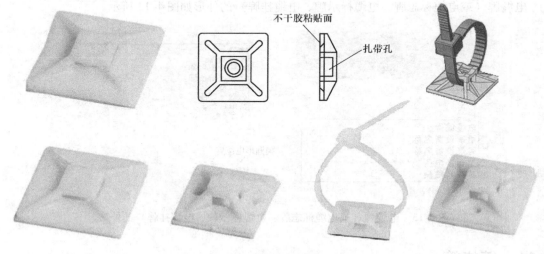

图 4-15　束线固定座的外形

4.13　电缆固定头、护线环、护线齿

外界的电线电缆进入控制柜，为避免外界电线电缆的拉动造成接线端子的松动、电线折损或接线脱落，或是现场潮湿、有腐蚀等，这时应在电线电缆进入控制柜的进线孔使用电缆固定头，

用电缆固定头将电线固定锁紧，避免拉动和潮气进入。电缆固定头又称电缆防水接头或电缆接头，外壳材料为尼龙塑料，里面的密封件为丁腈橡胶（NBR），颜色多为灰色、黑色等。

如果安放控制柜的空间不存在电线电缆拉动、潮湿、腐蚀等因素，在进线孔安装（机箱）护线圈（环）或护线齿（也称活用护线套）即可。护线圈（环）有圆形的也有椭圆形的，圆形的橡胶护线环较常用，将护线环或护线齿套在或卡在金属板的进线孔上，这样可以避免金属进线孔割伤电线电缆，提高绝缘性能，使其安全可靠地运行。护线齿的长度可以自由截取，对于不确定直径的穿线孔使用护线齿非常方便。

电缆固定头、护线圈和护线齿的外形如图 4-16 所示。

图 4-16　电缆固定头、护线圈和护线齿的外形

4.14　配线标志

为了检修和调试方便，控制柜中的每一根接线，在其两端都要有写有编号的配线标志管（或叫号码管、线号管），通过查看电路，我们就可以知道带有某个标号的那根电线是哪个电气元件的连接线。为了防止号码管从电线上脱落，一些号码管做成凹形或丁字外形等，一些号码管内壁有均匀分布的齿状筋，当电线穿入号码管时，号码管的凹部位或内齿被导线撑起，号码管与电线的摩擦力较大，避免了号码管来回晃动。一些号码管上有数字和字母，选配不同号码管盘上的字母和数字组合成一个线号。号码管内壁有齿的号码管叫内齿号码管，随着打号机的普及，目前，多数的号码管上的文字是装配人员根据具体要求打上去的，这样做出的号码管即美观又实用。

号码管（线号管）的外形如图 4-17 所示。

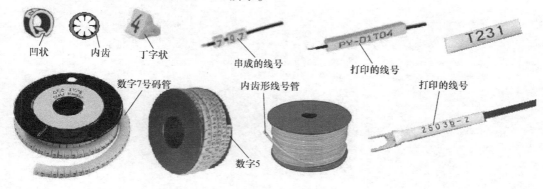

图 4-17　号码管（线号管）的外形

4.15　热收缩套管

　　为了安全与防护，一次电路的铜鼻子和信号电缆的剥线露出端，要用热收缩套管进行保护。热收缩套管在冷态时较粗，可以套入需要保护的电线及电缆接头处，然后用热风枪或电吹风一吹即收缩套紧。热收缩套管为阻燃材料，由高分子材料制成，生产时把热收缩套管加热并施加外力使其张开，在张开的情况下冷却固定，使用时加热，它就要收缩。热收缩套管有 PVC 热收缩套管、PET 热收缩套管、硅胶热收缩套管等。PET 热收缩套管无毒，很多电子元件的外壳也是用热收缩套管做成的，如电解电容、电感、可充电电池等。热收缩套管有黄、绿、红、黄、蓝、黑、白、透明等各种颜色。

　　热收缩套管（简称热缩管）的外形如图 4-18 所示。

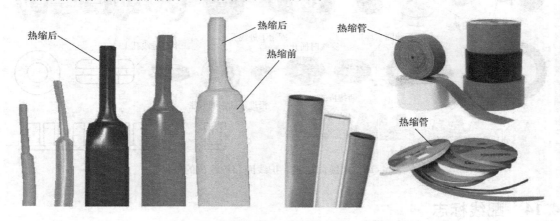

图 4-18　热收缩套管（简称热缩管）的外形

第 5 章　自动化设备和工程常用工具

5.1　线号机（打号机）

在控制柜、配电柜、开关柜等设备上，为了方便电路的调试与检修，要求正式出厂的二次电路，每条连线的接线侧都要有线号，线号机就是打印线号套管（配线标志）的设备。线号机也叫打号机、线号印字机、线号打印机，除了套管还可在热缩管、标签、标带上打印。目前使用较多的是电子式线号机，上面有色带、剪刀、键盘、屏幕，字体、大小、间距、长度都可以自由设定。将号码管的一头放入线号机相应的口中，用热转印方式对不同型号的号码管进行打印，并自动按设定长度切断或半切，采用半切时，打印出来的线号是连在一起的，检查和取用较方便，并可以将常用线号的尺寸、规格等数据进行存储，还可以与计算机连接，使用十分方便。

线号机的外形如图 5-1 所示。

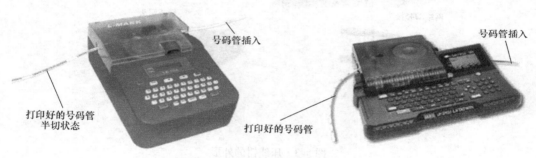

图 5-1　线号机的外形

5.2　压线钳

为了电线连接的可靠与方便，二次电路电线的每端接头最好用压线钳压接一个冷压接线端头，冷压接线端头有 U 形、圆形、插针形等。压接这些端头的压线钳多为手动机械式，也有气动压线钳和电动压线钳。

在一次电路（动力线）侧，接头使用油堵铜鼻子，进行冷压压接，冷压铜鼻子的压线钳有机械式、液压式和电动式。

二次电线冷压端头、压线帽、同轴电缆接头对应的压线钳的钳口形状如图 5-2 所示。

压线钳的外形如图 5-3 所示。压接铜鼻子端头的压线钳，其压接块是可以根据线鼻子的大小更换的。

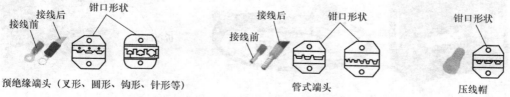

图 5-2　二次电线冷压端头、压线帽、同轴电缆接头对应的压线钳的钳口形状

图 5-2　二次电线冷压端头、压线帽、同轴电缆接头对应的压线钳的钳口形状（续）

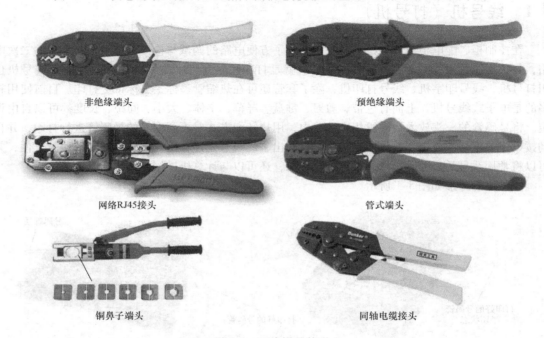

图 5-3　压线钳的外形

5.3　铜（铝）排弯曲机

电控柜内使用的铜（铝）排使用专用的弯曲工具压制，铜排弯曲机就是专门弯曲铜排的工具，铜排弯曲机也称铜排（母线）折弯机、弯排机、铜排曲板工具等。对于分体式的铜排弯曲机，需要将手动液压泵的压力油出口接到铜排弯曲机的液压油接口上，液压油将推动顶杆运动，利用模具的外形与结构，将铜排弯曲成需要的角度。

铜排弯曲机的外形如图 5-4 所示。

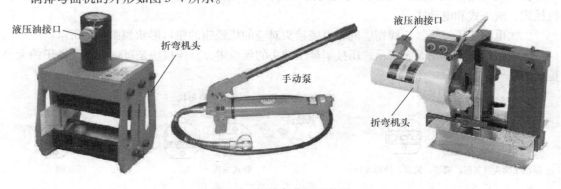

图 5-4　铜排弯曲机的外形

5.4 剥线钳和专用剥线工具

剥线钳用于将电线的绝缘外层剥离，露出一定长度裸露的导线，以备接线使用。有些剥线钳可以调节剥出距离，有些剥线钳需要人工掌握剥出距离。剥线钳的外形如图 5-5 所示。

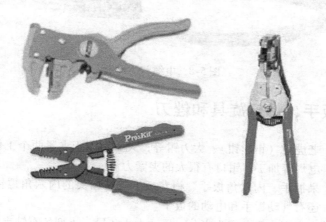

图 5-5 剥线钳的外形

RJ45 网络线、同轴电缆及动力电缆专用的剥线工具如图 5-6 所示。

网络线剥线工具　　　　　同轴电缆剥线工具　　　　　电缆剥线工具

图 5-6 RJ45 网络线、同轴电缆及动力电缆专用的剥线工具

5.5 斜口钳、电缆剪

斜口钳（或叫偏口钳）用于剪断较细的电线或元器件引脚，其外形如图 5-7 所示。

图 5-7 斜口钳的外形

电缆剪用于剪断动力电缆，电缆剪的外形如图 5-8 所示。

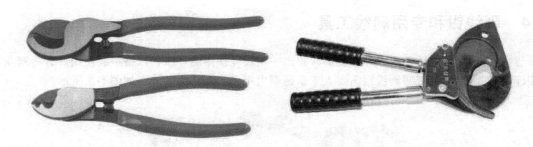

图 5-8　电缆剪的外形

5.6　钳子、扳手、螺钉旋具和锉刀

钳子有尖嘴钳、老虎钳（钢丝钳）、大力钳等，大力钳用于夹紧两个工件，一般工件为金属板，然后进行切割、电焊等加工，钳口有很大的夹紧力。

扳手有活扳手、呆扳手、内六角扳手、梅花扳手等，圆头的内六角螺钉需要使用内六角扳手。除了手动的外，还有气动扳手和电动的扳手。

螺钉旋具的头部有十字头和一字头之分，尺寸大小各异，小型的有钟表螺钉旋具。除了手动的螺钉旋具外，还有气动螺钉旋具和电动螺钉旋具。

锉刀也有很多种，有平锉、圆锉、三角锉、半圆锉、方锉等，一般圆锉用于小孔的修理，平锉用于金属平面的修理。

钳子、扳手、螺钉旋具、锉刀、锤头的外形如图5-9所示。

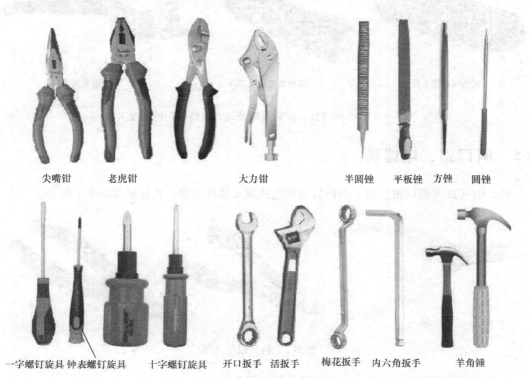

尖嘴钳　　老虎钳　　　　大力钳　　　　半圆锉　平板锉　方锉　圆锉

一字螺钉旋具 钟表螺钉旋具　十字螺钉旋具　开口扳手　活扳手　梅花扳手　内六角扳手　羊角锤

图 5-9　钳子、扳手、螺钉旋具、锉刀、锤头的外形

5.7　卷尺、千分尺和游标卡尺

常用的尺子有钢卷尺（或叫盒尺）、不锈钢直尺、直角尺、游标卡尺、千分尺（也叫螺旋测微仪）等。游标卡尺上有主尺和可以滑动的游标，调节游标来卡住或对准工件；千分尺上有可以旋转的螺杆，调节螺杆卡住工件。千分尺和游标卡尺可以精密测量厚度、长度、外径、内径、深度、高度、螺纹等尺寸，有机械读数、数显读数等方式。千分尺的精度比游标卡尺的精度要高，但测量的总长度一般比游标卡尺小。

卷尺、游标卡尺、千分尺的外形如图 5-10 所示。

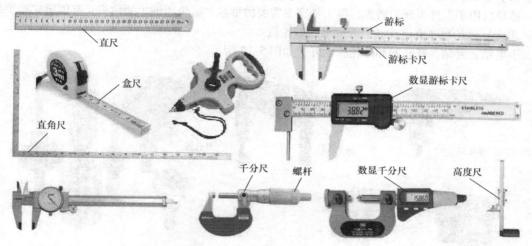

图 5-10　卷尺、游标卡尺、千分尺的外形

5.8　手锯、曲线锯和铆钉枪

常用的手锯有金属手锯（或叫安全锯）、电动曲线锯等，手锯锯条的正确安装为锯齿向前。曲线锯用于在金属柜体上开一个较大的方孔或圆形孔。使用电动曲线锯时，将曲线锯对准画线，平台紧贴被加工的金属板，按照画好的曲线向前推，就可以锯出需要的形状。

需要将标牌或金属板永久地固定在机器上时，可以使用铆钉进行固定。金属板的孔和机器上的孔对中，将铆钉放入，用铆钉枪将铆钉圆心上的金属杆拉出，即完成金属板和机器的固定工作。有手动和气动铆钉枪。

手锯、曲线锯和铆钉枪的外形如图 5-11 所示。

图 5-11　手锯、曲线锯和铆钉枪的外形

5.9 电钻、开孔器和砂轮机

常用的电钻有手电钻、台钻和冲击钻。手电钻用于现场施工，或用于台钻使用不方便的场合。手电钻打的孔其垂直度不如台钻精度高，在水泥墙面或地面上安装膨胀螺钉时，需要使用冲击钻打孔。

在平板上钻圆孔时，如果圆孔尺寸很大，对于现场施工的手电钻可能都没有那么大的钻头。开孔器可以方便地完成这一任务。开孔器有不同直径的规格，其中心是一个钻头，开孔器需要上到电钻上使用。

砂轮机用于工件表面的磨光，将工件磨出需要的形状，磨快用钝了的钻头。有固定式和手提式（角向）砂轮机，有电动式也有气动式砂轮机。

手电钻、台钻、开孔器和砂轮机的外形如图 5-12 所示。

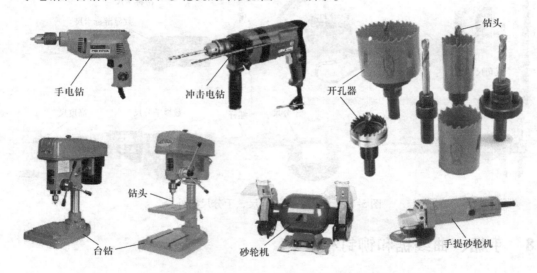

图 5-12 手电钻、台钻、开孔器和砂轮机的外形

5.10 电烙铁、焊锡丝、电吹风、热熔胶枪和绝缘胶带

有些传感器和控制器通信口的端头，需要将电线焊接在插头上，这时使用电烙铁和焊锡丝（焊丝，焊丝芯内有助焊药）对电线进行焊接；对于动力电缆端头的焊接，需要使用焊锡条、锡锅和焊锡膏（或叫助焊膏），焊锡条放入锡锅融化，将线鼻子放入锡锅，将电缆和线鼻子焊在一起。

热收缩套管需要用热风加热收缩，才能紧包在电线电缆和端头上。电吹风用于吹热热收缩套管。

热熔胶用于将电线或电缆粘在一个固定的机架或固定的器件上，用热熔胶枪将热熔胶棒融化，不停地按动热熔胶枪的扳机，使融化的胶从枪口流出，涂在需要固定的导线和固定机架上，热熔胶很快就可以冷却凝固，将导线固定住。

绝缘胶带用于包缠接在一起的电线金属，用于绝缘固定，也称电工胶带、电气胶带或 PVC 绝缘胶带，有红、白、黑、黄、蓝和透明等颜色，具有绝缘、阻燃等性能，也用于电线电缆接头的绝缘、三相色标、保护、绑扎等。

万能胶用于将两个部件永久地粘贴在一起。502 胶可以瞬间黏合两个部件，双组分万能胶是将两种组分的胶状液体按 1:1 搅拌在一起，固化时间较 502 胶要长，但是粘贴效果要比 502 胶好。

电烙铁、焊锡丝、电吹风、热熔胶枪和绝缘胶带如图 5-13 所示。

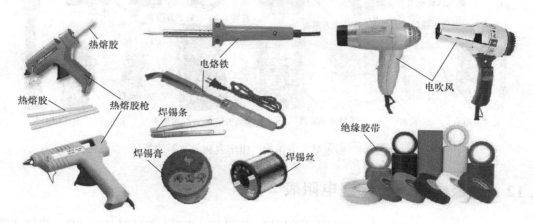

图 5-13　电烙铁、焊锡丝、电吹风、热熔胶枪和绝缘胶带

5.11　验电笔、万用表、钳形表和示波器

验电笔用于检查 500V 以下各种设备的插口、外壳、金属线是否带电，如带电，则里面的氖泡会发光或在显示窗口出现带电指示。

万用表主要用于测量电路的直流电压、交流电压、直流电流、交流电流、电阻等参数，变换不同的档位测量不同的参数。也有些万用表还可以测量电容、电感、晶体管的放大倍数、频率和温度等参数。万用表测量电流时，需要将被测电路断开，将万用表的两个表笔串入被测电路中，如果使用指针式万用表测量直流电流，还需要注意表笔的极性。万用表损坏的主要原因有：一是用小量程档去测量大的电流和电压；二是在电压挡测量电流，没有进行档位转换；三是测量过程中变换挡位。

万用表有指针式和数字式，目前数字式万用表使用较多。也有些高档的万用表带有示波器和数据存储功能，也有些万用表还具有钳形表的功能，如叉式万用表利用叉形传感器可以不断开被测电路就能测量直流电流或交流电流，也有些万用表能够自动换档。

钳形表的功能与万用表的功能基本类似，它们之间最主要的区别是钳形表测量交流电路的电流时，不需要将电路断开，而是将钳形表的钳子张开，把被测电路放在钳子的怀抱中，闭合钳子，读出电流值。钳形表的钳子其实是一个穿心式电流互感器（硅钢片制成），穿过钳子的被测导线相当于一个一匝的一次绕组，利用互感器原理，在钳形表内部的二次绕组上测量出交流电流。钳形表有测量高压电路的和测量低压电路的，测量高压电路的钳形表，使用时需要操作者戴绝缘手套穿绝缘鞋并站在绝缘垫上测量。

示波器用于测量电路中电压信号的波形，在电气自动化工程中多用于电路或电子设备的故障分析或电子设备内部高级参数的调试，一般自动化工程中使用并不多。也有具有万用表功能的一体式示波器。

验电笔、万用表、钳形表和示波器的外形如图 5-14 所示。

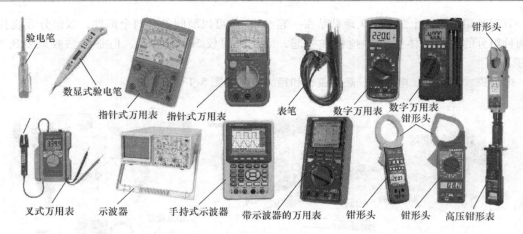

图 5-14　验电笔、万用表、钳形表和示波器的外形

5.12　绝缘电阻表和接地电阻表

电动机、电气设备和电线电缆由于长期使用，因受热、受潮，绝缘材料会老化，机械划碰也会破坏绝缘性能，使绝缘电阻降低，造成漏电或短路事故。电动机或控制设备的绝缘损伤严重时，还会导致自动化系统不能正常运行，例如电动机的内部绕组线包绝缘出现问题时，会导致拖动该电动机的变频器不能起动运行，动力线路绝缘损伤后漏电会使三相电流不平衡，导致剩余电流断路器跳闸而不能正常送电，也有些线路绝缘损伤后可能导致设备非导电区域带电或击穿打火。

为了避免发生事故，需要定期测量并判断电动机、电气设备或输电线路的绝缘电阻是否满足运行要求。绝缘电阻的阻值一般为兆欧级，万用表测量电阻值是在低电压下测量的，低压下测量的电阻值不能反映在高压条件下的真正绝缘电阻值，为了得到真实的高压状态下的绝缘电阻值，需要施加高压电源进行测量，绝缘电阻表就是专门测量绝缘电阻的仪表。它产生直流高压，并施加到被测设备线路上来测量绝缘电阻。绝缘电阻表有电子式和发电机式，电子式是利用倍压电路或震荡升压整流电路将电池的低压直流电变成高压直流电，然后测量绝缘电阻；发电机式的绝缘电阻表也称为摇表，它是利用手摇发电机产生直流高压，由于绝缘电阻表利用内部两个线圈的电流比决定仪表偏转角（绝缘电阻值），所以绝缘电阻表转速快慢造成电压的一定变动不影响测量结果。选择绝缘电阻表的电压等级（对于绝缘电阻表），或将挡位拨到相应的电压等级（对于数字绝缘电阻表），250V、500V、1000V、2500V、5000V 等，用于测量不同绝缘等级的电动机、电气设备或电缆，对于 AC220V 和 AC380V 的控制设备和电动机，选用 500V 的绝缘电阻表即可。

绝缘电阻表的 L 端为线路端，E 端为接地端，G 端为屏蔽端（或叫保护环），被测量电路或设备断电，然后将被测电路和设备对地短路，放一下电，然后再测量，一般只用 L 端和 E 端。测量设备或电路的对地电阻时，设备或导线的金属部分与 L 端连接，金属壳或地线接 E 端；测量两条电路之间的绝缘电阻时，一条线路接 L 端，另一条线路接 E 端；测量电缆的对地绝缘电阻时，如果空气湿度大或电缆表面较脏，电缆表面的漏电流会影响绝缘电阻的测量准确性，应将电缆的屏蔽层（或在电缆外表加一个金属屏蔽环）接至 G 端，测完后将设备或电路的线端拆下再对地端放一下电，以防电路中有电容存电伤人。

另外，测量装有变频器等电子设备的电控柜时，例如测量变频器的输出端到电动机之间的电缆的绝缘电阻，需要将变频器输出端的电缆从电动机上取下，否则，绝缘电阻表的高电压可能会损伤变频器内的功率模块或印制电路板。

绝缘电阻表的外形如图 5-15 所示。

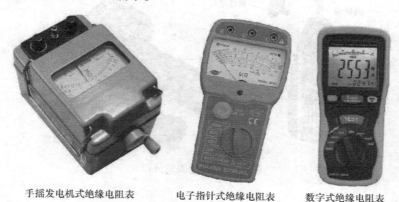

手摇发电机式绝缘电阻表　　　电子指针式绝缘电阻表　　　数字式绝缘电阻表

图 5-15　绝缘电阻表的外形

很多电控柜或自动化设备都有接地的要求，一是可以保证用电安全，二是可以降低电磁干扰的影响。接地电阻表就是用于测量单个接地体和集中接地体的接地电阻的装置，它可以检测整个自动化系统或设备的接地质量。接地电阻表有指针式手摇接地电阻表和数字式接地电阻表。

接地电阻表一般有 4 个端子，两个电压测试端子（如 P_1 和 P_2），两个电流测试端子（如 C_1 和 C_2）。一般接地电阻表附带两个测试插针和四根纯铜标准测试线（5m、20m、40m）等，在与被测接地体成一条直线的一侧方向，距离被测接地体 20m 处插入一个电压测试插针，距离被测接地体 40m 处插入一个电流测试插针，将一个电压测试端子（如 P_2）和一个电流测试端子（如 C_2）都接到被测接地体上，再连接好电压测试插针（如 P_1）和电流测试插针（如 C_1），根据电压降法，测出被测接地体的接地电阻，也可以将 P_2 和 C_2 端子短接后一根测试线接被测接地体，用三极法测量接到电阻。

接地电阻表的外形如图 5-16 所示。

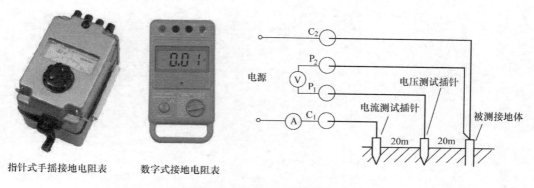

指针式手摇接地电阻表　　　数字式接地电阻表

图 5-16　接地电阻表的外形

5. 13　手持式转速表

手持式转速表可以用于测量电动机或旋转机械的转速，也可以用随表附带的标准轮与被测物体的表面滚动接触，根据转速和标准轮的固定周长测量出被测工件表面的线速度。转速表的外形如图 5-17 所示，手持式转速表还可以测量辊轮、平台、传送带、板材等设备或材料表面的线速度。

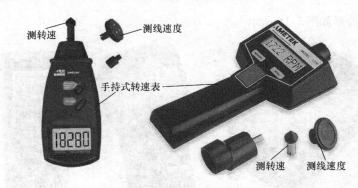

图 5-17　转速表的外形

第6章 自动化设备和工程的常用控制装置

6.1 电磁铁

  电磁铁是自动化生产线中常用的执行装置。电磁铁有交流电磁铁和直流电磁铁，通电后电磁铁对铁质部件产生吸引力，利用该吸引力可以完成自动化设备中的很多动作。在继电器和交流接触器中，利用电磁铁吸引动铁，使动铁上的触点闭合或分开。按功能分，有专门用于抓取铁质工件的吸盘电磁铁，用于产生牵引动作的牵引电磁铁，用于抱闸制动的制动电磁铁，用于推出或拉入工件或定位销的推拉电磁铁，可以产生旋转动作的旋转电磁铁，可以调整输出力大小的比例电磁铁，用于门锁的门锁电磁铁，用于保健按摩的按摩电磁铁，玩具中使用的玩具电磁铁，选料振盘使用的振盘电磁铁，读卡器中的退卡电磁铁，换向阀中使用的电磁铁，用于断路器中的分闸电磁铁和脱扣电磁铁等。

  推拉电磁铁在机床、自动化生产线、自动售货机上有大量应用。线圈通电和断电推拉电磁铁产生直线动作，利用推杆的伸缩可以实现工作台定位，也可以推出或放行一个工件，或从料仓取出一件商品。利用弹簧的复位作用，推拉电磁铁有通电拉回或通电推出之分，选型时需要考虑杆直径、伸出长度和力量大小。推拉电磁铁的外形如图6-1所示。

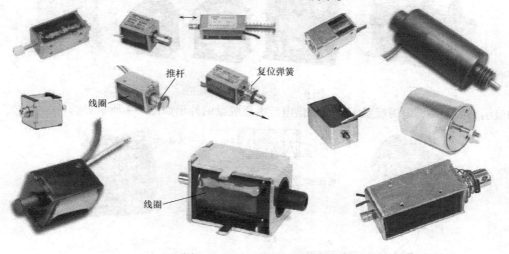

图6-1　推拉电磁铁的外形

  线圈通电产生旋转动作，这种电磁铁叫旋转电磁铁。旋转电磁铁有直流供电和交流供电，旋转角度可以选择，在自动售货机、办公设备和小型自动化生产线上应用较多。旋转电磁铁的外形如图6-2所示。

  产生较大力量推拉动作的电磁铁叫牵引电磁铁，它作为机床、自动化设备的牵引控制装置，线圈通电，动铁拉回，动铁为直线运动，也可以通过杠杆等机构变成旋转或弧线运动。牵引电磁铁有直流和交流两种，牵引电磁铁的外形如图6-3所示。

  在机床、食品设备、医疗机械、机械手和自动化生产线中，利用电磁吸盘取放铁质工件，电磁吸盘通电后，其表面可以抓取或吸紧铁质工件，断电则将工件放下或放松。选型时需要吸盘尺

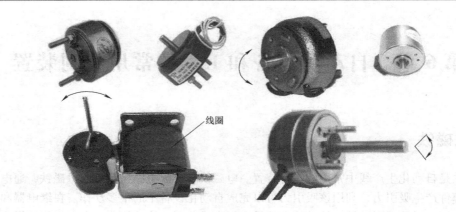

图 6-2　旋转电磁铁的外形

图 6-3　牵引电磁铁的外形

寸和吸引力的大小，电磁吸盘多为直流供电。电磁吸盘的外形如图 6-4 所示。

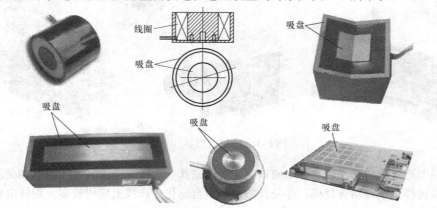

图 6-4　电磁吸盘的外形

6.2　电磁阀和气动阀

电磁阀是一种利用线圈通电和断电控制液体、气体、蒸汽通断的装置。通电后电磁阀动作，失电后利用弹簧或进入流体的压力复位，一般阀门上都标有流体方向，不能装反。电磁阀的关闭和打开都比较快速，一般都用于小口径的管路中。电磁阀分为通电关闭和通电打开两种，这主要是从安全角度考虑的，有些生产过程突然断电时，要把介质关断（如煤气）才行，而另一些控制过程可能要求突然断电后打开才安全，电源电压有交流和直流两种。电磁阀在工业自动化控制和家用电器（洗衣机、空调、热水器、IC 水表）上都有较多的应用，常见电磁阀的外形如图 6-5 所示。

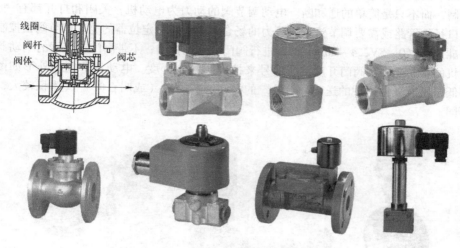

图 6-5　常见电磁阀的外形

气动阀利用压缩空气控制膜片、波纹管或气缸，控制膜片、波纹管或气缸带动阀杆动作，推动阀芯关闭和打开。膜片式的多单口进气，并利用弹簧复位，膜片带动阀杆动作，阀杆连接阀芯使之打开或关闭；波纹管式的为单口进气；气缸式的可以单口进气也可以双口进气，气缸的推杆连接阀杆，阀杆连接阀芯使之打开或关闭。气动阀分为气关和气开两种，在易燃易爆的场合，气动阀比电磁阀的安全性要高，因为它没有意外打火问题，一般用于控制流体压力较高或管路直径较大的气动阀，其内部还有先导阀，利用先导阀放大开关阀的力，常见气动阀的外形如图 6-6 所示。

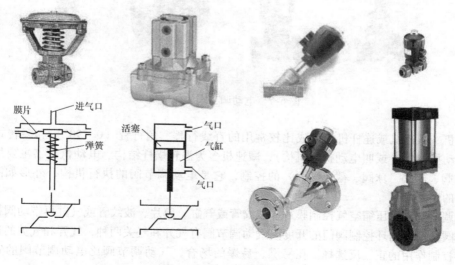

图 6-6　常见气动阀的外形

6.3　电动调节阀和气动调节阀

　　当阀门的位置全开或全关不能满足工艺要求时，需要调节阀门的开度在一个需要的位置，这时就需要使用电动调节阀或气动调节阀。

　　电动调节阀（或叫电动阀，用电动机驱动）与电磁阀的不同在于电动调节阀阀门的打开角度可以控制，而不只是简单的通和断。电动调节阀的动力为电动机，关闭和打开都有一个过程，可用于大口径的管路或需要调节流量或压力的场合。带有阀门定位器的电动调节阀在控制系统中可以用标准信号（0~5V，4~20mA 等）进行阀门的开度控制；不带阀门定值器的电动阀，利用阀门电动机的正、反转及阀门开度反馈信号来控制阀门的开度。电动调节阀的外形如图 6-7 所示。调节低压风道（如锅炉的送风和引风）的电动调节风门（或叫百叶）其体积较大，形状与此有所不同。

图 6-7　电动调节阀的外形

　　电动机、减速机或连杆机构形成比较常用的直线行程、角行程（0~90°）和多转式（大于360°）电动执行器（或叫电动执行机构），减速机多为涡轮蜗杆结构。电动执行器主要用于各种阀门（闸阀、碟阀、球阀、截止阀等）的控制，它是电动调节阀的执行机构，外形如图 6-7 中阀门上方的装置。

　　气动调节阀利用压缩空气控制膜片、波纹管或气缸，膜片、波纹管或气缸再带动阀杆推动阀芯，通过阀位反馈闭环控制阀门的开度。气动调节阀有气开和气关两种，气开和气关的选择会影响控制器控制作用的正、反选择。在易燃、易爆的场合，气动调节阀比电动调节阀的安全性要高，气动调节阀的外形如图 6-8 所示。

图 6-8　气动调节阀的外形

6.4　电/气转换器

由于自动化控制系统的计算和处理是电信号，而有些气动系统需要的是能连续调节的气压，这时就需要有把电控信号转换成气控信号的装置。

电/气转换器利用喷嘴、挡板、气动放大器、信号控制线圈、铁心、磁钢和杠杆等部件，把 $4\sim20\text{mA}$ 的控制信号转换成 $0.2\sim1\text{kg/cm}^2$ 的标准气压控制信号。电/气转换器的原理如图 6-9 所示，信号线圈通入 $4\sim20\text{mA}$ 的控制信号，信号电流越大，线圈与磁钢的排斥力越大，挡板离喷嘴的距离越近，出气压力越大；信号电流越小，线圈与磁钢的排斥力越小，挡板离喷嘴的距离越远，出气压力越小，所以信号线圈内的电流与出气压力成比例放大。出气的气压同时反馈送入波纹管，出气压力太大，波纹管则推动杠杆使挡板远离喷嘴，使出气压力减小，调零使 4mA 对应 0.2kg/cm^2 的标准气压。

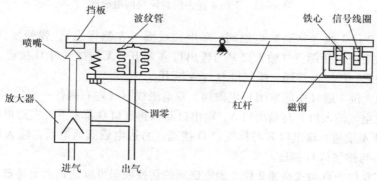

图 6-9　电/气转换器的原理

其实，电/气转换器也可以利用小型电动机、调压阀和压力传感器组合得到。电/气转换器的外形如图 6-10 所示。

图 6-10　电/气转换器的外形

6.5　气动和液压换向电磁阀

当要求对多路气体进行通、断换向控制时，就要用多位多通气动换向电磁阀。这种阀门利用滑柱作为阀芯进行通路切换。气动换向电磁阀用一个电磁线圈控制时，有两个工作位，电磁线圈通电到一个阀位，利用内部弹簧复位到另一个阀位；气动换向电磁阀用两个电磁线圈控制时，可以有两个工作位，线圈 1 通电一个工作位，线圈 2 通电变换到另一个工作位，也可以有 3 个工作位，线圈 1 通电一个工作位，线圈 2 通电变换到另一个工作位，线圈 1 和线圈 2 都断电在中间位。

常用的换向电磁阀有 2 位 2 通，2 位 3 通，3 位 3 通，2 位 4 通，3 位 4 通，2 位 5 通，3 位 5 通几种规格，一般在阀体上，用 P 表示压缩空气的输入口，A 表示输出口，排气口用 O 表示，如果还有另一个输出口则用 B 表示，如果有两个排气口则用 O_1 和 O_2 表示。换向电磁阀有两种状态的为 2 位换向阀，换向阀有 3 种状态的为 3 位换向阀，以 2 位 3 通常断（P 和 A 断开）换向电磁阀和 3 位 4 通中间封闭（P、A、B、O 均不通）换向电磁阀为例给出说明。3 位 4 通中间封闭换向电磁阀如图 6-11 所示，图 6-11 中，标注字母的位置为断电后的常态工作位。

图 6-11　3 位 4 通中间封闭换向电磁阀

图 6-11a 为 2 位 3 通（常通）电磁阀，单电磁线圈（左侧标志），弹簧复位（左侧标志），常态（失电）位置下，压缩空气输入口 P 与输出口 A 断开，A 与排气口 O 接通，换向后，阀芯运动到右边的位置，P 与 A 接通，排气口 O 与 A 断开。

图 6-11b 为 3 位 4 通（中间常闭）电磁阀，双电磁线圈（左右侧各一个），常态（失电）中间位置下，压缩空气输入口 P 与输出口 A、输出口 B 和排气口 O 都断开，左边电磁阀通电后，输入口 P 与输出口 A 接通，输出口 B 与排气口 O 接通，右边电磁阀通电后，输入口 P 与输出口 B 接通，输出口 A 与排气口 O 接通。

有些采用气复位的直动式高速 2 位 2 通电磁阀的切换频率可以达到上千赫兹，这种阀门常用于高速分拣。采用弹簧复位的直动式高速 2 位 3 通切换阀的切换频率也可以达到几百赫兹。

　　当压缩气体的压力较大时，阀芯换向需要的力较大，为了不使用功率更大的电磁线圈，可以利用先导阀控制换向阀，工作过程为：先用电磁线圈控制一个较小的换向阀，此阀称为先导阀，此先导阀需要的电磁功率较小，再用此先导阀的输出口去控制大换向阀的面积较大的阀芯，力放大后进行切换控制。先导阀控制换向阀的原理如图 6-12 所示。

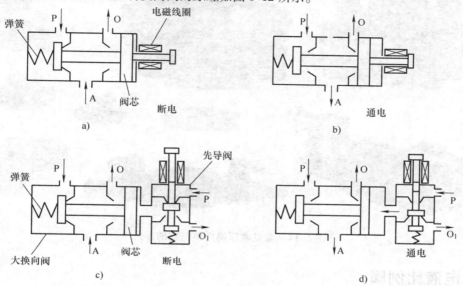

图 6-12　先导阀控制换向阀的原理

　　图 6-12a 为直动式，直接利用电磁线圈推动换向阀的阀芯，电磁线圈断电，在弹簧的作用下，A 口和 O 口联通，P 口断开。图 6-12b 中，电磁线圈通电，P 口和 A 口联通，O 口断开。

　　图 6-12c 为先导式，利用电磁线圈先控制先导阀的阀芯，先导阀断电，阀芯与 O_1 联通，在弹簧的作用下，A 口和 O 口联通，P 口断开。图 6-12d 中，先导阀通电，先导阀的 P 口与阀芯联通，阀芯向左运动，P 口和 A 口联通，O 口断开，由于先导阀缸径较小，所以线圈的功率可以较小。

　　常见气动换向电磁阀的外形如图 6-13 所示。

图 6-13　常见气动换向电磁阀的外形

　　当要求对多路液体进行通断控制时，就要用多位多通液压换向电磁阀，液压输出的力比气压要大。常见液压换向电磁阀的外形如图6-14所示。

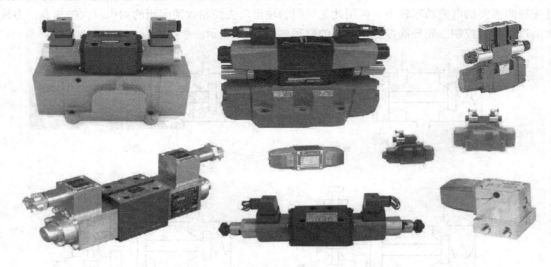

图6-14　常见液压换向电磁阀的外形

6.6　电液比例阀

　　通过改变施加在电磁阀线圈上电压的占空比，即改变电磁阀线圈上的平均电压，来改变阀门的流通面积或定压弹簧的弹力，这样的装置就是电液比例阀。在液压系统中，人工调节的节流阀是用人改变阀门的节流面积来调节流量，人工控制的调压阀是用人改变定压弹簧的弹力来调节输出压力，如果使用自动控制的手段，通过改变电磁线圈的电压，连续地改变阀门的流通面积，从而连续地控制液压油的流量，这样的电液比例阀为电液比例调速阀，其原理如图6-15所示。电磁线圈的供电电压可以使用PWM（脉宽调制）方法来连续调节，改变电磁线圈电压的占空比，即改变了电磁线圈的平均电压，改变了阀杆对节流阀阀芯的推力，即改变了从P_1进油口到P_2出油口的节流面的面积，即改变了液压油出口的流量。

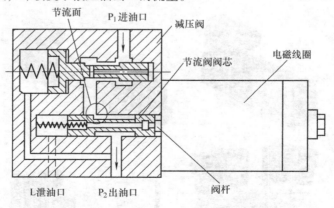

图6-15　电液比例调速阀的原理

　　改变施加在电磁阀线圈上电压的占空比，改变定压弹簧的弹力，连续地控制液压油的输出压力，这样的电液比例阀为电液比例压力阀，其原理如图6-16所示。改变电磁线圈电压的占空比，即改变了电磁线圈的平均电压，改变了阀杆上弹簧对锥阀的推力，液压油接P口，P口压力大于弹簧对锥阀的推力时，锥阀打开，液压油从 T 口卸掉，改变电磁线圈的电压，即改变了液压油的压力。

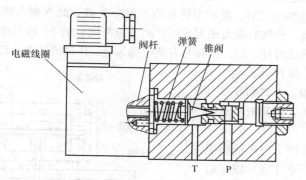

图 6-16　电液比例压力阀的原理

电液比例阀的外形如图 6-17 所示。

图 6-17　电液比例阀的外形

电液比例阀对于油路的洁净程度要求不如电液伺服阀高。电液比例阀的控制精度较高，达到伺服控制级，也可以做电液伺服阀使用。

6.7　电液伺服阀

电液伺服阀多数是利用喷嘴挡板的放大（1级）作用控制滑阀进行（2级或3级）功率放大，用自动控制系统送来的弱电信号控制液压系统大型部件的精确移动，用弱电信号控制电磁线圈的电流。电磁线圈的磁力的改变带来挡板离喷嘴距离的改变，同时改变了喷嘴后面空间中的压力，此压力如果直接输出，称为1级电液伺服阀，阀体一般使用超硬铝合金制成，如图 6-18 所示。

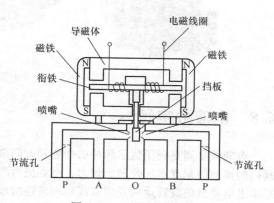

图 6-18　1 级电液伺服阀

液压油接入两侧的输入口 P，一端通过节流孔进入与 A 口相连的空间，此空间与左侧的喷嘴相通，一端通过节流孔进入与 B 口相连的空间，此空间与右侧的喷嘴相通，通过喷嘴的液压油通过 O 口流出。电磁线圈通电后，假设衔铁左端表现为 N 极，此 N 极与磁铁的 NS 极发生作用，使衔铁向下运动。同理，衔铁右端表现为 S 极，此 S 极与磁铁的 NS 极发生作用，使衔铁向上运动。与衔铁相连的挡板逆时针旋转，挡板与右侧喷嘴靠近，B 口的压力升高，挡板与左侧喷嘴远离，A 口的压力降低，这样就改变了 B 口和 A 口的压力和流量。A 口和 B 口分别接液压缸两侧的油孔，控制液压缸的推杆做精密运动。

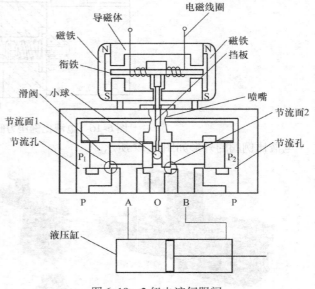

　　2 级电液伺服阀是用 1 级电液伺服阀作为先导阀再控制一个 4 通的液压缸进行功率放大，这样输出口 A 和 B 的功率就更大，如图 6-19 所示。挡板下方有小球与滑阀的中心连成活节，挡板的左右移动带动滑阀左右移动，挡板的左右移动又改变了 P_1 腔和 P_2 腔的压力，而 P_1 腔和 P_2 腔的压力，推动滑阀反向移动，最后滑阀平衡在一个位置，改变了 A 口（或 B 口）与 P 口的节流面积 1，改变了 B 口（或 A 口）与 O 口的节流面积 2。A 口和 B 口分别接液压缸两侧的油孔，控制液压缸的缸杆做精密运动。

图 6-19　2 级电液伺服阀

　　电液伺服阀的外形如图 6-20 所示。

图 6-20　电液伺服阀的外形

6.8　电液数字阀

　　电液数字阀是利用数字脉冲的个数和方向来控制液压阀，利用步进电动机和滚珠丝杠来调节阀门的流通面积或定压弹簧的弹力，得到更为准确的流量或压力，利用步进电动机和滚珠丝杠，把步进电动机的旋转运动变成直线运动来连续地改变阀门的流通面积或定压弹簧的弹力，从而连续地控制液压油的流量，或连续地控制液压油的输出压力，如图 6-21 所示。步进电动机带动滚珠丝杠转动，丝杠上的螺母带动阀杆产生直线运动，阀杆推动阀芯，这样即改变了从 P_1 进油口到 P_2 出油口的节流面的面积，即改变了液压油出口的流量，传感器用于开始时确定零位，或是阀杆到达一端后确定零位。

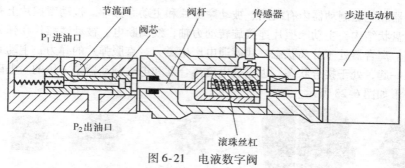

图 6-21　电液数字阀

6.9　磁粉离合器和磁粉制动器

　　磁粉离合器在主动件和被动件之间放置磁粉，通过改变电磁线圈的励磁电压，来调节磁粉离合器内部磁粉的引力和分布，不通电磁粉处于松散状态，通电时磁粉结合，主动件与从动件同时转动。利用磁粉在主动轴和被动轴之间传递力矩，在主动轴转速恒定的情况下，就可以控制被动轴的转速。磁粉制动器与磁粉离合器的原理相同，只不过它把主动轴转速固定为零，被动轴的转速和输出力矩可调。

　　磁粉离合器和磁粉制动器（磁粉刹车器）可用于调速控制或分断控制。

　　磁粉离合器和磁粉制动器在印刷机、模切机、造纸机、复合机、拉丝机、涂布机、绕线机、金属板材、带材、胶片等自动化生产线中大量应用，主要用于张力自动控制环节，作放卷或收卷控制。一般磁粉制动器用于放卷控制，磁粉离合器用于收卷控制。

　　磁粉离合器也可以用于电动机、发动机、电动机构、减速机等动力传输机构中。磁粉离合器的一个轴接电动机侧，一个轴接负载侧，改变磁粉离合器的励磁电压，可以调节输出轴的输出转矩、输出速度或实现主动轴和被动轴的分离控制。

　　磁粉制动器一般只有一个输出轴，磁粉离合器有一个输入轴、一个输出轴。磁粉离合器和磁粉制动器的外形如图 6-22 所示。

图 6-22　磁粉离合器和磁粉制动器的外形

6.10　电磁离合器和电磁制动器

电磁离合器和电磁制动器内有线圈、被动摩擦片和主动摩擦片。被动摩擦片上有衔铁，被动摩擦片为弹性盘状结构，主动摩擦片连接旋转动力轴，线圈断电，被动摩擦片在弹力作用下与主动摩擦片分离，离合器处于分离状态，线圈通电产生磁力，克服弹片的弹力，主动摩擦片与被动摩擦片吸合在一起，处于接合状态，也有的电磁离合器和电磁制动器是一体的。电磁离合器和电磁制动器的外形如图6-23所示。

图6-23　电磁离合器和电磁制动器的外形

6.11　电动推杆和电液推杆

电动推杆是把电动机的旋转运动通过涡轮蜗杆或齿轮减速机（减速比可选）和丝杠（或滚珠丝杠）变成直线运动，利用电动机的正反转实现推杆的伸出和缩回。在推杆的两端安装万向铰链用于连接负载和固定架。电动机可以旋转丝杠螺母让丝杠作直线运动，也可以旋转丝杠让丝杠螺母作直线运动。在有些纠偏装置中把电动推杆也称为线性驱动器，也有的称电动缸，或称直线制动器，也有的把滚珠丝杠做成伺服电动机的转子输出轴两头增加固定的滚珠螺母，伺服电动机的旋转运动直接就变成了滚珠丝杠的直线运动，称其为电动滚珠丝杠。小型的电动推杆多使用直流永磁电动机，利用伺服电动机和精密传动机构组成伺服电动缸。滚珠丝杠内嵌滚珠螺母可以变成多级滚珠丝杠，延长伸缩距离。电动推杆的外形如图6-24所示。

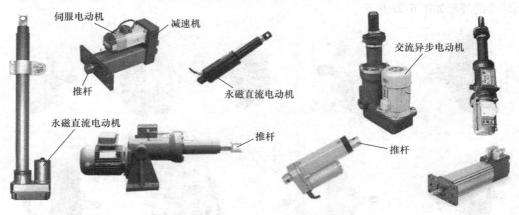

图6-24　电动推杆的外形

电液推杆的力量较电动推杆要大，它集油泵、控制阀和液压缸为一体，油路循环于缸筒内，电动机带动容积式油泵（如齿轮泵），并利用电动机的正反转和阀门的锁控来实现液压缸的推出和缩回，可以是一体结构，也可以把液压缸置外做成分体式。电液推杆在输料、升降、闸门、定位等场合有较多的应用。电液推杆的外形如图 6-25 所示。

图 6-25　电液推杆的外形

6.12　自力式调节阀

在有些自动控制场合，不需要精确地控制，可以不使用 PLC、PID 等控制器，用自力式调节阀就可以完成简单的自动恒压、恒温或恒流控制。这种方法在电力、化工、石油、冶金等场合的气体、液体和蒸汽控制中有较多的应用。

控制温度的自力式调节阀，在管道中插入一个温包，温包中充满某种液体，该液体在不同温度下体积胀缩，胀缩的液体通过一个管子去推动膜片或活塞，膜片或活塞的运动与内部弹簧力平衡后，决定调节阀的阀杆上升或下降，最后控制阀门的开度，实现温度的自动控制。

控制压力的自力式调节阀，利用阀门输出口（或进口）液体的压力推动膜片或活塞，带动阀杆上升和下降，最后实现控制阀门的开度，自动控制压力的高低。

控制流量的自力式调节阀，利用阀门输入口输出口液体的压力，阀门两侧压力差的大小，开方后代表流量的大小，两侧的压力作用到膜片或活塞的两侧，推动膜片或活塞运动，带动阀杆上升和下降，最后实现控制阀门的开度，自动控制流量的大小。

自力式调节阀的外形如图 6-26 所示。

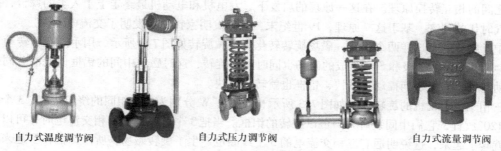

自力式温度调节阀　　　　　　　自力式压力调节阀　　　　　　　　自力式流量调节阀

图 6-26　自力式调节阀的外形

6.13　其他电动装置

电动机、减速机和不同的连杆机构可以形成复杂的运动，这些运动可以应用于各种自动控制场合，如电动机带动的风机、水泵、传送带输送机、刮板输送机、叶轮给料机、螺旋给料机、油泵、定量泵、蠕动泵等通用机械。这些机构或作为整体或作为非标产品在自动化系统中大量使用，在此不再一一列出。

第 7 章   三相交流电动机、变频器与软起动器

三相交流电动机接入三相交流电产生旋转，它是目前工业上使用最广泛的电动机。三相交流电动机的种类有很多，有笼型三相交流异步电动机、绕线转子三相交流异步电动机、三相交流同步电动机、三相交流永磁同步电动机、三相交流变频电动机等。三相交流电动机的外形如图 7-1 所示。

图 7-1   三相交流电动机的外形

7.1   三相交流异步电动机的基本原理

19 世纪初，英国科学家法拉第用一个小磁棒在一个闭路线圈周围一划，发现在线圈中有电流产生，从此人类发现了电磁感应现象。这个现象表明机械能和电能可以互相转化，也表明了电和磁之间的相互转换原理。在这一原理的启发下，发电机和电动机最终走上了人类的舞台，揭示了电气时代的到来。基于这一原理，19 世纪末，美国发明家特斯拉发明了交流电动机。

中学物理中有这样两个实验，磁场旋转转化为机械旋转如图 7-2 所示，用手顺时针转动 U 形磁铁，两个磁极，N 极和 S 极形成的磁场也同时发生旋转，这时磁铁中间的铝框也就沿着同一方向转动起来，并且手柄摇动得越快，铝框也就转得越快。

三相交流电动机的旋转原理如图 7-3 所示，U、V、W 分别为 3 个相同的绕组线圈，3 个线圈互成 120° 放置，它们中间装有一个可以旋转的铝框。当把 3 个线圈接入三相交流电时，可以看到铝框就转了起来，这说明通有三相交流电的 3 个线圈也产生了旋转磁场，所以铝框转了起来。这就是三相交流电动机旋转的基本原理。

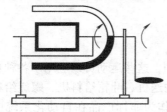

图 7-2   磁场旋转转化为机械旋转

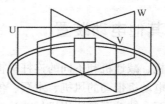

图 7-3   三相交流电动机的旋转原理

那么，为什么通有三相交流电的 3 个线圈就产生了旋转磁场呢？让我们先从三相交流电的特点说起，三相交流电的表达式见式（7-1）、式（7-2）和式（7-3）。

$$i_U = I_m \cos\omega t \qquad (7-1)$$
$$i_V = I_m \cos(\omega t - 120°) \qquad (7-2)$$
$$i_W = I_m \cos(\omega t - 240°) \qquad (7-3)$$

式（7-1）、式（7-2）和式（7-3）中，I_m 代表电流的最大峰值，ωt 代表随时间变化的电角度，i_U 代表流过 U 相线圈的电流，i_V 代表流过 V 相线圈的电流，i_W 代表流过 W 相线圈的电流，式（7-1）、式（7-2）和式（7-3）表明 U、V、W 三相电流在时间上相差 120°电角度。三相电流的波形图如 7-4 所示。

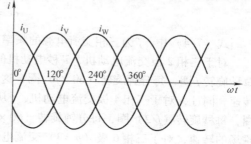

图 7-4　三相电流的波形图

假设 U 相线圈的首端为 U_1，U 相线圈的末端为 U_2，V 相线圈的首端为 V_1，V 相线圈的末端为 V_2，W 相线圈的首端为 W_1，W 相线圈的末端为 W_2。当 U 相电流 i_U 为正时，表示从首端 U_1 流入，末端 U_2 流出；当 U 相电流 i_U 为负时，表示从末端 U_2 流入，首端 U_1 流出。同理，当 V 相电流 i_V 为正时，表示从首端 V_1 流入，末端 V_2 流出；当 V 相电流 i_V 为负时，表示从末端 V_2 流入，首端 V_1 流出。当 W 相电流 i_W 为正时，表示从首端 W_1 流入，末端 W_2 流出；当 W 相电流 i_W 为负时，表示从末端 W_2 流入，首端 W_1 流出。电流流入时用 ⊕ 表示（类似于我们看到箭的尾部，箭在离我们而去），电流流出时用 ⊙ 表示（类似于我们看到箭的箭头，箭在朝我们而来）。

以 $\omega t = 0°$ 和 $\omega t = 60°$ 两个时刻来分析 U、V、W 三个线圈中电流的流向，以及由电流流向所带来的磁场的变化情况。

画出 $\omega t = 0°$ 时，U、V、W 三个线圈中电流的流向。$\omega t = 0°$ 的磁场位置如图 7-5 所示。

根据图 7-4，$\omega t = 0°$ 时，U 相电流为正（且为最大值），V 相电流为负，W 相电流为负，所以在图 7-5 中，U 线圈电流从 U_1 流入，从 U_2 流出；V 线圈电流从 V_2 流入，从 V_1 流出；W 线圈电流从 W_2 流入，从 W_1 流出。根据右手螺旋定则，三相绕组形成的合成磁场为二极磁场，磁场的方向由上向下，上方为 N 极，下方为 S 极。

画出 $\omega t = 60°$ 时，U、V、W 三个线圈中电流的流向。$\omega t = 60°$ 的磁场位置如图 7-6 所示。

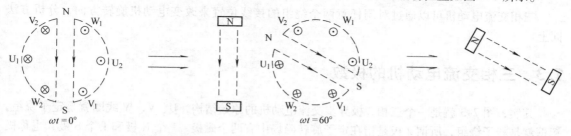

图 7-5　$\omega t = 0°$ 的磁场位置　　　　　　　　图 7-6　$\omega t = 60°$ 的磁场位置

根据图 7-4，$\omega t = 60°$ 时，U 相电流为正，V 相电流为正，W 相电流为负（且为负向最大值），所以在图 7-6 中，U 线圈电流从 U_1 流入，从 U_2 流出；V 线圈电流从 V_1 流入，从 V_2 流出；W 线圈电流从 W_2 流入，从 W_1 流出。根据右手螺旋定则，确定出磁场方向与 $\omega t = 0°$ 时的磁场相比逆时针旋转了 60°。

从图 7-5、图 7-6 可以看出，虽然 U、V、W 三个线圈没有运动，但是它们通入交流电后形成的磁场却在逆时针旋转，它们相当于图 7-2 中用人工方式将一个 N 极和一个 S 极逆时针旋转形成的磁场。

$\omega t = 180°$、$\omega t = 240°$、$\omega t = 300°$ 和 $\omega t = 360°$ 时的磁场位置，可以同理画出。

7.2　三相交流电动机的转速和反向运行

由于余弦函数的周期性特点，ωt 从 $0°$ 到 $360°$ 之间的特性分析及变化规律也就代表了 $\omega t > 360°$ 以后各时间段的周期变化情况，根据

$$\omega t = 2\pi f t = \frac{2\pi}{T} t \tag{7-4}$$

式（7-4）中，f 为三相交流电源的频率（Hz）；T 为三相交流电源的周期（s）。

对于三相 2 极交流电动机，T 秒电动机的磁场旋转了一圈，每秒则旋转（$1/T$）圈，也就是每秒旋转 f 圈，每分钟旋转（$60 \times f$）圈，这就是三相 2 极（$p = 1$）交流电动机定子旋转磁场的转速，同理，对于三相 4 极交流电动机，t 从 0 到 T 秒，三相交流电动机的定子磁场旋转了 1/2 圈，每秒旋转（$f/2$）圈，每分钟旋转（$60 \times f/2$）圈，这就是三相 4 极（$p = 2$）交流电动机定子磁场的转速，对于三相 6 极（$p = 3$）交流电动机，定子磁场每分钟旋转（$60 \times f/3$）圈，以此类推，得三相交流电动机定子磁场的旋转速度 n_0（也叫同步转速）表达式为

$$n_0 = \frac{60f}{p} \tag{7-5}$$

式（7-5）中，f 为三相交流电动机供电电源的频率（Hz），p 为三相交流电动机的极对数，有 1、2、3、4、5、6 等。

三相交流电动机转子输出转速 n 的表达式为

$$n = (1 - s) n_0 = (1 - s) \frac{60f}{p} \tag{7-6}$$

式（7-6）中，n 为三相交流电动机转子转速（r/min）；s 为转差率，s 代表的是三相交流电动机转子输出的旋转速度同定子上的磁场旋转速度之间的差异，同步三相交流电动机的转差率 $s = 0$，即转子输出的旋转速度同定子上的磁场旋转速度相等，异步三相交流电动机的转差率 $s > 0$，转差率 s 的表达式为

$$s = \frac{n_0 - n}{n_0} \tag{7-7}$$

三相交流电动机可以通过对调任意两个绕组的接线位置来改变电动机旋转方向，分析方法同上。

7.3　三相交流电动机的极数

其实，图 7-3 就是一个三相 2 极异步交流电动机的原始结构，U、V、W 线圈就是定子绕组，铝框就是转子绕组，所谓 2 极是指在定子旋转磁场中有两个磁极，1 个 N 极和 1 个 S 极，也称极对数 p 为 1。由于磁极是成对出现的，所以只有 2 极、4 极、6 极等交流电动机，而没有 3 极、5 极、7 极等交流电动机。

按照上面 2 极交流电动机的线圈排布规律，再加入 1 组 U、V、W 线圈，共 6 个线圈，仍按上述顺序均匀分布于定子圆周上，并按以下两种连接方式接线，这样就可以组成一个 4 极交流电动机。

画出 $\omega t = 0°$ 时，6 个线圈中电流的流向。$\omega t = 0°$ 时六个线圈中电流的流向和磁场位置如图 7-7 所示。

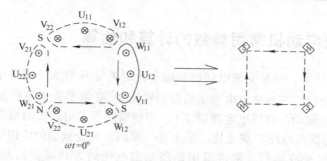

图 7-7　$\omega t = 0°$ 时六个线圈中电流的流向和磁场位置

同理，用 3 组 U、V、W 线圈，按上述规律均匀分布于定子圆周上，就可以组成一个 6 极（3 对磁极）电动机，6 极交流电动机的磁场转速为 2 极交流电动机的 1/3。用 4 组 U、V、W 线圈，可以组成一个 8 极（4 对磁极）电动机，8 极交流电动机的磁场转速为 2 极交流电动机的 1/4。10 极及 10 极以上的三相交流电动机的磁场旋转速度以此类推。

7.4　三相交流异步电动机的实际结构

为了增强和集中旋转磁场对铝框的作用强度，实际的三相交流电动机是把 U、V、W 定子线圈镶嵌到沿圆周均匀分布有放线槽的铁心中，该铁心称为定子铁心。定子铁心的形状如图 7-8 所示。

为了使铝框能在各个角度都能最大程度地产生感应电动势，把铝框做成沿圆周均匀分布的铝或铜的笼式形状。笼型转子如图 7-9 所示。

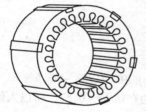

图 7-8　定子铁心的形状

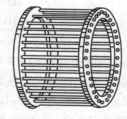
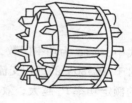

图 7-9　笼型转子

在制造和安装允许的情况下，使定子铁心和转子铁心之间的间隙尽量小，这样改进后的电动机就是现代社会中大量应用的笼型三相交流异步电动机，如图 7-10 所示。

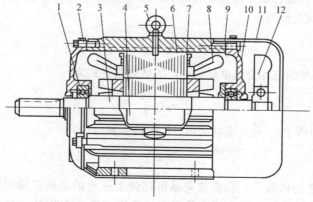

图 7-10　笼型三相交流异步电动机

1—轴承　2—前端盖　3—转轴　4—接线盒　5—吊环　6—转子铁心
7—转子　8—定子绕组　9—机座　10—后端盖　11—风罩　12—风扇

7.5　三相交流电动机常用参数的计算和估算

1）额定转矩的计算：三相交流电动机的额定转矩 T_e 必须要大于或等于负载所需的转矩才能保证设备的正常运行，三相交流电动机的起动转矩 T_Q 必须要大于负载起动所需的起动转矩才能保证设备的正常起动。在供电电源频率 f 一定的情况下，电动机的额定转矩 T_e、起动转矩 T_Q 和最大转矩 T_M 与供电电压 U 成正比。基于这一原因，在变频器的应用中，如果所驱动的电动机不能拖动负载起动或运行，常常采用提高输出电压的方式来提高起动转矩或提高运行转矩。

根据额定功率 P_e 和额定转速 n_e 计算额定转矩 T_e 的方法如下：

$$T_e = 9550 \frac{P_e}{n_e} \tag{7-8}$$

式中，P_e 为额定功率（kW）；n_e 为额定转速（r/min）。

电动机转子电阻 r_2 适当的增加，起动转矩 T_Q 也会增加，当达到临界最大值时，起动转矩 T_Q 等于最大转矩 T_M，这是绕线转子电动机用转子串电阻法可以提高起动转矩的原因。如果转子槽形通过特殊设计，也可以利用趋肤效应使转子起动时电阻增大来提高起动转矩。

2）额定电流的估算：如果已知三相交流电动机的额定功率 P_e 和供电电源电压 U_e，也可以近似估算三相交流电动机的额定电流 I_e。根据额定功率 P_e 表达式为

$$P_e = \frac{\sqrt{3} U_e I_e \cos\varphi \eta_e}{1000} \tag{7-9}$$

$$I_e = \frac{P_e 1000}{\sqrt{3} U_e \cos\varphi \eta_e} \tag{7-10}$$

式中，$\cos\varphi$ 为功率因数，η_e 为电动机效率（%）。

对于 AC380V 的三相交流电动机，$\cos\varphi$ 大约在 $0.77 \sim 0.92$，η_e 在 $87.2\% \sim 93.5\%$。一般电动机的额定功率 P_e 越大，效率 η_e 就越高。式（7-10）的分母大约在 $0.45 \sim 0.57$，所以人们经常用 0.5 简单地代替该分母来估算额定电流。I_e 估算表达式为

$$I_e \approx \frac{P_e}{0.5} \tag{7-11}$$

同理，对于 AC3kV 的三相交流电动机，$\cos\varphi$ 大约在 $0.73 \sim 0.88$ 之间，η_e 在 $90.6\% \sim 95.3\%$ 之间。I_e 的估算表达式近似为

$$I_e \approx \frac{P_e}{4} \tag{7-12}$$

同理，对于 AC6kV 的三相交流电动机，I_e 的估算表达式为

$$I_e \approx \frac{P_e}{8} \tag{7-13}$$

同理，对于 AC10kV 的三相交流电动机，I_e 的估算表达式为

$$I_e \approx \frac{P_e}{13} \tag{7-14}$$

3）实际运行功率的估算：三相交流电动机铭牌上标出的是额定输出功率，例如额定功率为 100kW 的电动机，是指电动机在额定状态下的输出功率为 100kW。额定状态下电动机消耗的功率（也叫输入功率）要大于 100kW，在非额定状态下，电动机实际的输出功率也不等于 100kW。

额定状态下，电动机消耗的功率 P_1，见式（7-15）。

$$P_1 = \frac{\sqrt{3} U_e I_e \cos\varphi}{1000}$$

(7-15)

比较式（7-9）和式（7-15），P_1 肯定要大于 P_e。

7.6　三相永磁同步交流电动机

如果把铝框换成具有高磁场强度的永久磁铁，这就成了三相永磁同步交流电动机，因为转子自身就存在与定子磁场的电磁作用力，不再像异步电动机那样需要转子与定子旋转磁场存在相对运动才能产生电磁力，所以这种交流电动机只要拖动外部负载的转矩不超出额定值，永磁转子的旋转速度与定子旋转磁场的速度就保持较精确的同步。在很多场合，使用这种电动机只需要改变供电频率就可以精确地控制电动机的转速，常常可以省略速度测量和反馈。三相永磁同步交流电动机的永久磁铁如图 7-11 所示。

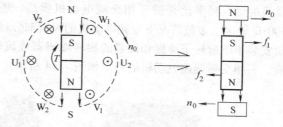

图 7-11　三相永磁同步交流电动机的永久磁铁

7.7　三相交流同步电动机

如果把上面的永久磁铁换成用集电环和电刷导入直流电的电磁铁，如图 7-12 所示，这就成了三相交流同步电动机。同永磁同步交流电动机一样，因为转子自身就是一个有固定磁极的电磁体，不需要转子与定子旋转磁场之间存在相对运动来产生电磁力，所以这种同步交流电动机只要外部负载的转矩不超出额定值，转子的旋转速度与定子旋转磁场的速度就保持同步。

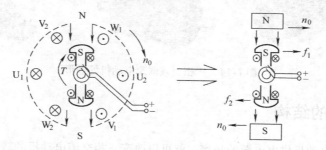

图 7-12　三相交流同步电动机的电磁铁

7.8　绕线转子三相交流异步电动机

如果把铝框换成可以利用集电环引出端头的绕组，如图 7-13 所示，这就成了绕线转子三相交流异步电动机。由于大功率三相交流电动机的起动电流非常大，受电力电子器件发展的限制，早期大功率笼型三相交流电动机的起动和调速是比较困难的，而绕线转子三相交流异步电动机却可以通过调节转子串接电阻 R 的大小或串接的电动势来较好地解决起动和调速问题。

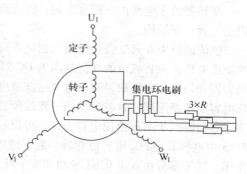

图 7-13　绕线转子三相交流
异步电动机的绕组

7.9 三相变频调速电动机

随着社会对节能和环保要求的日益迫切，用于三相交流电动机调速的变频器大量应用，电动机变速运行后，对于普通三相异步电动机来说，转子上安装的风扇速度也会随之降低，电动机的散热能力也随之下降。如果需要电动机也能在低速时长期运行，就不得不减小电动机中的电流，也就是降低电动机输出的转矩，也称降低电动机的带载能力。为了解决这一问题，可以把电动机原来右转子带动的风扇换成一个独立外界电源供电的风机，让散热风机一直高速运行；加大三相交流电动机外壳的散热面积和散热能力，也可以不使用风机。另一个问题是普通三相交流电动机的起动（转差率大时）转矩较小，为了增加起动转矩，重新设计电动机的转子结构以增加起动转矩。经过这些改进后的普通三相交流电动机就变成了三相变频调速电动机。专门设计的变频电动机的运行频率比普通三相交流电动机要高，还有专门的变频高速电动机，运行频率在 80～400Hz 较多。多数情况下变频电动机的风扇部分较大且有一个独立的接线盒，还有一些变频电动机安装了测量转子速度和位置的旋转编码器或旋转变压器，所以也有些变频电动机有 3 个接线盒。三相变频调速电动机的外形如图 7-14 所示。

图 7-14　三相变频调速电动机的外形

7.10 变频器的结构

改变三相交流电动机供电电源的频率，就可以改变三相交流电动机的转速，上面讲的所有三相交流电动机，都可以用变频器进行调速控制。

变频器的主电路由三部分组成：整流部分、直流部分和逆变部分，结构如图 7-15 所示，采用交—直—交结构。

整流部分由 6 只二极管组成三相整流桥，它把三相交流电源 RST 变为直流电，对于 AC380V 的交流电源，该直流电的峰值电压为 DC 537V，平均电压为 DC 513V。直流部分由若干个大容量电容器和均压电阻组成，直流电经过滤波电容，保持该直流电压 U_D 平稳。由于目前大容量的电解电容耐压都不高，且电容值的一致性较差，为了避免因此造成各电解电容的压降差异太大，出现电容压降高于耐压值使电容击穿，可以利用电阻的均压作用基本保证各电容上的压降一致。图 7-15 中电容 C_1 和 C_2 电容值相等，起存储电能和滤波的作用，电阻 R_3 和 R_2 阻值相等，起均压的作用。逆变部分由 6 个 IGBT 模块和 6 个反并联二极管组成，将直流电压 U_D 转换为可以改变频率和有效电压的三相交流电。

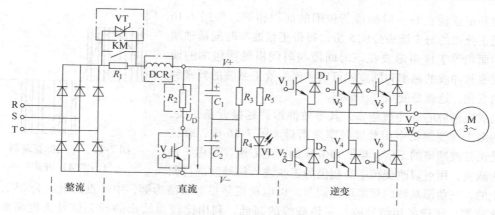

图 7-15 通用变频器的主电路结构

　　为了增强滤波效果，滤波电容 C_1 和 C_2 的容量一般很大，再加上变频器初上电时滤波电容上的电压为零，这样势必造成滤波电容的充电电流很大，使供电电网瞬间电压产生陡降，造成同一电网上的其他设备跳闸或误动作，干扰电网的正常运行。为了解决这一问题，图 7-15 中增加限流电阻 R_1 来限制滤波电容的最大充电电流，当上电完成后，为了消除 R_1 的压降和热损耗，利用 KM 触点或晶闸管 VT 再把 R_1 旁路掉。

　　图 7-15 中，直流电抗器 DCR 的作用是利用电感对电流的抑制作用，平滑电源的输入电流，提高变频器的功率因数，同时还可以降低变频器初上电时滤波电容的充电电流。直流电抗器在有些变频器中是随机附带的标准配件，也有些变频器（或是大容量的变频器）是作为可选附件，不选用直流电抗器 DCR 时，须将两端用粗导线短接在一起。

　　在需要快速停止或重物下降的场合，电动机处于发电状态，电动机发出的电能通过反并联二极管给滤波电容充电，导致变频器内部直流电压的升高。如果这些能量不进行恰当的处理，就会导致直流电压 U_D 超过高限，一般高限为 DC 650V 左右。考虑到 IGBT 和滤波电容的耐压问题，变频器会产生过电压报警停车。如果不能停车，就必须对此进行处理。处理的方法有两种：一种是把这部分能量反馈回电网；一种是用制动电阻把这些能量消耗掉。图 7-15 中，采用第二种方法，用制动电阻把能量消耗掉，R_2 是制动电阻，V 是制动单元中起开关作用的 IGBT，当直流电压 U_D 超过高限时 V 导通，制动电阻 R_2 将滤波电容上高出的能量消耗掉。制动电阻和制动单元在小容量的变频器中是内部自带的标准配置，对于大容量的变频器是作为可选附件。

　　图 7-15 中，R_5 和 VL 的作用是指示大容量滤波电容上的电压有无，当变频器断电后，由于滤波电容上的电荷并没有立即泻放掉，其残留电压足以对人身形成威胁。为了避免人们在电容放电完成前，因触摸滤波电容的外接端子而发生危险，用 VL 指示滤波电容电压的有无，只有 VL 指示灯熄灭后，方可进行触摸接线或维修。

7.11　变频器的变频原理

　　图 7-15 中，逆变部分的 V_1 导通 V_2 关断时，U 相输出 V_+，V_1 关断 V_2 导通时，U 相输出 V_-。U 相输出的电压为有两种电平状态的矩形波，V 和 W 相情况一样，由于电动机中电感的影响，电流上升速度比电压要滞后，当出现 U 相输出 V_+，而 U 相电流为负时，D_1 导通，电流流回直流侧，D_2 的作用与此相同。

　　变频器输出的电压波形是一系列电压幅度相等而宽度不相等的矩形脉冲波形，该矩形方波的频率和脉宽用正弦脉宽调制（SPWM）方式控制，是等效正弦波。矩形波与正弦波等效的原则是矩形波和正弦波在每一时间段所包围的面积相等，如图 7-16 中，把正弦波的每个波头分成 5 份，每份正弦波与时间横轴所包围的面积等于该矩形波在该时间段与时间横轴所包围的面积。改变脉冲波的频率和脉宽就可以实现等效正弦波的频率和幅值的变化，这就是变频变压输出。

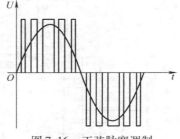

图 7-16　正弦脉宽调制（SPWM）方式

构成矩形波的脉冲数越多，其等效波形就越接近正弦波，脉冲的多少在变频器中用载波频率来衡量。图 7-16 中，载波频率是正弦波频率的 5 倍。早期 SPWM 的产生方法，是用三角波作为载波，用可以改变频率和幅值的正弦波为信号波进行调制产生的，三角形载波的频率可以调节。以电动机是星形联结为例，中性点的电压为 0V，使用一个比较器，比较各相信号波与三角载波的高低，利用比较器输出的开关信号去控制对应相的 IGBT 输出。以 U 相为例，U 相信号正弦波高于三角波的时刻，U 相 IGBT 导通，U 相输出 U_D；U 相信号正弦波低于三角波的时刻，U 相 IGBT 关断，输出 0V。假设三角形载波为 U_t，U 相信号波为 U_u，U 相输出为 U_{U0}，V 相信号波为 U_v，V 相输出为 U_{V0}，U 相和 V 相的线电压为 U_{UV}，载波 U_t 的频率为信号波 U_u 和信号波 U_v 频率的 3 倍，如图 7-17a 所示。

对于 U 相信号波，信号波 U_{U0} 幅值高于三角载波 U_t 的时刻，U 相输出直流电压 U_D；信号波 U_{U0} 幅值低于三角载波 U_t 的时刻，U 相输出 0V，如图 7-17b 所示。

对于 V 相信号波，信号波 U_{V0} 幅值高于三角载波 U_t 的时刻，V 相输出直流电压 U_D；信号波 U_{V0} 幅值低于三角载波 U_t 的时刻，V 相输出 0V，如图 7-17c 所示。

U 相和 V 相的线电压 $U_{UV} = U_{U0} - U_{V0}$，U_{UV} 的波形如图 7-17d 所示，U_{UV} 就是用矩形波组成的等效正弦波，由于载波频率是信号波频率的 3 倍，所以每个 U_{UV} 的波头由 3 个宽窄变化的矩形波构成。

改变信号波的频率就改变了输出等效正弦波的频率，改变正弦信号波的幅值就改变了等效正弦波中矩形波的宽窄，也就改变了有效电压值，在这里不再进行说明。随着数字技术的快速发展，目前 SP-WM 方法已经不再需要这些繁杂的变换，直接用专用芯片或计算方法就可以轻松地实现。

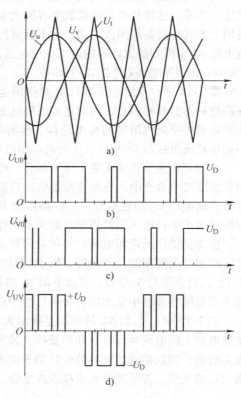

图 7-17　信号波和载波的关系

虽然变频器输出电压波形为一系列的矩形脉冲波，但是由于电动机这一感性负载对电流变化的抑制作用，电动机中的电流波形为一波动的且相位滞后的近似正弦波，载波频率越高，电流波动越小，电流波形就越平滑。当载波频率足够高时（如 12kHz），变频器输出到电动机的电流波形基本为一平滑正弦波，如图 7-18 所示，该电流波形滞后于电压等效正弦波。载波频率高时低频转矩输出也稳定，电动机的噪声小。需要注意的是，载波频率高将使变频器自身的损耗变大，变频器温度增高，使电压毛刺（du/dt）变大，漏电流变大，干扰变大；载波频率低时，电动机的噪声大，电动机的损耗变大且转矩降低，电动机温度增高。

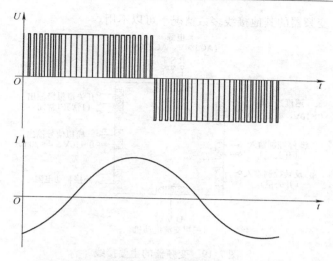

图 7-18　高载波频率时变频器输出电压和电流波形

7.12　变频器输入/输出电抗器的估算

　　在供电电源和变频器电源输入端之间增加输入电抗器，可以降低变频器对电网的干扰并提高变频器侧的功率因数。

　　在变频器的输出端与电动机之间增加输出电抗器，可以降低变频器对大地的电磁辐射，降低变频器对其他设备（如传感器）接地端的干扰，降低对闭路监控电视的影响。

　　为了不明显降低变频器的输出容量，在变频器的输入/输出电抗器上，其压降 U_L 应满足不大于额定电压 U_e 的 2% ~ 5% 要求，也就是：

$$U_L = (2\% \sim 5\%) U_e = 2\pi f L I_e \tag{7-16}$$

　　式中，L 为交流电抗器的电感量（H）；I_e 为变频器的额定电流（A）；f 为电源频率（Hz）。

7.13　变频器的基本使用方法

1. 变频器的选型

　　1）首先是变频器的功率和电动机的额定电流要匹配，由于功率因数不同以及电动机的效率不同，同一功率同一电压等级的电动机，其额定电流有较大的差异，而变频器受 IGBT 器件电流等级的限制，变频器的输出电流不能超过最大允许值，所以选择变频器的功率要和电动机的额定电流相匹配。

　　2）负载性质与变频器类型要匹配。有些厂家的变频器分水泵风机类（适用于平方转矩负载）和通用类（适用于恒转矩（如机床）和平方转矩负载），两种类型的变频器价格不同，一般水泵风机类变频器价格要低一些。

2. 变频器的主要动力和控制接线

　　变频器的主要接线如图 7-19 所示，其中 R、S、T 为三相主电源（也有单相 AC220V 的变频器），U、V、W 接三相交流电动机，速度控制输入为模拟量 0 ~ 10V 或 4 ~ 20mA 信号，起/停控制输入（开关量）控制电动机的起停，正/反转控制（开关量）控制电动机的转向，报警输出（开关量）用于通知外部控制设备变频器的报警状态或运行状态，当电动机需要经常处于发电状态（如急停、重物下放等）时需接制动电阻，模拟信号输出主要用于输出当前变频器的频率、电流或转矩等参数。变频器的其他接线多数情况下可以不用。

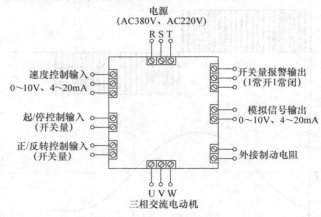

图 7-19　变频器的主要接线

3. 变频器的基本参数设定

变频器面板上有显示器和按键，显示器可以显示输出频率、输出电压、电流、设定参数等。厂家不同参数输入方法会有所不同，具体方法应参考厂家的产品说明书。

变频器说明书中介绍的参数非常多，有些变频器可以设定的参数甚至有几百项，但是变频器实际应用中，需要使用者必须输入的参数也就十几项。

1）控制方式参数：

频率控制方式：面板控制；

　　　　　　　用端子由外部模拟信号（0~10V 或 4~20mA）控制。

起停控制方式：面板控制电动机起/停；

　　　　　　　用端子由外部开关信号控制电动机起/停。

正反转控制方式：面板控制电动机正/反旋转方向；

　　　　　　　　用端子由外部开关信号控制电动机正/反旋转方向。

通信控制方式：利用通信接口或总线进行频率、起停或正反转控制。

2）被驱动电动机的参数：

额定功率；

额定电流；

额定电压；

额定转速；

电动机极数；

电动机空载电流；

电动机阻抗；

电动机感抗。

如果电动机说明书上没有这些参数，则采用变频器（与电动机相同功率）的出厂默认值，或利用很多变频器自身提供的电动机阻抗和感抗在线测试功能进行测试。

3）主要控制参数：

电源电压（如 AC 380V）；

输出最小频率（如 0Hz）；

输出最大频率（如 50Hz）；

升速时间（如 0.1~3600s）；

降速时间（如 0.1 ~ 3600s）；

转矩提升方式选择；

U/f 方式选择；

U/f、矢量方式或直接转矩控制选择。

4）其他参数：一般情况下可采用默认值，如有特殊要求需要参照厂家的变频器说明书。

4. 变频器的外形

几种电压型通用变频器的外形如图 7-20 所示。

图 7-20　几种电压型通用变频器的外形

7.14　变频器的散热问题和无功补偿问题

1. 变频器的散热问题

安放变频器的变频柜其通风条件要满足说明书中提出的通风量和环境温度的要求，不过由于变频器通风量的计算一般比较复杂，为了简化这一问题，作者根据多年的经验，用以下简单方法处理：在变频柜上方没有风机抽风的情况下，设计变频柜上方通风孔（含侧面通风孔）的通风面积，要大于变频器散热器和风扇出风口面积一定的比例，见式（7-17）。

$$S_1 + S_2 + S_3 > \alpha S \tag{7-17}$$

式中，预留系数 α 取 1.2 ~ 1.5，S 为变频器散热器风口的总面积；S_1 为变频柜顶盖出风口的总面积，S_2 为四周散热通风孔的总面积，S_3 为侧面散热通风孔的总面积。

变频柜通风孔布局如图 7-21 所示，如果总散热孔的面积不够，也可以加高上方出风口部分的高度，或是增加通风机强行吸风。

由于变频器的散热要求模糊而笼统，因散热设计不当导致变频器无法正常工作的现象在很多工程中都发生过，这应该引起大家足够的重视。

2. 变频器的无功补偿问题

由于电动机和供电电源通过变频器的直流环节隔离开来，所以在电动机侧不需要进行无功补偿。在变频器的电源输入侧，由谐波引起的功率因数问题，用电容补偿很难奏效，高频脉动还会影响电容器的寿命，所以，在通用变频器中多是采用在输入侧增加输入电抗器和在直流部分增加

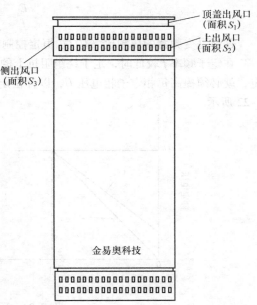

图 7-21　变频柜通风孔布局

直流电抗器的方法来改善功率因数。

7.15　变频器的 U/f 控制

变频器输出频率 f 降低时，电动机的感抗 X_L 也变小，如果仍保持高的的输出电压 U，则会导致流入电动机定子绕组的电流大大增加，烧坏定子绕组。为了避免这一问题的发生，需要在降低频率 f 的同时，也要降低输出电压 U。反过来，当变频器的输出频率 f 增加时，变频器的输出电压 U 又要随之增加，使变频器在输出最大频率时，有最大输出电压，这样可以保证电动机可以输出额定功率。为了满足这一要求，就需要保持 U/f 按一定规律变化。

为了保持电动机在不同运行频率下（一般为基本频率以下）都能输出恒定转矩，就必须保持定子与转子之间的气隙磁通恒定，磁通太低，电动机出力不足，磁通太高，出现饱和，又会因励磁电流过大而烧坏绕组。所以，保持气隙磁通恒定是变频器的最佳运行方式之一。

三相交流电动机定子每相电动势的有效值 E，如式（7-18）：

$$E = KfN\phi_m \tag{7-18}$$

式中，E 为气隙磁通在每相定子绕组中感应电动势的有效值（V）；K 为系数；f 为定子频率（Hz），N 为定子每相绕组串联的匝数；ϕ_m 为每极的气隙磁通量（Wb）。

变换式（7-18）得出 ϕ_m 如式（7-19）：

$$\phi_m = \frac{E}{KfN} = \left(\frac{1}{KN}\right)\frac{E}{f} \tag{7-19}$$

从式（7-19）可以看出，对于一个已知的电动机，K 和 N 为固定数值，为了保持 ϕ_m 恒定，则需要保持下式成立：

$$\frac{E}{f} = (KN)\phi_m = 恒定值 \tag{7-20}$$

在定子频率 f 较高时，可以忽略定子绕组阻抗上的电压降，近似认为每相定子电动势 E 等于每相定子相电压 U，则式（7-20）变为

$$\frac{E}{f} \approx \frac{U}{f} = 恒定值 \tag{7-21}$$

这就是变频器的压频比（U/f）恒定控制方式。

在定子频率 f 较低时，定子绕组阻抗上的电压降不能再忽略不计，为了仍能实际保持 ϕ_m 恒定，就必须提高每相定子相电压 U，以补偿定子压降，提高起动电流，压频比（U/f）曲线如图7-22 所示。

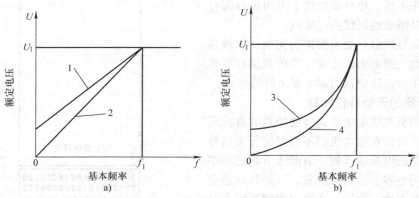

图 7-22　压频比（U/f）曲线

a）恒转矩负载　　b）水泵风机负载

图 7-22 中，曲线 1 为电动机拖动恒转矩负载时，进行了低频补偿的 U/f 曲线；曲线 2 为电动机拖动恒转矩负载时，没有低频补偿的 U/f 曲线；曲线 3 为电动机拖动水泵、风机负载时，进行了低频补偿的 U/f 曲线；曲线 4 为电动机拖动水泵、风机负载时，没有低频补偿的 U/f 曲线。

从图 7-22 也可以看出，由于电动机不能工作在高于额定电压的状态下，变频器在高于基本频率 f_1 时，f 增加，输出电压 U 不变维持在额定电压 U_1，所以 U/f 曲线变成了水平的直线，这将导致磁通 ϕ_m 随 f 的提高而降低，转矩也降低，电动机变成了恒功率调速。以恒转矩调速（U/f 等于定值）为例，画出磁通 ϕ_m 的变化曲线，三种 U/f 曲线如图 7-23 所示。

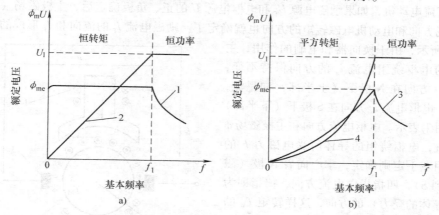

图 7-23　三种 U/f 曲线
a) 恒转矩 U/f　b) 平方转矩 U/f

图 7-23 中，曲线 2 为电动机拖动恒转矩负载时，没有低频补偿的 U/f 曲线；曲线 1 为与曲线 2 对应的磁通变化曲线，f 低于基本频率 f_1 时为恒定磁通 ϕ_{me}，对应为恒转矩调速方式，f 高于基本频率 f_1 时，磁通 ϕ_m 为 f 的倒数变化函数，对应为恒功率调速；曲线 4 为电动机拖动平方转矩负载时，没有低频补偿的 U/f 曲线；曲线 3 为与曲线 4 对应的磁通变化曲线，f 低于基本频率 f_1 时对应为平方转矩调速方式，f 高于基本频率 f_1 时，磁通 ϕ_m 为 f 的倒数变化函数，对应为恒功率调速。

7.16　变频器的矢量控制

电动机拖动负载运动，如果忽略电动机的空载转矩，根据牛顿第二定律，其运动方程见式（7-22）。

$$T_M - T_L = J \frac{\mathrm{d}\omega}{\mathrm{d}t} \qquad (7\text{-}22)$$

式中，T_M 为电动机的电磁转矩（N·m）；T_L 为折合到电动机侧负载的阻转矩（N·m）；J 为折合到电动机侧电动机和负载的总转动惯量（kg·m²），ω 为电动机的旋转角速度（rad/s）。

$$\omega = \frac{2\pi n}{60} \qquad (7\text{-}23)$$

$$J = mr^2 = \frac{G}{g}\left(\frac{D}{2}\right)^2 \qquad (7\text{-}24)$$

式（7-23）中，n 为电动机转速（r/min），式（7-24）中，m 为旋转体的质量（kg）；G 为旋转体的重量（N）；D 为旋转体的直径（m）；r 为旋转体的半径（m）。

式（7-22）变为式（7-25）。

$$T_M - T_L = \frac{GD^2}{375}\frac{\mathrm{d}n}{\mathrm{d}t} \tag{7-25}$$

由式（7-25）可以看出，电动机拖动负载运动的加速、减速和匀速运行，都直接受电动机电磁转矩的控制，电动机电磁转矩的变化直接控制了负载的运行速度：

$T_M > T_L$，加速度大于零，负载将加速运行；

$T_M < T_L$，加速度小于零，负载将减速运行；

$T_M = T_L$，加速度等于零，负载将匀速运行。

对于直流电动机，如果励磁电源 U_f 和电枢电源 U 的正、负极确定后，主极磁场（即励磁磁场）的磁场方向和电动机电磁转矩的方向也就确定了。励磁电流 I_f 的流向和 I_f 形成的磁场方向如图 7-24 所示，由于换向器和电刷的作用，主极磁场下的电枢绕组电流 i_a 的方向保持不变，电枢电流 i_a 方向在 N 极下（上半部）向里流，用 ⊙ 表示，电枢电流 i_a 方向在 S 极下（下半部）向外流，用 ⊕ 表示。电枢电流方向和主极磁场 ϕ 的方向垂直，电枢绕组的导体所受电磁力 F 的方向可以用左手定则确定，掌心向着 N 极（磁力线从 N 到 S），四指指向电流方向，拇指即为电磁力（导体的受力）的方向，这样转矩 T_M 的方向也就确定了，如图中所示。

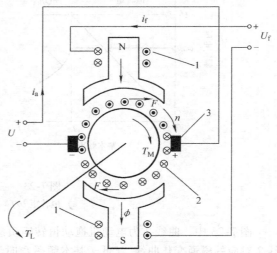

直流电动机电磁转矩 T_M 与主极磁场的磁通量 ϕ 和电枢电流 i_a 的关系见式（7-26）。

$$T_M = C_M\phi i_a \tag{7-26}$$

式（7-26）中，C_M 为转矩常数，励磁电流 i_f 产生主极磁场 ϕ，电枢电流 i_a 产生的电枢磁场

图 7-24　直流电动机的励磁电流和电枢绕组电流

与主极磁场垂直。由于励磁电流 i_f 和电枢电流 i_a 可以分别控制，所以直流电动机的转矩控制比较简单，固定励磁电流 i_f 控制电枢电流 i_a 可以控制电动机转矩，固定电枢电流 i_a 控制励磁电流 i_f 也可以控制电动机转矩。

在交流电动机中，由于定子电流中即包含有励磁电流又混合有电枢电流，所以要想使交流电动机的转矩控制能像直流电动机的转矩控制一样就需要进行一定的变换。

以 2 极交流电动机为例，定子三相绕组位置固定，空间位置相差 120°，通入相差 120° 的三相交流电，三相交流电的旋转角速度为 ω，这样就产生了角速度为 ω 的一个 NS 极的旋转磁场（磁动势）。两相空间位置固定的定子绕组，空间位置相差 90°，通入相差 90° 的两相交流电，交流电的旋转角速度为 ω，同样也可以产生角速度为 ω 的一个 NS 极的旋转磁场（磁动势）。只要电压幅值选择合适，此旋转磁场与三相交流电动机的旋转磁场完全相同，直流电动机的励磁绕组和电枢绕组空间位置相差 90°，该直流电动机的磁场（磁动势）方向固定。但是如果我们让该直流电动机的坐标轴也以与交流电动机相同的角速度 ω 旋转起来，并保持该旋转的直流电动机磁动势的幅值与上述两相交流电动机的磁动势幅值相等，则旋转坐标下的直流电动机的旋转磁动势与两相交流电动机的磁动势完全相同。三相交流电动机、两相交流电动机和旋转起来的直流电动机它们之间的旋转磁场是完全等效的，根据直流电动机的原理，我们控制该直流电动机励磁绕组的励磁电流就可以控制磁场的强度，并保持该磁场强度不变。我们控制电枢绕组的电枢电流就可以控制该直流电动机的转矩，通过坐标变换反推回去，我们就可以得出实现同样转矩控制效果的三相交流电动机的电流和电压值，这就是矢量控制的基本思想，为了控制的简单性，保证转子励

磁的磁通恒定，也就是保持 E_2/f 恒定，E_2 为转子的感应电动势。

矢量控制是一种模仿直流电动机的转矩控制方法，它是先将三相交流电动机的转速信号分解为励磁磁场和电枢磁场的相互作用，计算出直流励磁电流 i_{f1} 和电枢电流 i_{t1}，然后再经过一系列的坐标变换，转换成控制三相电流 i_a、i_b、i_c 的控制信号，以控制变频器的逆变部分。矢量控制原理图如图 7-25 所示。给定转速信号 n_0 变化后，保持励磁电流 i_{f1} 不变，只调节电枢电流 i_{a1}，从而像对待直流电动机那样对三相交流电动机进行调速。矢量控制模式的低速性能比 U/f 模式要好得多，即使在 0Hz，也可以提供足够的转矩。

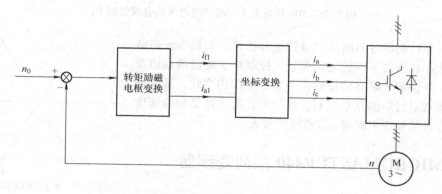

图 7-25　矢量控制原理图

矢量控制与 U/f 控制相同的是：矢量控制是保持转子感应电动势和频率之间的关系 E_2/f 恒定，U/f 控制是保持定子供电电压和频率之间的关系 U/f 恒定，它们都可以避免出现欠励磁或过励磁。矢量控制与 U/f 控制不一样的是：矢量控制还同时调节三相输出电流的相位角，这保证了低速时，只提高电枢电流，使转矩变大，而又保持励磁电流不变，避免过励磁，所以三相交流电动机的矢量控制要比 U/f 控制调速性能好。

7.17　变频器的直接转矩控制

三相交流电动机的转矩等于定子磁链 F_1 乘以转子磁链 F_2 再乘以两个向量夹角的正弦，而磁链又和电压矢量成导数关系，两者相互垂直。直接转矩控制的思想就是通过控制电压矢量把定子磁链控制在一个基本恒定的范围内，从而实现对转矩的直接控制。

下面讲一下变频器逆变部分 6 个电压矢量的概念。变频器的逆变部分由 6 个晶体管桥接而成，给三相交流电动机的 3 个绕组 a、b、c 接通电源，如果用 3 位二进制数字来表示 3 个桥臂，1 表示上面的晶体管导通，0 表示下面的晶体管导通，如 100 表示 V_1、V_4 和 V_6 导通，011 表示 V_2、V_3 和 V_5 导通，还有 010、101、001、100 共 6 种导通方式，再加上 0V 短接供电方式 000 和 111，共有 8 种组合方式。000 和 111 只在转矩大于负载转矩时施加。考虑到 3 个绕组 a、b、c 在空间位置上相差 120°，对于有中性线星形联结的 2 极交流电动机，100 导通方式，则三相绕组电压的合成矢量 U_1 如图 7-26 所示。

U_a 的幅值等于 $U_D/2$，U_b 和 U_c 的幅值也等于 $U_D/2$。合成的总电压矢量为 U_1，U_1 的幅值等于 U_D，对应 101 合成的电压矢量为 U_2，U_2 比 U_1 逆时针旋转 60°；对应 001 合成的电压矢量为 U_3，U_3 比 U_2 逆时针旋转 60°；对应 011 合成的电压矢量为 U_4，U_4 比 U_3 逆时针旋转 60°；对应 010 合成的电压矢量为 U_5，U_5 比 U_4 逆时针旋转 60°；对应 110 合成的电压矢量为 U_6，U_6 比 U_5 逆时针旋转 60°。6 种导通方式对应的 6 个电压矢量如图 7-27 所示。

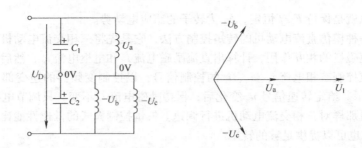

图 7-26　100 导通方式三相绕组电压的合成矢量 U_1

　　直接转矩控制通过不断地测量转矩和磁链，根据当前磁链的方向和大小，施加不同的电压矢量，控制定子磁链的幅值及旋转方向，并使定子磁链的幅值在一个小范围内变化，基本恒定，从而实现对转矩的直接控制。这种方式的优点是响应速度快，缺点是开关频率不固定，导致噪声较大。

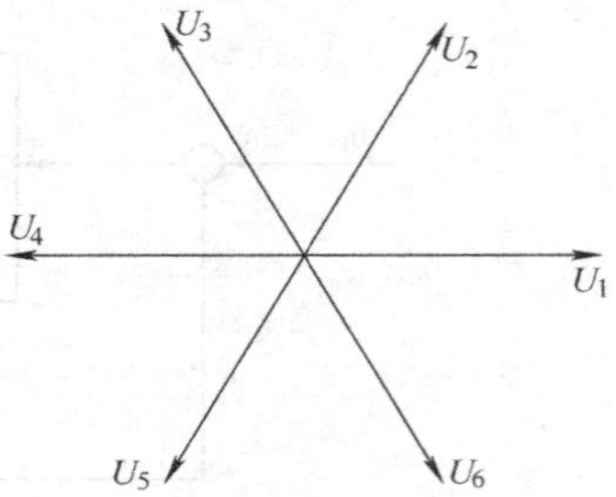

图 7-27　6 种导通方式对应的 6 个电压矢量

7.18　MICROMASTER440 系列变频器

MICROMASTER440 系列变频器的外形如图 7-28 所示。

1. 变频器的总体框图

变频器的总体框图如图 7-29 所示。

2. 变频器接线

　　以 D 外形尺寸的变频器为例，控制接线端子和主电路接线端子的基本布局如图 7-30 所示。

　　L_1/L、L_2/N 和 L_3 接三相交流电源，U、V 和 W 接三相交流电动机，PE 是接地端子，改变 U、V、W 到电动机的连接相序将改变电动机的旋转方向，动力电缆的截面积根据电动机和变频器的功率确定。变频器绝对不允许将三相交流电源接到变频器输出端 U、V、W 上。单相 AC 输入的 MM440 变频器主电路接线如图 7-31 所示，三相 AC 输入的 MM440 变频器主电路接线如图7-32所示。

图 7-28　MICROMASTER440 系列变频器的外形

　　DC/R + 和 B +/DC + 可以接直流电抗器 DCR，改善变频器的功率因数。如果不用直流电抗器 DCR，则 DC/R + 和 B +/DC + 要短接。出厂时，DC/R + 和 B +/DC + 处于短接状态。

　　当电动机经常处于制动和重物下放状态时，B +/DC + 和 B - 要接制动电阻，否则变频器可能会出现过电压报警，制动电阻的阻值根据功率按变频器的说明书选取。外形尺寸为 A - F 的变频器，内部自带制动单元，其制动电阻的连接如图 7-33 所示。制动电阻上安装有常闭触点的热敏开关，当制动电阻过热时，热敏开关打开，可以利用热敏开关断开接触器 KM_1 的线圈供电电源，切断变频器的供电电源。

　　外形尺寸为 FX 和 GX 的变频器，由于内部不带制动单元需要在 C/L + 和 D/L - 端外接制动单元和制动电阻，制动单元与制动电阻的连接如图 7-34 所示。制动电阻上安装有热敏开关，制动电阻过热时，热敏开关动作，通知 PLC 采取必要的保护措施。

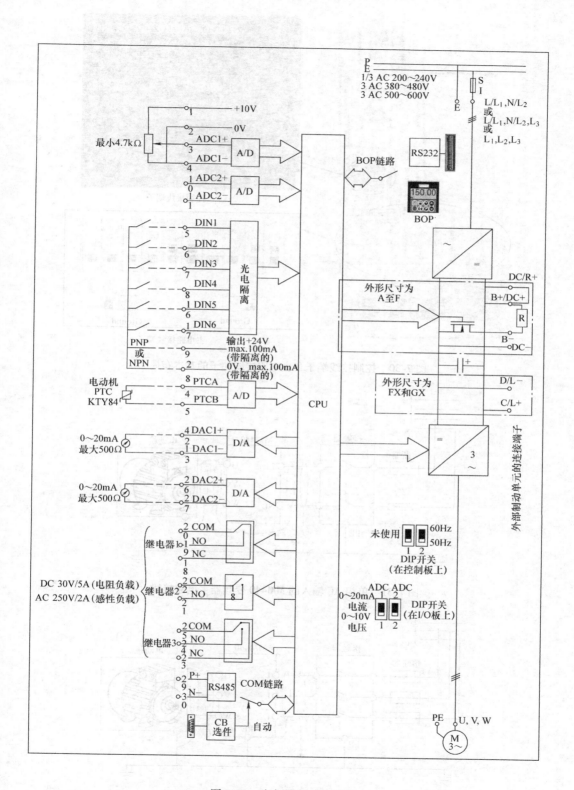

图7-29 变频器的总体框图

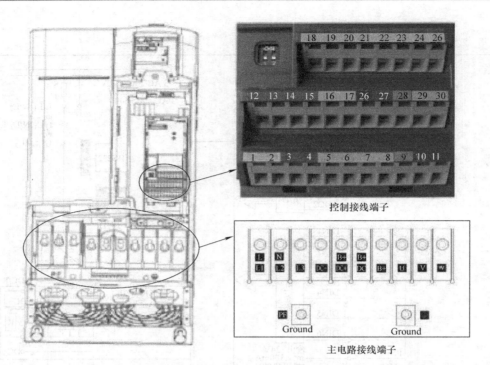

图 7-30　控制接线端子和主电路接线端子的基本布局

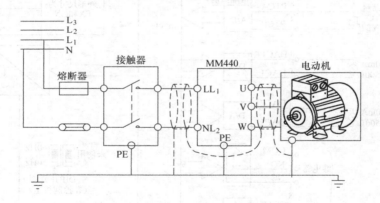

图 7-31　单相 AC 输入的 MM440 变频器主电路接线

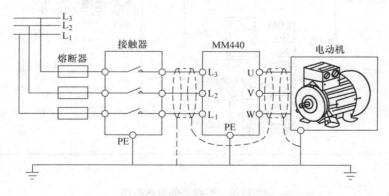

图 7-32　三相 AC 输入的 MM440 变频器主电路接线

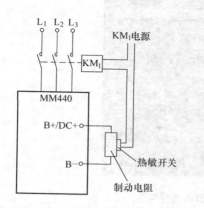

图 7-33 制动电阻的连接

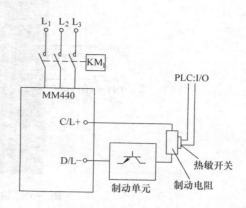

图 7-34 制动单元与制动电阻的连接

常用的控制端子功能见表 7-1。

表 7-1 常用的控制端子功能

分类	端子标记	端子名称	功能（可以通过参数项选择改变）
模拟量输入	1、2	+10V、0V	1）给频率（转矩）设定电位器供电（DC 0~10V）； 2）其他
	3、4	AIN1+、AIN1-	1）用作外部模拟输入电压或电流设定频率或转矩（P1000=2）； 2）使用变频器内部 PID 时，接反馈信号（实际值） 3）0~10V，0~20mA，-10V~+10V
	10、11	AIN2+、AIN2-	1）用作外部模拟输入电压或电流设定频率或转矩 2）0~10V，0~20mA
模拟量输出	12、13	AOUT1+、AOUT1-	输出模拟电流监视信号代表被监视量的大小，被监视量可以设定为：输出频率、输出电流、输出电压等；0~20mA
	26、27	AOUT2+、AOUT2-	输出模拟电流监视信号代表被监视量的大小，被监视量可以设定为：输出频率、输出电流、输出电压等；0~20mA
开关量输入	9、28	24V、0V	1）选择 PNP 型晶体管输入时，用 24V 给开关量输入做公共端（P0725=1）； 2）选择 NPN 型晶体管输入时，用 0V 给开关量输入做公共端（P0725=0）
	5	DIN1	可以为 ON/OFF 命令：与公共端闭合，正转运行；断开，减速停止（P0701=1）
	6	DIN2	可以为反转运行命令：与公共端闭合，反转运行（P0702=12）
	7	DIN3	可以为故障确认命令（P0703=9）
开关量输出	18、19、20	RL1NC（常闭）、 RL1NO（常开）、 RL1COM（公共端）	第一组继电器触头输出，触头容量为 DC 30V/5A，AC 250V/2A，报警类型可以通过菜单（P0731）设定，如变频器故障、电动机过载、过电流等

用模拟输入 AIN1 控制变频器的输出频率和转矩（P1000=2）时，模拟输入信号是电压还是电流，输入的选择由开关决定。输入信号类型的选择如图 7-35 所示。

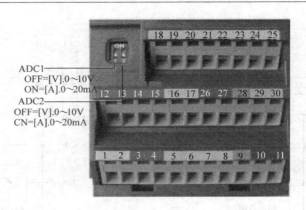

图 7-35　输入信号类型的选择

电压输入信号为 0 ~ 10V，电流输入信号为 4 ~ 20mA；用电位器提供电压进行控制时，1 和 2 提供电源。外部控制变频器频率或转矩如图 7-36 所示。

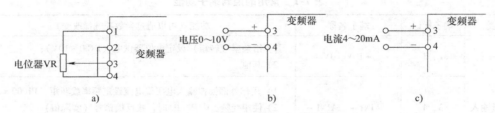

图 7-36　外部控制变频器频率或转矩

选择输入为 PNP 型 P0725 = 1，用 DIN1 端子进行正向运行/停止控制（P0701 = 1），用 DIN2 端子进行正向/反向控制（P0702 = 12），用 DIN3 端子进行故障确认（P0703 = 9）时，外部控制变频器起/停、反向/正向、故障确认的接线如图 7-37 所示。

18、19 和 20 可以定义为变频器故障输出、过载或过电流等，18 和 20 为常开，19 和 20 为常闭，可以通过参数设定（P0731）来选定是哪一种输出。

模拟量输出 12、13 可以输出 0 ~ 20mA 模拟信号，输出到显示仪表或 PLC 等。该模拟量输出代表的信号类型由 P0771 决定，可以为变频器的输出频率、输出电流、输出电压等。

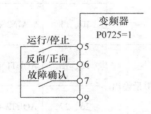

图 7-37　外部控制变频器起/停、
反向/正向、故障确认的接线

7.19　软起动器

软起动器的作用同自耦减压起动差不多，也是为了减少电动机起动对机械及电网的冲击，用它可以将电动机从零转速慢慢起动起来，所以称其为软起动器。软起动器的原理类似于我们在电动机调速方法一章中讲到的双向晶闸管调压调速方法，在此不再画出电路，它是通过改变晶闸管的触发延迟角来改变施加到电动机上的电压，从而降低起动电流。在输出相和输入相一一对应的情况下，可以将输入和输出通过接触器短接，这只是相当于将晶闸管的阳极和阴极直接短接，对晶闸管不构成危害，短接的目的是为了避免电动机正常运行后在晶闸管上有压降造成热损耗。软起动器比自耦减压和丫 – △减压方式的起动过程更柔和。

1. 软起动器的基本参数

软起动器的参数主要有起动时间、停止时间、起动最大电流、起动初始电压。起动时间（一般为 0.5~60s）是指软起动器将电动机从停止起动到全压全速所需的时间，起动电流是指电动机在起动过程中以不超过这个电流逐步升压的起动限制电流，停止时间是指电动机从运行到停止所用的时间，起动初始电压为起动开始时的输出电压。软起动器的参数设定有的厂家是通过面板的显示屏和按键来设定，有的厂家是通过电位器来设定。

2. 软起动器的基本接线和外形

以 CMC 型软起动器为例，软起动器的接线图如图 7-38 所示。

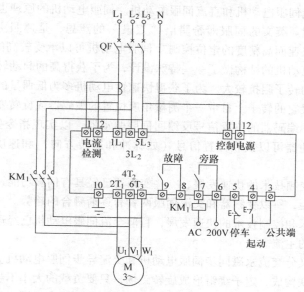

图 7-38　CMC 软起动器的接线图

在图 7-38 中，$1L_1$、$3L_2$、$5L_3$ 接三相主电源，$2T_1$、$4T_2$、$6T_3$ 接电动机 M。"起动"按钮按下软起动开始，起动完成后控制交流接触器 KM_1 吸合，"停止"按钮用于电动机的软停车。电流过载时，电动机保护停车。还有些软起动器需要外接热继电器，利用热继电器的触头输入软起动器来保护电动机避免过载，不过原理基本一样。也有些软起动器内部带有电流检测不需外接电流互感器，电动机软起动过程完成后 KM_1 吸合，电动机切换到全压运行。

软起动器的外形如图 7-39 所示。

图 7-39　软起动器的外形

软起动器多是通过控制晶闸管的导通角来控制供给电动机的电压和电流。晶闸管的输入和输出允许直接跨接在一起，所以软起动器可以在与电动机的连接没有断开的情况下，直接将工频电压接到软起动器的输出端，而不会损坏软起动器。这一点与变频器不同，变频器则绝对不允许输出侧与电源侧直接连接，因为变频器的输出侧是用 IGBT 来输出交流电的，这一点需要引起新手的注意，不能想当然。

第8章 伺服电动机、步进电动机与直流电动机

8.1 伺服电动机

伺服电动机有交流伺服电动机和直流伺服电动机。伺服电动机的原理也与直流电动机和交流电动机的原理基本相同。英文的伺服即希腊语"奴隶"的意思，是遵照主人的指令提供服务。伺服电动机主要用于快速而高精度的定位控制（伺服电动机可以承受较高的过载转矩），为了实现这些目的，对伺服电动机的结构做了一些特殊设计，为了获得高的起动转矩，用非永磁材料做成的交流伺服电动机的转子阻抗较大。为了获得快速性电动机多为低惯量的细长结构，为了得到精确的位置信号，一般它的转子上自带一个测量角度位置的编码器或旋转变压器，也有的伺服电动机需要外加编码器。编码器的位置信号反馈回伺服驱动器，以实现指令要求运动的角度位置。控制伺服电动机的驱动器可以接收位置信号（如脉冲和旋转方向）和速度控制信号（多为正、负电压信号）。

目前，随着交流变频技术的快速发展，有些变频器已经具有伺服功能，控制精度与传统的交流伺服也没明显的差距，所以变频器和交流伺服两者有逐渐融合的趋势。

由于电力电子技术和控制技术的快速发展，目前交流伺服电动机已经逐渐取代直流伺服电动机成为伺服电动机中的主流。

交流伺服电动机又分交流永磁同步伺服电动机和交流异步伺服电动机。交流永磁同步伺服电动机的转子由永久磁铁构成，定子绕组形成旋转磁场，只要负载的大小不超出同步转矩，永久磁铁转子就跟随旋转磁场做同步旋转，它与前面章节中讲到的交流永磁同步电动机基本类似。对于转子为空心杯或笼型结构的交流异步伺服电动机，其原理同单相分相电动机的原理相似。它的定子绕组由两相在空间相差90°放置的励磁绕组和控制绕组组成，接入励磁绕组和控制绕组的交流电相位相差一定角度，这样定子上就产生了椭圆旋转磁场，转子切割磁力线，在电磁力的牵引下旋转起来，改变励磁绕组和控制绕组的电源频率，可以改变伺服电动机的速度。负载一定时，改变控制绕组的电源电压，也可以改变伺服电动机的输出转速，控制绕组的电压反相时，伺服电动机将反向旋转。

永磁式交流伺服电动机如图8-1所示。

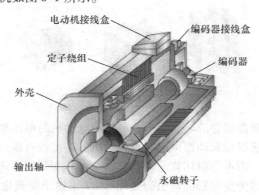

图 8-1　永磁式交流伺服电动机

　　伺服电动机的价格较高，功率不太大，目前主要用于大调速范围、定位精确、快速跟踪、低速大转矩等场合，比如精密机床、包装机、印刷机械、机械手等。在精密数控系统中，交流永磁同步伺服电动机应用又较为普遍。

　　伺服电动机的外形如图 8-2 所示。

图 8-2　伺服电动机的外形

8.2　交流伺服电动机驱动器的接线及外形

　　交流伺服电动机驱动器上有一个电动机编码器的反馈输入口，有一对用于伺服驱动器之间互相连接的编码器脉冲输入口和编码器脉冲输出口，这可以方便地实现伺服驱动器之间速度的精确比例同步。伺服驱动器可以实现电子凸轮功能，一项用于输入被跟踪轴的脉冲数，一项用于输入本伺服电动机相对应的跟踪脉冲数。伺服驱动器可以通过通信方式或正、负电压信号来控制转速或位置，可以用输入脉冲和方向的方式来进行定位控制或速度控制。伺服电动机在第一次使用时，一般需要通过自动识别方式确定系统的特性、刚性和位置环、速度环的 PI 参数。

　　伺服驱动器的主要接线如图 8-3 所示。

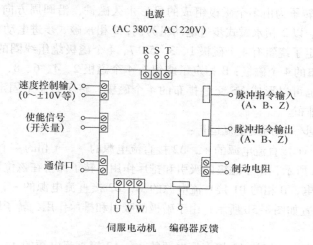

图 8-3　伺服驱动器的主要接线

　　在图 8-3 中，R、S、T 接三相交流电源（也有的接单相电源 AC 220V），U、V、W 接交流伺服电动机，使能输入端用于控制伺服电动机的运行与否，速度控制输入端（0～±10V）用于控制伺服电动机的速度，脉冲指令输入端接要跟踪的前一级电动机或驱动轴的编码器，也可以接其他控制器的编码器指令输出，脉冲指令输出用于将本伺服电动机的位置送到下一级伺服驱动器作为跟踪指令，编码器反馈接伺服电动机上的编码器，通信口用于同其他控制器（如 PLC）进行数据传输与控制。伺服驱动器主要根据输出转矩、最高速度、编码器分辨率、供电电源、安装方式等选择。伺服驱动器需设定的主要参数有：运行控制方式是速度模式、位置模式还是转矩模式；控制途径、最大转矩、最高转速等。伺服驱动器的外形如图 8-4 所示。

图 8-4　伺服驱动器的外形

常见型号：SGDM、MSMA 等。

生产厂家：日本三菱公司、日本松下公司和美国 AB 公司等。

8.3　步进电动机的原理

步进电动机是一步一步旋转的，每次输入一个脉冲信号，步进电动机就前进一步，所以有时也叫脉冲电动机。步进电动机没有累计误差，按照一定的顺序给步进电动机的几个绕组通直流电，就可以在步进电动机定子上形成旋转磁场，转子在电磁力的作用下发生旋转，顺序供电的频率越快，步进电动机磁场的旋转速度就越快。步进电动机驱动器的作用是将输入的电脉冲信号转换成响应的步进电动机绕组通电顺序，从而改变步进电动机的旋转角度。

步进电动机按励磁方式分永磁式、反应式和混合式。反应式和混合式步进电动机按定子绕组的相数分有 3 相、4 相、5 相、6 相、8 相等。

以永磁式步进电动机为例，它的定子由 2 相或多相绕组组成，每相绕组通入直流电后在圆周方向形成 K 个磁极，转子为由多个磁极组成的星形永久磁铁，沿圆周方向为 NSNS…相间排列，转子的极数也等于 K。以 2 相永磁式步进电动机为例，2 相永磁式步进电动机如图 8-5 所示。

图 8-5 中，A 相定子绕组有 4 个磁极 1、3、5、7，4 个磁极绕组线圈的绕向（或接线方向）不同形成 NS 交替排布的 4 个磁极；B 相定子绕组有 4 个磁极 2、4、6、8，磁极绕组线圈的绕向（或接线方向）不同也可以形成 NS 交替排布的 4 个磁极；转子有 4 个固定的磁极 11、12、13、14，且 NS 磁极交替排布。

转子的运动分 4 步，然后就重复运行：

第一步：A 相的 A1 接直流电源的 ＋，A2 接直流电源的 －，A 相的 4 个磁极的极性和转子的极性和位置如图 8-5a 所示，由于磁极的吸引和排斥作用，转子保持在该位置不动；

第二步：A 相断电，B 相的 B1 接直流电源的 ＋，B2 接直流电源的 －，B 相的 4 个磁极的极性和转子的极性和位置如图 8-5b 所示，由于磁极的吸引和排斥作用，转子顺时针旋转 45°保持在该位置；

第三步：B 相断电，A 相的 A1 接直流电源的 －，A2 接直流电源的 ＋，A 相的 4 个磁极的极性和转子的极性和位置如图 8-5c 所示，由于磁极的吸引和排斥作用，转子顺时针旋转 45°保持在该位置；

第四步：A 相负电源断电，B 相的 B1 接直流电源的 －，B2 接直流电源的 ＋，B 相的 4 个磁极的极性和转子的极性和位置如图 8-5d 所示，由于磁极的吸引和排斥作用，转子顺时针旋转 45°

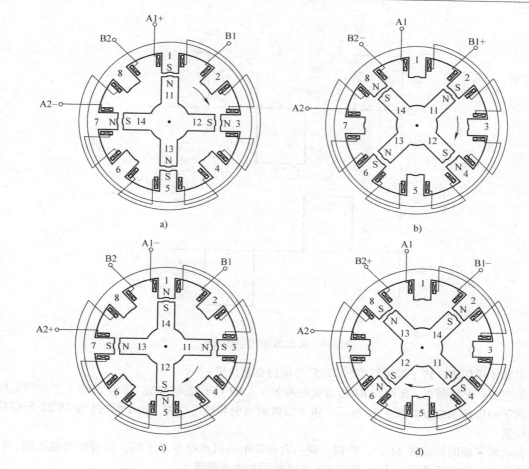

图 8-5　2 相永磁式步进电动机

保持在该位置；

第五步：重复第一步，B 相负电源断电，A 相的 A1 接直流电源的 + ，A2 接直流电源的 - ，转子顺时针旋转 45°保持在该位置。

这样步进电动机就旋转起来，由于 4 个通电顺序后又开始重复原来的通电顺序，所以称为 4 拍运行方式；由于每次只有一相绕组通电，所以也叫单相运行模式。该步进电动机的步距角（每一步旋转的角度）为 45°。

A 相和 B 相电源的通电时序为 A、B、(- A)、(- B)、A…，每相的电压波形同交流电相似。A 和 B 相的电压波形如图 8-6 所示。

其实对于该 2 相步进电动机，也可以采用单相和双相混合的通电模式，即 8 拍运行方式，A、AB、B、B (- A)、(- A)、(- A) (- B)、(- B)、(- B)A。这种通电方式的步距角是原来的一半，为 22.5°。

以 A、AB、B 三步通电顺序为例，说明步进电动机的旋转角度与方向，步进电动机的旋转如图 8-7 所示。

第一步，A 相的 A1 接直流电源的 + ，A2 接直流电源的 - ，A 相的 4 个磁极的极性和转子的极性和位置如图 8-7a 所示，由于磁极的吸引和排斥作用，转子保持在该位置不动；

第二步，A 相的 A1 接直流电源的 + ，A2 接直流电源的 - ，B 相的 B1 接直流电源的 + ，B2 接直流电源的 - ，A 相和 B 相的 8 个磁极的极性和转子的极性和位置如图 8-7b 所示，由于磁极

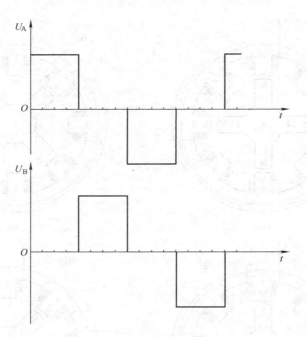

图 8-6　A 和 B 相的电压波形

的吸引和排斥作用，转子顺时针旋转 22.5°并保持在该位置；

　　第三步：A 相断电，B 相的 B1 接直流电源的 + ，B2 接直流电源的 − ，B 相的 4 个磁极的极性和转子的极性和位置如图 8-7c 所示，由于磁极的吸引和排斥作用，转子顺时针旋转 22.5°保持在该位置。

　　每拍转子顺时针旋转 22.5°，所以，同一台步进电动机通电方式不同，其步距角也不同，很多步进电动机的步距角表示为 y°/0.5y°形式就是因为这个原因。

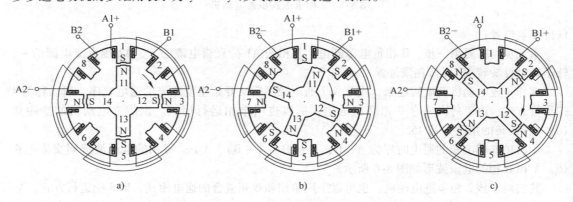

图 8-7　步进电动机的旋转

　　单三拍反应式（或叫磁阻式）步进电动机的原理如图 8-8 所示，转子为硅钢片，定子绕组通电转子反映出磁性，A6 ~ A2 绕组通电时，转子转到磁阻最小的位置，转子 1 ~ 3 与 A6 ~ A2 绕组对齐；B6 ~ B2 绕组通电时，转子转到磁阻最小的位置，转子转过 30°，转子的 2 ~ 4 与 B6 ~ B2 绕组对齐；C6 ~ C2 绕组通电时，转子转到磁阻最小的位置，转子转过 30°，转子的 1 ~ 3 与 C6 ~ C2 绕组对齐，如此往复，转子旋转起来。

　　步进电动机的外形如图 8-9 所示。

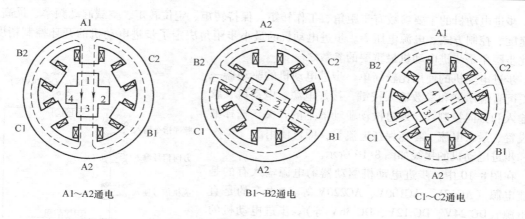

A1~A2通电　　　　　　　B1~B2通电　　　　　　　C1~C2通电

图 8-8　单三拍反应式步进电动机的原理

图 8-9　步进电动机的外形

步进电动机可以实现开环定位控制，不需要编码器反馈，无累计误差，结构简单，堵转不会烧毁电动机，但高速时转矩小。步进电动机在数控机床、阀门控制、自动绕线机、医疗器械、银行终端设备、计算机外设、相机和石英钟等领域有广泛应用。

8.4　步进电动机的参数和接线

步进电动机与步进电动机驱动器在普通数控领域应用非常广泛，它的优点是可以直接实现同步控制和定位控制，不需要编码器、测速发电机、旋转变压器等速度反馈信号，控制方便简单，通电后在停止状态有自锁功能，其主要缺点是随着速度的增加，输出转矩会降低，不像伺服电动机那样可以保持输出转矩不变。

步进电动机的主要参数有步距角、工作转矩、保持转矩、定位转矩、空载起动频率、最高运行速度、控制方式、电源电压等。步进电动机的最小步距角决定了步进电动机的开环控制精度，因此步距角是步进电动机最重要的参数之一。

步进电动机的使用比较简单，步进电动机的驱动器一般不配置显示屏和参数输入按键，接好电源、电动机、脉冲输入和方向控制线，通过拨动驱动器上的开关，选择细分设置、最大电流、零速保持电流等，即可使用。

步进电动机的接线如图 8-10 所示。

在图 8-10 中，步进电动机驱动器的电源输入有的是交流电源（AC60V、AC100V、AC220V 等），也有的是直流电源（DC 24V、DC 12V、DC 36V 等）。步进电动机的接线可以是图中的 A + 、A − 、B + 、B − 方式，也可以是 U、V、W 或是 A、B、C、D、E 等其他接线方式。脉冲指令输入用于控制步进电动机运行的步数，方向控制输入用于控制步进电动机的旋转方向（正、反转），脱机信号输入使步进电动机处于自由状态。步进电动机及步进电动机驱动器的外形如图 8-11 所示。

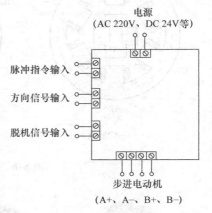

图 8-10　步进电动机的接线

图 8-11　步进电动机及步进电动机驱动器的外形

常见型号：SH、BYG、XMTD、WD 等。

生产厂家：日本安川公司、德国百格拉公司和北京和利时电机公司等。

8.5　直线电动机

当工件运动需要较大的加速度（2 ~ 10g）及无机械间隙的精度运动时，需要使用小巧的直线电动机及伺服驱动器。

直线电动机的原理相当于将交流或直流电动机的转子和定子切开，转子和定子在一个平面上展开，转子沿着展开方向做直线运动；也可以认为直线电动机是直径为无穷大的交流或直流电动机，转子的外表面与定子的内表面变成了平面，转子沿着定子排布方向相同的方向做直线运动。

以直线步进电动机为例，它与旋转步进电动机的原理相同，如图 8-12 所示为 5 相直线步进电动机的原理。该直线电动机的动子由 5 个 n 形铁心组成，相邻的 n 形铁心与定子齿错开 1/5 齿距，每个 n 形铁心上的两个极上有两个相反连接的绕组，两个绕组形成的磁场使 n 形铁心的一个极为 N 一个极为 S，并且磁通不进入其他的 n 形铁心，当 A 相通电后，A 相绕组上的 n 形铁心与定子铁心上的齿对齐，然后 A 相失电 B 相通电，动子向左用到 1/5 齿距。同理，B 相失电 C 相通电，动子向左用到 1/5 齿距，这是 5 相 5 拍运行方式。如果通电方式为 A − AB − B − BC − …，5 相 10 拍运行方式，则动子每步移动 1/10 齿距。

其他原理的直线电动机的分析方法与上面的相同，也是将定子和转子切开，在绕组侧施加直线运动的磁场，使动子受力沿直线运动起来。定子和转子切开如图 8-13 所示。

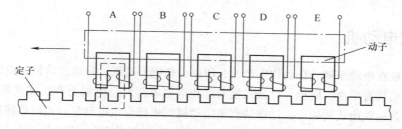

图 8-12　5 相直线步进电动机的原理

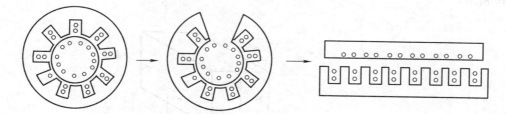

图 8-13　定子和转子切开

　　动子可以是永久磁铁也可以是绕组，定子可以是永久磁铁也可以是绕组。永久磁铁的直线电动机如图 8-14 所示，底座上安装有直线导轨和定子绕组，滑动工作台安装在直线导轨上，动子磁铁安装在滑动工作台的下方，动子磁铁与定子绕组相对，定子绕组通入电源，形成直线运动的磁场后，动子磁铁将产生直线运动。

　　当自动化设备需要做直线运动时，使用直线电动机可以省略丝杠等转换机构。直线伺服电动机的惯量小、运动速度快、加速度大、长度不受限，且定位精度很高。

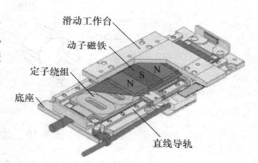

图 8-14　永久磁铁的直线电动机

度很高。直线电动机在数控机床、电子器件制造、电子贴片设备、机械手、五金加工、太阳能电池制造、磁悬浮列车、飞机弹射、提升机等领域有较多的应用。直线电动机的外形如图 8-15 所示。

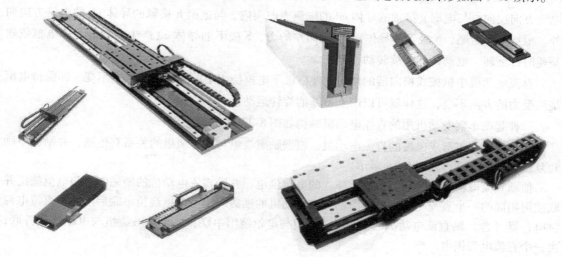

图 8-15　直线电动机的外形

8.6　直流电动机

直流电动机在电动车辆、自动化生产线、印刷、轧钢、造纸、自动售货机、机床等领域大量应用。直流电动机有磁极、电枢、机械式换向器和电刷等部件，电枢上有机械式换向器和绕组，磁极可以是永久磁铁组成的磁极，这样的直流电动机叫永磁直流电动机；也可以使用励磁绕组形成磁极，电刷和机械式换向器之间滑动接触，通电后电枢旋转。直流电动机的旋转原理如图 8-16 所示。

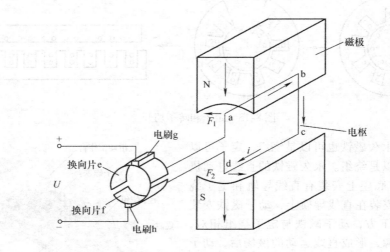

图 8-16　直流电动机的旋转原理

图 8-16 中，电刷 g 和电刷 h 接入直流电源 U。电刷 g 和电刷 h 与换向片 e 和换向片 f 滑动连接，电枢上的导体 ab 和导体 cd 通电后，产生电流 i，根据左手定则，N 极下的导体 ab 将产生向左的力 F_1，S 极下的导体 cd 将产生向右的力 F_2，电枢将产生逆时针旋转。当导体 ab 和对应的换向片 e 转到与电刷 h 接触时，导体 ab 和对应的换向片 f 转到与电刷 g 接触，导体 ab 和导体 cd 的电流方向反向，与电刷 g 接触的导体 cd 的电流方向向内，与电刷 h 接触的导体 ab 的电流方向向外，根据左手定则，N 极下的导体 ab 产生向左的力，S 极下的导体 cd 产生向右的力，电枢依然是逆时针旋转，电动机就连续转动了起来。

直流电动机中机械式换向器的作用是使磁极下电枢绕组中的电流方向保持不变，即保持电枢绕组受力的方向不变，这样就可以产生持续的旋转运动。

一种起动车辆发动机用的直流电动机结构如图 8-17 所示。

利用励磁绕组形成磁极的直流电动机，根据励磁绕组与电枢绕组的关系有他励、并励、串励和复励直流电动机，如图 8-18 所示。

他励直流电动机的励磁绕组是由独立的电源供电；并励直流电动机的励磁绕组与电枢绕组并联使用相同的一个直流电源供电；串励直流电动机的励磁绕组与电枢绕组串联后由一个直流电源供电；复（合）励直流电动机的一个励磁绕组与电枢绕组串联，一个励磁绕组与电枢绕组并联，由一个直流电源供电。

直流电动机的外形如图 8-19 所示。

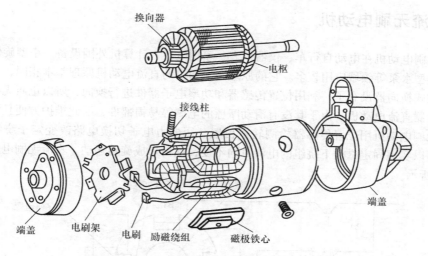

图 8-17　一种起动车辆发动机用的直流电动机结构

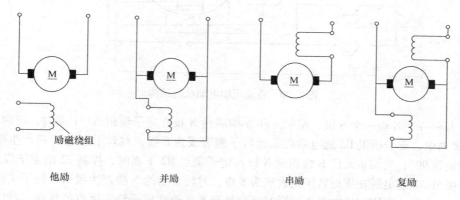

图 8-18　他励、并励、串励和复励直流电动机

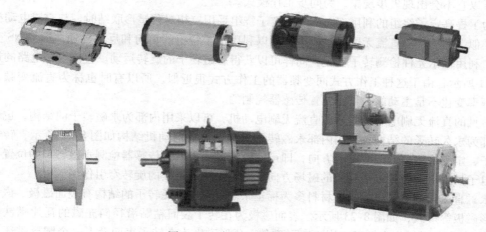

图 8-19　直流电动机的外形

8.7　直流无刷电动机

直流无刷电动机在电动自行车、仪器仪表、家用电器、计算机外围设备、小型旋转机械、散热风机、小型水泵等领域应用较多。它的原理同上面讲的直流电动机原理基本相同，只是原来的电刷和机械式换向器没有了，利用位置传感器和功率电子器件进行换向，所以也叫无换向器电动机、无换向器直流电动机。由于其没有滑动摩擦的电刷等易损部件，因此维护方便且没有火花。

直流无刷电动机用位置传感器检测转子位置，用电力电子切换电路改变定子绕组的电流方向，同样可以实现固定磁极下绕组的电流方向不变，从而形成旋转运动。直流无刷电动机的结构如图 8-20 所示。

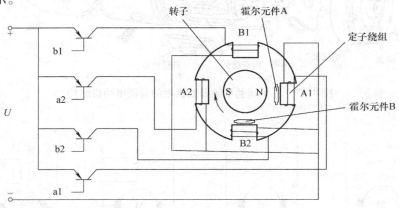

图 8-20　直流无刷电动机的结构

转子上有一个 N 极一个 S 极，霍尔元件 A 检测到 N 极在定子绕组 A1 下面时，控制 b2 给定子绕组 B2 通电，定子绕组 B2 通电后在靠近转子侧表现为 S 极，对转子上的 N 极产生吸引，转子顺时针旋转 90°；当霍尔元件 B 检测到 N 极在定子绕组 B2 下面时，控制 a2 给定子绕组 A2 通电，定子绕组 A2 通电后在靠近转子侧表现为 S 极，对转子上的 N 极产生吸引，转子又顺时针旋转 90°，如此继续，无刷直流电动机就顺时针旋转起来。改变定子绕组通电的顺序，可以改变无刷直流电动机的旋转方向，由于是利用传感器检测到转子旋转的位置后才改变定子绕组的通电与否，所以它不会出现失步现象，为同步工作模式。

为了提高定子绕组的利用率，当 3 个定子绕组采用三相对称星形联结时，与交流电动机的接法相类似。在这样的直流无刷电动机中，可以利用定子绕组的正向和反向导通，形成 NS 变化的磁场，利用霍尔元件检测转子位置，同样可以获得永磁转子的旋转运动。直流变频电路的连接如图 8-21 所示，由于这种工作方式同变频器的工作方式很近似，所以有时也称为直流变频，但是它的频率变化不是主动的，是由位置传感器控制的。

常见的直流无刷电动机为永磁直流无刷电动机，可以采用内部为永磁转子的结构，也可以采用外部为永久转子的结构。采用内部永磁转子的无刷直流电动机结构如图 8-22 所示，转子为永磁转子，定子绕组可以改变电流方向，即可以改变磁场方向，传感器检测永磁转子的位置，通过电力电子切换电路变换定子绕组的磁场方向，对转子形成持续的旋转牵引作用。

永磁直流无刷电动机的永磁材料多为稀土永磁材料，永磁转子的结构有表面磁极、嵌入磁极和环形磁极等形式，如图 8-23 所示。表面磁极为在转子表面粘贴沿径向充磁的瓦片磁铁（图中最左边），嵌入磁极为在转子上嵌入矩形磁条，环形磁极为在转子表面套上一个圆形磁环（图中最右边）。

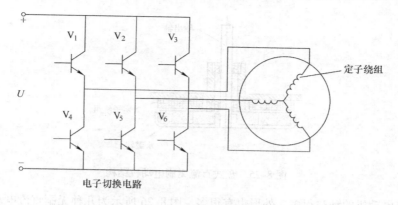

图 8-21 直流变频电路的连接

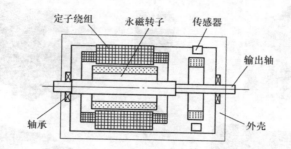

图 8-22 采用内部永磁转子的无刷直流电动机结构

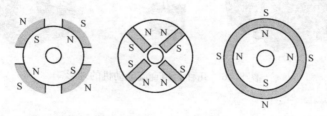

图 8-23 表面磁极、嵌入磁极和环形磁极的转子形式

位置传感器可以是检测磁场的霍尔元件，也可以是测量转子上金属凸台的接近开关，还可以是检测缺口的光电开关、旋转编码器或旋转变压器等。位置传感器检测出转子的位置，然后控制定子绕组中的电流方向，使定子的磁场总是对转子形成旋转作用力。

采用外部永磁转子的直流无刷电动机是把定子绕组固定在内部，外部永磁转子旋转，传感器检测外部转子的位置，相应地改变内部定子绕组上的电流方向，即磁场方向，同样可以对永磁转子形成持续的旋转牵引力矩，外部永磁转子的直流无刷电动机结构如图 8-24 所示。

直流无刷电动机还可以做成薄型盘式结构，圆形的定子绕组和圆形的永磁转子相对放置，传感器检测永磁转子的位置，相应地改变定子绕组上的磁场方向，同样可以对永磁转子形成持续的旋转牵引转矩。盘式直流无刷电动机结构如图 8-25 所示。

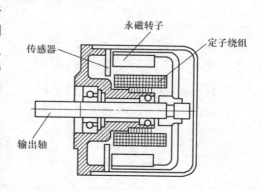

图 8-24 外部永磁转子的直流无刷电动机结构

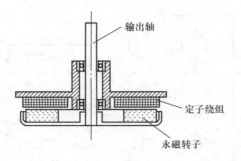

图 8-25　盘式直流无刷电动机结构

无刷直流电动机的种类很多，外形也有很多，图 8-26 所示为几种无刷直流电动机的外形。

图 8-26　几种无刷直流电动机的外形

第 9 章 PLC 和运动控制器

9.1 PLC

　　PLC 有一体式和模块式两种外在形式，一体式是把 PLC 的电源、CPU、存储器、一定数量的 I/O 做在一起，形成一个整体，这种 PLC 成本较低，如西门子的 S7 - 200、OMRON 的 CPM1A 等；模块式的 PLC 是由不同功能的模块拼装组合而成，模块种类有电源模块、CPU 模块、数字输入模块、数字输出模块、模拟输入模块、模拟输出模块、通信模块、定位模块、计数模块等，根据工程需要，把一定数量的模块组合到一个底板上（或机架）构成一个灵活拼装的 PLC，这种 PLC 相对于一体式 PLC 成本要高，但是功能和控制规模也更强大。PLC 的外形如图 9-1 所示。

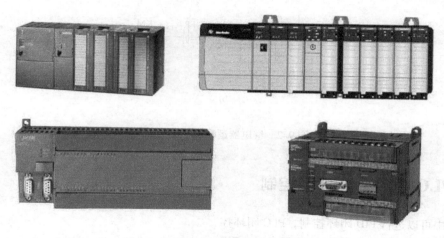

图 9-1 PLC 的外形

　　PLC 最早是为了把继电器控制的硬件逻辑变为可以灵活编程的软件逻辑。以一个电动机的正、反转逻辑控制为例，假设该电动机的正向运行由以下几个条件逻辑构成：①停止按钮 SB_1 没有动作，处于常闭状态；②常开按钮 SB_2 按下，SB_2 闭合或 KM_1 已经吸合；③阀门开限位开关 XW_1 没有动作，XW_{1-1} 闭合；④无过载信号，FR1 闭合。这些条件就构成了电动机正向运行（KM_1 吸合）的逻辑关系："SB_1 闭合"，"SB_2 闭合或 KM1 吸合"，"FR_1 闭合"，"XW_{1-1} 闭合"，这 4 个条件都满足时，则 KM_1 吸合，电动机运行，继电器逻辑如图 9-2a 所示，PLC 就是为了模仿类似这些逻辑关系和动作而发明的。PLC 不需要用电路来实现这些逻辑关系，而是用软件的方式来实现。上述逻辑关系在 PLC 中用梯形图表示，如图 9-2b 所示。

　　在图 9-2 中，SB_1、XW_{1-1}、FR_{1-1} 的符号为常闭触点，SB_2 和 KM_{1-1} 的符号为常开触点，由于 PLC 不再用实际的连线来实现这些逻辑，所以各种逻辑关系的修改十分简单，在 PLC 的编程器上修改一下程序，下载到 PLC 内就行了。

　　PLC 常用编程方法有梯形图、语句表等，结果是一样的，只是表达方式不同。梯形图与电气图的表达方式较接近，大多数 PLC 的梯形图编程方法遵循国际电工标准的规定。

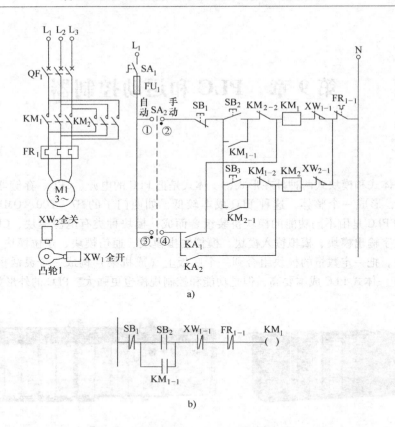

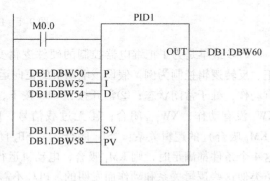

图 9-2　继电器逻辑和梯形图示例

9.2　PLC 中的 PID 闭环控制

　　PLC 中可以进行 PID 闭环控制，PLC 闭环控制如图 9-3 所示。图 9-3 中，M0.0 闭合时，PID 控制开始。PID 的数量依据 PLC 的不同而有所不同。在 PLC 中应用 PID 时，定义好输入地址、输出地址、设定值存放地址，再定义好 P、I、D 参数对应存放的数据块地址，以备人机界面或上位机上操作人员可以根据现场实际情况进行修改，然后把 PID 控制的正反作用（比如加热和制冷控制）、采样周期、最大输出、最小输出等参数设定好（不同的 PLC 会有所不同），这时 PID 就可以使用了。

图 9-3　PID 闭环控制

9.3　PLC 的编程工具

　　PLC 的编程工具有两种，一种是小型手持式的编程器，主要用于小型 PLC 的编程，如图 9-4 所示。将手持式编程器插到 PLC 上的编程口就可以直接编程（不同型号的 PLC 使用方法会有所不同，不过大同小异）。

一般手持编程器是 PLC 生产厂家配套的设备，其连接简单明了，不需要过多的设置，但是程序查找和修改都较麻烦。

图 9-4　手持式的编程器

另一种是用普通的 PC 装上编程软件进行编程。这种编程方式目前采用最多，为了现场调试方便，多使用笔记本电脑作为编程器，编程软件为各 PLC 厂家的配套软件。

目前使用较多的是用 PC 构成的编程器，因为这样编程较灵活和方便。使用 PC 编程器时，首先应设置通信口、通信协议、通信转换器及所用 PLC 的类型等，只有通信连接正常后才可以进行下面的工作。

9.4　S7 – 200 系列小型 PLC

S7 – 200 系列 PLC 的外形如图 9-5 所示。

图 9-5　S7 – 200 系列 PLC 的外形

1. 中央处理单元（主模块）各部分的功能

S7 – 200 系列 PLC 中央处理单元（主模块）各部分的功能如图 9-6 所示。

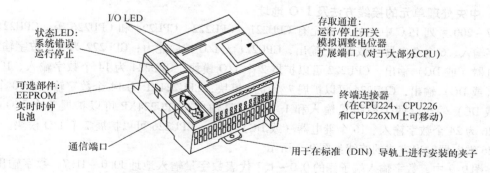

图 9-6　S7 – 200 系列 PLC 中央处理单元（主模块）各部分的功能

2. 扩展模块的外形

S7 – 200 系列 PLC 部分扩展模块的外形如图 9-7 所示。

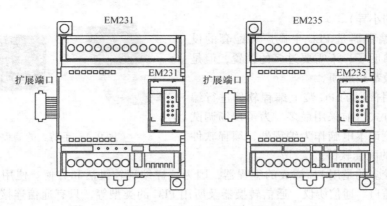

图 9-7　S7 - 200 系列 PLC 部分扩展模块的外形

3. 扩展模块的连接方法

S7 - 200 系列 PLC 扩展模块的连接方法如图 9-8 所示。

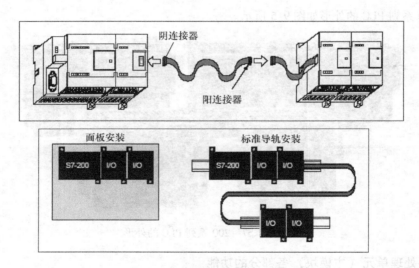

图 9-8　S7 - 200 系列 PLC 扩展模块的连接方法

4. 中央处理单元的接线方法及 I/O 地址

S7 - 200 系列 PLC 中央处理单元有 CPU221、CPU222、CPU224 和 CPU226 等。CPU221 为 4 个数字输入、6 个继电器（或 DC）输出，CPU221 无 I/O 扩展能力；CPU222 为 8 个数字输入、6 个继电器（或 DC）输出，CPU222 可以扩展 2 个 I/O 模块；CPU224 为 14 个数字输入、10 个继电器（或 DC）输出，CPU224 可以扩展 7 个 I/O 模块；CPU224XP 为 14 个数字输入、10 个继电器（或 DC）输出、两个模拟量输入和 1 个模拟量输出，CPU224XP 可以扩展 7 个 I/O 模块；CPU226 为 24 个数字输入、16 个继电器（或 DC）输出，CPU226 可以扩展 7 个 I/O 模块。其中，CPU226 继电器输出方式的接线如图 9-9 所示。

在图 9-9 中，数字输入端子侧的 0.0 ~ 1.7 代表数字量输入地址 I0.0 ~ I1.7，数字输出端子侧的 0.0 ~ 1.7 代表数字量输出地址 Q0.0 ~ Q1.7。数字量输入侧的 1M 和 2M 为输入公共端，输入端相并联的两个发光二极管一个正接一个反接，所以 1M 和 2M 既可以接 0V 也可以接 DC 24V。在图 9-9 中，1M 接 DC 24V，则输入端 I0.0 ~ I1.4 与 0V 闭合连接为输入接通；2M 接 0V，则输入端 I1.5 ~ I2.7 与 DC 24V 闭合连接为输入接通。数字量输出侧的 1L、2L 和 3L 为无电压触点的

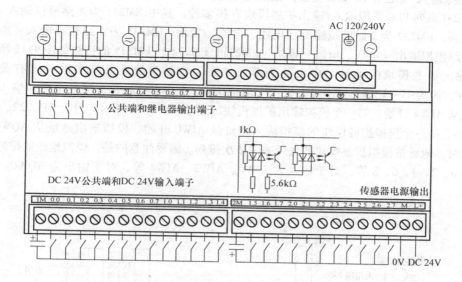

图 9-9　CPU226 继电器输出方式的接线

输出公共端，1L、2L 和 3L 既可以接直流电路也可以接交流电路，PLC 有输出，表明输出公共端与输出端接通。

5. 数字输入/输出扩展模块接线方法及地址分配

S7–200 系列 PLC 数字量（开关量）输入/输出扩展模块有很多种，有 EM221–8 路 DC 24V 数字输入模块，EM222–8 路继电器（或 DC 24V）输出模块，EM223–8 路 DC 24V 数字输入和 8 路继电器（或 DC 24V）输出模块，EM223–16 路数字输入和 16 路继电器（或 DC 24V）输出模块。其中，EM223–16 路数字输入和 16 路继电器输出的接线如图 9-10 所示。

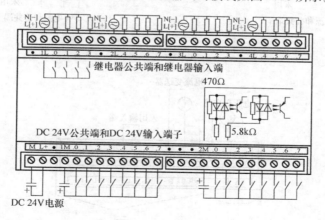

图 9-10　EM223–16 路数字输入和 16 路继电器输出的接线

在图 9-10 中，M 和 L+ 接 DC 24V 电源，数字输入端子侧的 .0～.7 对应的数字量输入地址与该模块在系统中的位置有关，如果与中央处理单元之间无其他数字输入/输出扩展模块，则对应数字输入地址为 I2.0～I2.7；数字输出端的 .0～.7 对应的数字量输出地址与该模块在系统中的位置有关，如果与中央处理单元之间无其他数字输入/输出扩展模块，则对应数字输出地址为 Q2.0～Q2.7。其他位置时，地址按数字输入/输出扩展同类模块的先后顺序依次排列。

6. 模拟输入/输出扩展模块接线方法及地址分配

S7-200 系列 PLC 模拟输入/输出扩展模块有很多种，其中 EM231 为 4 路模拟输入（电压、电流）模块，EM232 为 2 路模拟输出（电压、电流）模块，EM235 为 4 路模拟输入（电压、电流）和 1 路模拟输出（电压、电流）模块，EM231、EM232 和 EM235 的接线如图 9-11 所示。模拟输入/输出扩展模块的地址与中央处理单元的类型和该模块在系统中的位置有关。对于 CPU224XP，因为中央处理单元本身带有两个模拟输入、1 个模拟输出，第一个模拟输入扩展模块的地址从 AIW4 开始，第一个模拟输出扩展模块的地址从 AQW2 开始；对于 CPU222、CPU224 和 CPU226，第一个模拟扩展模块的模拟输入地址从 AIW0 开始，模拟输出地址从 AQW0 开始；其他位置时，地址按模拟扩展模块的先后顺序依次排列。需要注意的是，模拟地址的排列没有单数，只有 0、2、4、6、8 等，对于输入为 AIW0、AIW2、AIW4 等，对于输出为 AQW0、AQW2、AQW4 等。

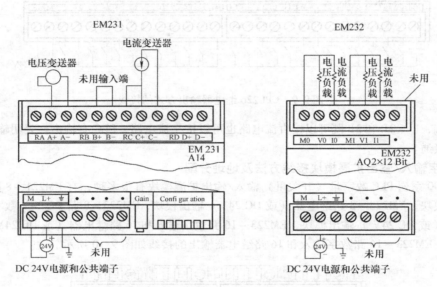

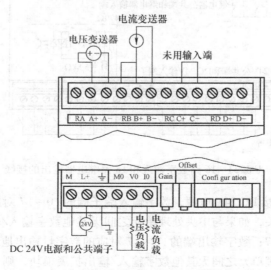

图 9-11　EM231、EM232 和 EM235 的接线

7. 编程设备的连接方式

S7－200 系列 PLC 编程设备的连接如图 9-12 所示。

在图 9-12 中，编程电缆中拨码开关的位置决定了通信速率，一定要保证计算机、编程电缆和 PLC 的通信速率一致。

8. PLC 的硬件配置

根据实际被控对象需要控制的开关量输入点数、开关量输出点数、模拟量输入点数和模拟量输出点数配置相应的中央处理单元和扩展模块。开关量输入主要用于接收设备的控制输入、运行状态信号和报警信号，如设备起动、设备预热、设备待机、电动机过载报警、滑板越位报警、设备之间的联动、过电流报警、压力报警、温度报

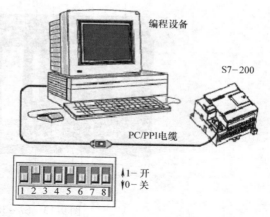

图 9-12　S7－200 系列 PLC 编程设备的连接

警等；开关量输出主要用于控制变频器、直流调速器、伺服控制器、电动机等设备的起停、待机、运行顺序指示、工艺参数超范围报警输出、多机联锁运行不正常报警输出等；模拟量输入主要用于压力、流量、温度、成分、转速、照度等信号的采集；模拟量输出主要用于控制阀门的开度、变频器的频率输出、伺服控制器的速度等。

S7－200 系列 PLC 有存储器 M 和数据区 V 可以使用，按位使用如 M0.0、M0.1、M62.0、V0.0、V0.1、V62.0 等，按字节使用如 MB0、MB1、MB64、VB0、VB1、VB63 等，按字使用如 MW0、MW2、MW64、VW0、VW2、VW64 等，按双字使用如 MD0、MD4、MD8、VD0、VD4、VD8 等。MD0 由 MW0 和 MW2 组成，MW0 由 MB0 和 MB1 组成，MB0 由 M0.0、M0.1、M0.2、M0.3、M0.4、M0.5、M0.6 和 M0.7 组成。VD0 由 VW0 和 VW2 组成，VW0 由 VB0 和 VB1 组成，VB0 由 V0.0、V0.1、V0.2、V0.3、V0.4、V0.5、V0.6 和 V0.7 组成，依次类推。需要注意的是，在使用过程中不要出现重复，例如使用了 M0.0 ~ M0.7，就不要把 MB0、MB1、MW0 和 MD0 再用作其他用途了。常用的特殊功能触点有 SM0.0、SM0.1 等，SM0.0 为常闭触点，SM0.1 为上电时只吸合一次的触点。

需要注意的是：①M、MB、MD 断电后不保存，V、VB、VD 断电保存，所以掉电后仍需要保存的参数标志位不能用 M、MB、MD 进行记忆；②PLC 编程时，即使不需要任何条件的输出指令，也必须有一个输入触点，可以使用 SM0.0 常闭触点作为条件。

9.5　S7－300 系列中型 PLC

S7－300PLC 的部件功能如图 9-13 所示。

S7－300PLC 系统由电源模块（PS）、中央处理单元（CPU）、接口模块（IM）、信号模块（SM）、通信处理器（CP）、功能模块（FM）、前连接器和导轨组成。S7－300PLC 模块布局如图 9-14 所示。

如果不需要外接扩展机架，接口模块（IM）不用，信号模块（SM）直接与中央处理单元（CPU）用底部总线连接器（块）连接。中央处理单元（CPU）有 CPU312、CPU312IFM（随机自带 10 个数字输入、6 个数字输出）、CPU314、CPU314IFM（随机自带 20 个数字输入、16 个数字输出、4 个模拟量输入、1 个模拟量输出）、CPU315 等；信号模块（SM）有数字输入 SM321（8 路、16 路、32 路）、数字量输出 SM322（8 路、16 路、32 路）、模拟量输入 SM331（2 路、4

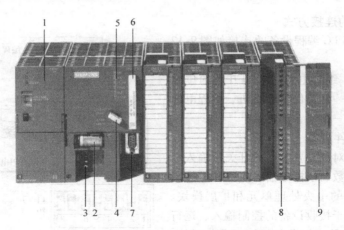

图 9-13　S7-300PLC 的部件功能

路、8 路）和模拟量输出 SM332（2 路、4 路、8 路）等；电源模块（PS）有 PS307（2A、5A、10A）。S7-300PLC 的主机架最多只能安装 8 个模块，当系统测控点数较多时，需要外接扩展机架，以增加输入/输出模块的数量。IM360/361 可以扩展 3 个机架，IM365 可以扩展 1 个机架，用接口模块（IM）连接扩展机架，后面的有关章节会讲解这个问题。

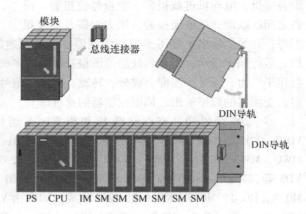

图 9-14　S7-300PLC 模块布局

1. S7-300PLC 的组网

当测控点多或车间分散又需要在控制室实施总体控制时，这时要利用 PROFIBUS-DP 或 MPI 网络把系统整体连接起来，其中 MPI（多点接口）是 S7-300PLC 自带的标准接口，成本较低。用 PROFIBUS-DP 网络时需要选用带 DP 口的 CPU 或另外增加接口卡，成本相对较高。上位 PG/PC 中安装 MPI 通信卡，MPI 通信卡与 S7-300 通过屏蔽双绞线连接。S7-300PLC 的网络构成如图 9-15 所示。

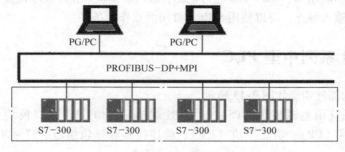

图 9-15　S7-300PLC 的网络构成

2. 输入/输出扩展卡的接线布局

S7-300PLC 部分输入/输出扩展卡的接线布局如下，图 9-16 所示为 16 路数字量（开关量）输入卡 SM321，图 9-17 所示为 16 路继电器输出卡 SM322，图 9-18 所示为 8 路模拟信号输入卡 SM331，图 9-19 所示为 4 路模拟信号输出卡 SM332。

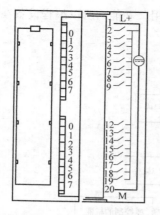

图 9-16　16 路数字量（开关量）输入卡 SM321

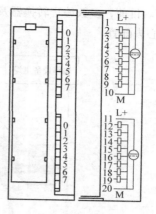

图 9-17　16 路继电器输出卡 SM322

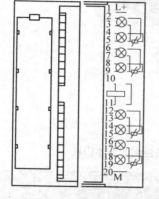

图 9-18　8 路模拟信号输入卡 SM331

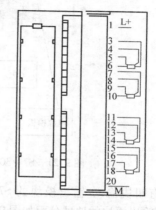

图 9-19　4 路模拟信号输出卡 SM332

对于模拟信号输入模块，有模拟电压输入、2 线制模拟电流输入、4 线制电流输入、热电阻信号和热电偶毫伏信号可以选择。对于不同的输入，需要把模块侧面的信号选择块撬起并旋转到所需的位置。输入信号选择如图 9-20 所示。

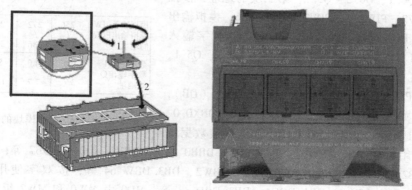

图 9-20　输入信号选择

3. S7 - 300PLC 的编程器连接及地址排列规律

S7 - 300 系统从编程设备到现场控制的总体构成如图 9-21 所示。编程设备通过编程设备电缆（对于笔记本电脑，多数为 PC/MPI 电缆，对于台式机也可以是 PG5611 卡等）对 PLC 进行编程和监控。目前,多数编程转换器及板卡都支持"即插即用"功能,所以编程设备在使用过程中不需费心去配置。

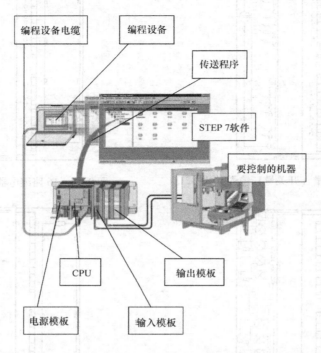

图 9-21　S7 - 300 系统从编程设备到现场控制的总体构成

　　　　以带有四块输入/输出模块的 S7 - 300PLC 系统为例,输入/输出模块的地址分配如图 9-22 所示。第一块的地址:模拟输入为 PIW256、PIW258、PIW260 ~ PIW270,模拟输出为 PQW256、PQW258、PQW260 ~ PQW270,数字输入为 I0.0、I0.1、I0.2 ~ I3.7,数字输出为 Q0.0、Q0.1、Q0.2 ~ Q3.7;第二块的地址:模拟输入为 PIW272、PIW274、PIW276 ~ PIW286,模拟输出为 PQW272、PQW274、PQW276 ~ PQW286,数字输入为 I5.0、I5.1、I5.2 ~ I7.7;数字输出为 Q5.0、Q5.1、Q5.2 ~ Q7.7;第三块和第四块的地址依次类推。

　　　　S7 - 300PLC 常用存储器(M)和数据块(DB),按位使用时如 M0.0、M0.1、M127.7、DB1. DBX0.0、DB1. DBX 0.1、DB10. DBX 240.0 等,DB1 代表数据块

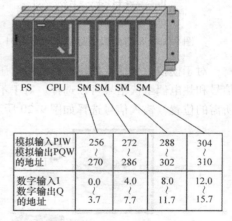

模拟输入PIW 模拟输出PQW 的地址	256 ~ 270	272 ~ 286	288 ~ 302	304 ~ 310
数字输入I 数字输出Q 的地址	0.0 ~ 3.7	4.0 ~ 7.7	8.0 ~ 11.7	12.0 ~ 15.7

图 9-22　输入/输出模块的地址分配

1;按字节使用时如 MB0、MB1、MB64、DB1. DBB0、DB1. DBB1、DB15. DBB7 等;按字使用时如 MW0、MB2、MW64、DB1. DBW0、DB1. DBW2、DB3. DBW 64 等;按双字使用时如 MD0、MD4、MD64、DB1. DBD0、DB1. DBD4、DB3. DBD 88 等。MD0 由 MW0 和 MW2 组成,MW0 由 MB0 和 MB1 组成,MB0 由 M0.0、M0.1、M0.2、M0.3、M0.4、M0.5、M0.6 和 M0.7 组成。DB1. DBD0 由 DB1. DBW0 和 DB1. DBW2 组成,DB1. DBW0 由 DB1. DBB0 和 DB1. DBB1 组成,DB1. DBB0 由 DB1. DBX0.0 ~ DB1. DBX0.7 组成,依次类推。需要注意的是,在使用过程中不要出现重复,例如使用了 M0.0 ~ M0.7 就不要把 MB0、MB1、MW0 和 MD0 再用作其他用途。

9.6　运动控制器

当几个运动工位或旋转轴需要做精密的同步控制时，如多色印刷机、多工位模切机、数控机床或 CNC 加工中心等，这时可以采用同步运动控制装置（或模块）来完成。

Trio 公司的 MC206 为四轴同步控制器，可以控制 4 个伺服电动机的同步运行。MC206 的外形及端子的功能如图 9-23 所示。

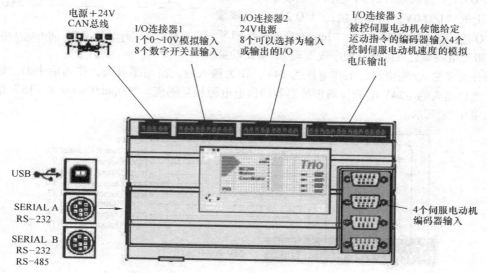

图 9-23　MC206 的外形及端子的功能

电源和 CAN 总线插头的布局如图 9-24 所示。这个 24V 总电源与 I/O 连接器上的 24V 和去伺服驱动器控制速度的 ±10V 是互相隔离的，中间的屏蔽层用于连接信号线的屏蔽线。为了增强系统的抗干扰能力，屏蔽层需要良好连接。

I/O 连接器 1 的各个端子的排列及代表的意义如图 9-25 所示。

"I/O 0V" 为该端口的 0V 电压；"Analog input 0 – 10V" 为模拟输入 + 端，"I/O 0V" 为模拟输入的一端，模拟电压输入范围为 0 ~ 10V；"Intput0/Registration Axis 0" "Intput1/Registration Axis 1" "Intput2/Registration Axis 2" "Intput3/Registration Axis 3"、"Intput4/Registration Axis 4"、"Intput5"、"Intput6"、"Intput7" 为 8 个带光电隔离的开关量输入端，工作电

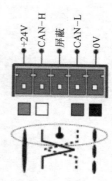

图 9-24　电源和 CAN 总线插头的布局

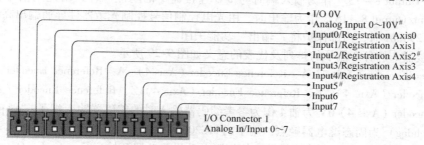

图 9-25　I/O 连接器 1 的各个端子的排列及代表的意义

压为 24V，其中"Intput0 ~ 4"可以作为印刷等套准
控制时的色标触发输入，高电平有效；为了实现模拟
电压的转换，此口必须提供 + 24V 电源。"Intput0 ~
7"的内部结构如图 9-26 所示。

　　I/O 连接器 2 的各个端子的排列及代表的意义如
图 9-27 所示。

　　"I/O 0V"为该端口的 0V 电压，该端子与 I/O 连
接器 1 上的"I/O 0V"内部连接；"I/O 24V"为该端
口和 I/O 连接器 1 的 24V 电压；"Intput/Output 8 ~ 15"

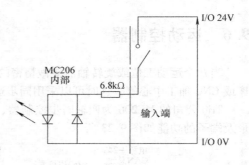

图 9-26　"Intput0 ~ 7"的内部结构

为 8 个带光电隔离且可以通过程序改变输入/输出功能
转换的开关量输入/输出端，工作电压为 24V，作为输入时，高电平有效，作为输出时，输出高
电平；此口接入的 + 24V 电源与同步控制器的供电电源相互隔离。"Intput/Output 8 ~ 15"的内部
结构如图 9-28 所示。

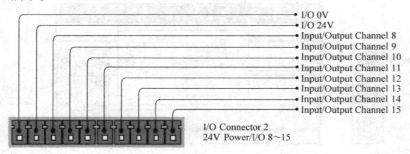

图 9-27　I/O 连接器 2 的各个端子的排列及代表的意义

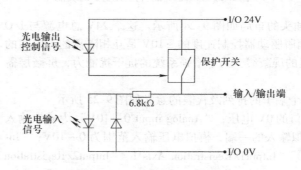

图 9-28　"Intput/Output 8 ~ 15"的内部结构

　　"Intput/Output 8 ~ 15"作为输入端时与 I/O 连接器 1 的功能一样，由光电信号输入 MC206
内部；"Intput/Output 8 ~ 15"作为输出时，由光电控制信号控制光敏器件导通输出高电平，当输
出电流大于 250mA 时，内部保护将"输出"功能关闭。

　　I/O 连接器 3 的各个端子的排列及代表的意义如图 9-29 所示。

　　Reference Encoder（Axis 4）A、Reference Encoder（Axis 4）/A、Reference Encoder（Axis 4）B、
Reference Encoder（Axis 4）/B、Reference Encoder（Axis 4）Z、Reference Encoder（Axis 4）/Z、
Reference Encoder（Axis 4）0V 为轴 4 作为参考编码器输入时的编码器输入端子；Amplifier Enable
Relay（Watchdog）为固态继电器触点，用于当 MC206 正常工作后，输出指令 WDOG = 1，触点闭
合，向伺服电动机驱动器发出使能信号，使伺服电动机驱动器开始运行；Analog Output 0V（Axis
0 ~ 3）、Analog Output – Axis 0、Analog Output – Axis 1、Analog Output – Axis 2、Analog Output – Axis

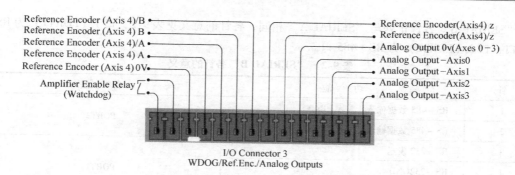

图 9-29　I/O 连接器 3 的各个端子的排列及代表的意义

3 为 0~3 轴的 ±10V 模拟电压输出,用于控制伺服电动机的双向转速,Analog Output 0V (Axis 0 – 3) 为 4 个模拟量输出的公共 0V。使能输出 (WDOG) 和模拟输出放大器的控制原理如图 9-30

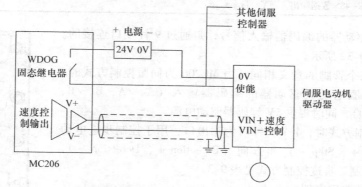

图 9-30　使能输出 (WDOG) 和模拟输出放大器的控制原理

所示。图中 WDOG 闭合时,接通所有相连接的伺服驱动器使能信号,使伺服驱动器处于运行状态。伺服驱动器的速度控制电压信号 VIN + 、VIN – 由 MC206 的 Analog Output 信号控制。

"SERIAL A" 为默认的 PC 编程口,各针排列如图 9-31 所示。

"SERIAL A" 各针的意义见表 9-1,口 0 (PORT0) 默认为编程 PC 的通信口。

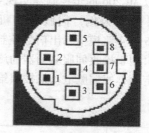

图 9-31　"SERIAL A" 各针排列

表 9-1　"SERIAL A" 各针的意义

针	功　能	备　注
1	内部 5V	
2	内部 0V	
3	RS – 232 发送	
4	RS – 232GND	PORT0
5	RS – 232 接收	
6	5V 输出	
7	缓冲器外部输出	光纤适配器接口
8	缓冲器外部输入	

端口 0 (PORT0) 是连接到编程 PC 的默认接口

"SERIAL B" 各针排列与 "SERIAL A" 相同，各针的意义见表9-2，口1（PORT1）为 RS – 232 口，口2（PORT2）为 RS –485 口。

表 9-2 "SERIAL B" 各针的意义

针	功　能	备　注
1	RS – 485 数据输入　　A　Rx +	PORT2
2	RS – 485 数据输入　　B　Rx –	
3	RS – 232 发送	PORT1
4	RS – 232GND	
5	RS – 232 接收	
6	内部 5 V	
7	RS – 485 数据输出　　Z　Tx –	PORT2
8	RS – 485 数据输出　　Y　Tx +	

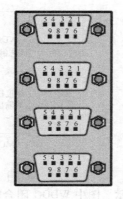

图 9-32　编码器接口

伺服电动机驱动器的编码器输入信号，是通过 9 针接口连接的。编码器接口如图 9-32 所示。

4 个 9 针口每个管脚的意义相同，当 MC206 为伺服控制方式时，用于输入 4 个伺服电动机驱动器的编码器输入（A、/A、B、/B、Z、/Z、5V、GND），同时提供 5V 编码器驱动电源。

用于步进控制方式时，4 个 9 针口为输出口，用于控制步进电动机的步数（Step +、Step –）和方向（Derection +、Derection –），Boost 电流提升控制。步进控制方式见表9-3。

运动控制器的应用案例

以 MC206 同步控制器实现 4 台伺服电动机（或步进电动机）精确同步控制为例，伺服电动机驱动器选用松下 A4 系列产品，用 MC206 的 4 路模拟输出信号控制伺服驱动器的速度给定，4 个编码器输入口用于接收伺服驱动器的旋转编码器信号输出，根据与目标值的误差，调节伺服驱动器的速度给定值，使伺服电动机按照给出的控制规律精确运行。该同步控制系统如图 9-33 所示。

表 9-3　步进控制方式

引脚	伺服轴	步进轴
1	Enc. A	Step +
2	Enc. /A	Step –
3	Enc. B	Direction +
4	Enc. /B	Direction –
5	GND	GND
6	Enc. Z	Boost +
7	Enc. /Z	Boost –
8	5 V	5 V
9	Not Connected	Not Connected
shell	Screen	Screen

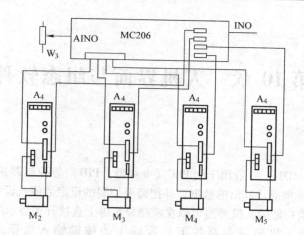

图 9-33 MC206 同步控制器组成的四轴同步控制系统

同步控制装置生产厂家：FUNAC 公司、伦茨公司、三菱公司、翠欧公司等。

第 10 章　人机界面与组态软件

10.1　人机界面

　　人机界面（HMI、MMI）一般用于同 PLC（变频器、PID）等控制器进行通信，用于显示和记录 PLC 等控制器中采集或计算出的数据，并把需要控制的设定数值或设备的开关信号送入 PLC 等控制器中。带有触摸功能的人机界面可以在液晶显示屏上直接开关显示屏画面上的按钮和输入数据，带薄膜按键的人机界面需要按下显示屏上的按键输入数据。人机界面的画面如图 10-1 所示。

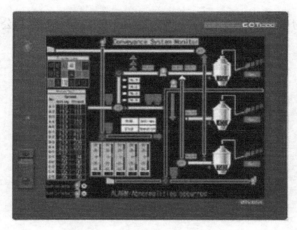

图 10-1　人机界面的画面

1. 人机界面的接线

　　人机界面的一般接线如图 10-2 所示。

　　多数触摸屏人机界面为 + 24V 供电，有两个通信口，其中一个是编程口，用于连接安装了编程软件的 PC，另一个用于连接其他设备（如 PLC）。通信口一般为 RS – 232 和 RS – 485。

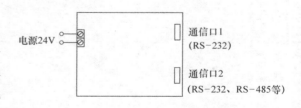

图 10-2　人机界面的一般接线

2. 人机界面的通信连接

　　在给人机界面编程的 PC 中，打开人机界面编程软件，首先选择该人机界面的类型、该人机界面对应的 PLC 类型、通信口、通信协议等，这一点是最重要的，初学者一定要先解决这一问题。

10.2　人机界面的使用方法

1. 人机界面显示数据

　　选择显示组件，点击该组件，选择该显示所对应 PLC 中的数据块、内存或输入/输出寄存器。一般人机界面中没有直接的小数功能，所以一般要在 PLC 内通过加减乘除计算出不带小数点的数，在人机界面上定义小数点的位置即可。例如：需要显示压力值，压力在 PLC 上的模拟输入量为 AIW0，假设压力最大值 1MPa 对应 PLC 上的值为 27648，那么对于任一压力输入 AIW0，要在人机界面上显示带两位小数点的 X．X X MPa，则在 PLC 上做如下计算：

$$(AIW0 \times 100) / 27648 = DB1.DBW0$$

为了防止数值计算的溢出，上述计算应在双字节运算或浮点运算中进行，先进行乘法是为了减少数值运算误差，这样在人机界面上直接显示 DB1.DBW0 并将小数点显示位数定为 2 位即可。例如 AIW0 是 13824，则 DB1.DBW0 等于 50，人机界面上显示 0.50MPa。人机界面显示的值即对应了实际的压力值。

2. 人机界面的设定数值

加入一个数值输入组件（如数值框或拨码开关），点击该组件，选择要设定的数据块或内存。通过人机界面进行参数的设定，同显示数据的方法相反。假设生产过程的压力要进行恒压控制，设定压力为 0.40MPa 并存放在 DB1.DBW2 中，既 DB1.DBW2 = 40，对应 PLC 上的值放在 DB1.DBW4 中，则在 PLC 上做如下计算：

$$(DB1.DBW2 \times 27648) / 100 = DB1.DBW4$$

则 DB1.DBW4 即为 PLC 中对应 0.40MPa 的值。在 PLC 中进行压力判断的程序可按图 10-3 所示方式编写。

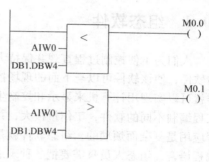

在图 10-3 中，M0.0 高说明实际压力小于设定压力，M0.1 高说明实际压力大于设定压力。根据 M0.0 和 M0.1 的状态，控制模拟输出（例如 AQW256）的增减，使对应变频器的速度增加或减小。

图 10-3　压力判断的程序

3. 人机界面的开关量显示

加入一个显示组件（如指示灯），点击该组件，选择要显示的开关量对应的 DB、内存 M 或输入/输出寄存区，并选择要显示数据的哪一位。例如在 PLC 中将数据输入块 IW16 先用 MOV 送入 DB1.DBW16，人机界面的开关量显示选择 DB1.DBW16，并选择要显示的位数例如第 7 位。在实际应用中要注意 PLC 的 DI 输入卡低 8 位和高 8 位的区别，一般在前面的是高 8 位，在后面的是低 8 位。在本例中，DB1.DBB16 是高 8 位，DB1.DBB17 是低 8 位。

4. 人机界面的开关量控制

选择开关量动作键，点击该组件，将 PLC 中的数据块或内存对应到该人机界面中的开关量动作键上，然后再定义该键压下（或抬起）时，置位该数据的哪一位或是复位哪一位。置位代表一种状态（高），复位代表另一种状态（低），过程同开关量显示有点类似。在 PLC 程序中，检测该状态位变化，并使开关量输出模块做出开或关的动作，这样即可实现对设备的开关。

5. 曲线图显示

加入一个曲线图组件，点击该组件，选择要显示的数据块或内存。在 PC 的人机界面编程软件中，直接选择相应的曲线显示组件并对应到相应的数据块（如 DB1.DBW16）或内存中即可。

6. 棒图的显示

加入一个棒图组件，点击该组件，选择要显示的数据块或内存。在 PC 的人机界面编程软件中，直接选择相应的棒图显示组件并对应到相应的数据块（如 DB4.DBW0）或内存中即可。

10.3　人机界面的外形及生产厂家

人机界面在自动化领域应用越来越多，在机床、自动化生产线、过程控制等领域大量存在。人机界面的外形如图10-4所示。

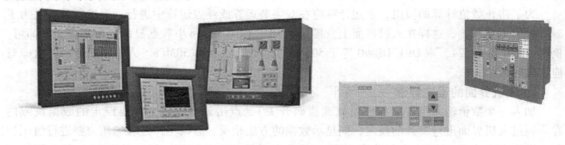

图10-4　人机界面的外形

10.4　组态软件

人们为了使控制过程直观并保持大量的历史数据，常常需要在计算机上用编程语言编制特定的软件，使该软件可以与下面的现场控制设备（如 PLC、专用控制设备、PID 等）进行通信，这样就可以实现用计算机来显示和控制生产过程并保存生产数据。但是这样的软件需要针对不同的工程编制不同的软件，工作量极大，并且要求编程人员对编程语言必须要熟练，这对于大量的工程应用是复杂而烦琐的。组态软件就是为解决这一问题而产生的，它不再需要编程人员懂计算机编程语言，组态人员只需要把各种现成的组件组合一下就可以完成非常复杂的数据显示、控制和数据处理。

随着计算机的普及与价格下降，为了提高控制过程的直观性及编程的快速性，目前在工控机上利用组态软件直接对工业控制过程进行显示、存储、控制并在网络上进行数据共享已变得非常流行，并且也十分简单。国内外可供选择的通用组态软件种类很多，由于组态软件是安装在计算机上，所以它的功能比人机界面中的软件功能要强大得多，小数的处理、量程范围的迁移、计算值的校正等都变得十分方便。

图 10-5 所示为组态软件的应用画面。

图 10-5　组态软件的应用画面

组态软件的选择要考虑与所使用的 PLC 等硬件要能兼容，否则，在通信连接时，可能会出现麻烦，尽量选择成熟且通用性好的组态软件。

组态软件的点数：组态软件的价格与被控自动化系统的总测控点数有关，订购组态软件时，为了给以后系统的扩展留有余地，一般留有一定的富余量，富余量过大，则当前的采购成本会增加。

1. 组态软件的一般使用方法

1）先在工控机上安装组态软件的开发版和运行版（或开发运行公用版），有时还需要安装驱动程序（如目前的组态王软件对西门子的 PLC 时）。

2）给 PC 安装通信板卡，如西门子的 MPI 通信卡 CP5611，使用厂家提供的专用电缆，连接通信卡和 PLC。

3）打开组态软件，新建一个工程项目。

4）选择 PC 同下面通信所用板卡的类型（或通信口、通信格式）及下面连接的 PLC（或其他控制器）类型。这一步至关重要，初学者一定要高度重视这一步。

5）定义 PLC 上需要显示、控制、记录的内存、数据块、输入/输出（I/O）寄存区等作为数据标签。

6）添加显示数据的组件，点击该组件，并与上述的数据标签相对应。

7）添加设定参数用的数据输入组件，点击该组件，并与 PLC 中的数据块、内存相对应。

8）添加开关量显示组件，点击该组件，并与上述的数据标签相对应，并定义要显示的是第几位。

9）添加控制按键组件，点击该组件，并与上述的数据标签相对应，并定义是使第几位产生置位或复位动作。

10）添加棒图组件，点击该组件，并与上述的数据标签相对应。

11）添加趋势图组件，点击该组件，并与上述的数据标签相对应，并定义该数据更新和记录的频率及数据的总长度等。

12）运行该组态软件，则 PC 自动与下联的 PLC 建立起上述组态的数据显示、数据输入、开关显示、开关控制、数据趋势显示、存储等关系。

2. 常见的组态软件

常见组态软件：组态王、WinCC、Intouch、Fix 等。

第 11 章　现场总线的方案设计和配置

工业领域，目前通信总线的种类繁多，基本的结构和方式大同小异。下面，我们仅以西门子的几种总线结构为例进行讲解。

11.1　MPI 和 DP 总线的总体方案设计和通信配置

PG 电缆，用于把 CP5611 等通信卡连接到带"编程口的总线连接器"上，为标准电缆，如图 11-1a 所示。此电缆也可以用一段 DP 电缆和两个总线连接器自己制作，但成本要高一些，如图 11-1b 所示。

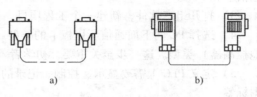

图 11-1　PG 电缆

接入 MPI 总线的设备，包括 PLC、PC、PG、RS－485 中继器、OP 人机界面和 PLC 上的部分 CP（Communication Processor）通信模块，占用 MPI 地址，有些 CP 模块占用 MPI 地址，有些 CP 模块不占用。在 STEP7 硬件组态时添加该 CP 模块后，可以点击打开后确认是有 MPI 地址项。RS－485 中继器也占用节点地址。

接入 DP 总线的设备，包括 PLC、PC、PG、RS－485 中继器、OP 人机界面和 PLC 上的部分 CP 模块，都占用 DP 地址，有些 CP 模块占用 DP 地址，如 CP342－5 等，有些 CP 模块不占用，如 CP340 等。在 STEP7 硬件组态时添加该 CP 模块后，可以点击打开后确认是有 DP 地址项。RS－485 中继器也占用节点地址。

两个终端电阻之间的总线称为一个网段。

11.2　一个网段上接入的设备数

一个网段上接入的设备，包含 PLC、PC、PG、中继器和 OP 人机界面，最多只允许 32 个，对于 DP 总线需要注意这一问题，DP 总线中默认的最高 DP 地址为 126 个，地址 0～125；对于 MPI 总线，默认的最高 MPI 地址为 32，如不"改变"，也可不考虑此问题。MPI 总线案例如图 11-2 所示。

图 11-2 中，OP277 为带薄膜键盘的 5.7in（1in = 0.0254m）液晶显示操作面板（Operator Panel），带 MPI/DP/PN 口，如果换成 TP277 则可以用触摸（Touch Panel）工作模式。编程设备 PG，MPI 地址为 0，PG 上插入一块 CP5611 卡，PG 通过 PG 电缆插入 S7－300（3）的带编程口的总线连接器，也可以插入 S7－300（1）～（5）中任何一个带编程口的总线连接器，还可以插入任意一个 RS－485 中继器 PG 口。S7－300（3）上的 CP342－5 通信卡占用 MPI 地址 7，RS－485 中继器（1）－（2）占用两个 MPI 地址，共占用 MPI 地址 13 个，没有超过 MPI 的最大允许地址 32 个。S7－300（5）、S7－300（1）、RS－485 中继器（1）和 RS－485 中继器（2）的总线连接器上只有 1 根总线，所以把总线连接器的终端电阻拨到"ON"，其余拨到"OFF"。

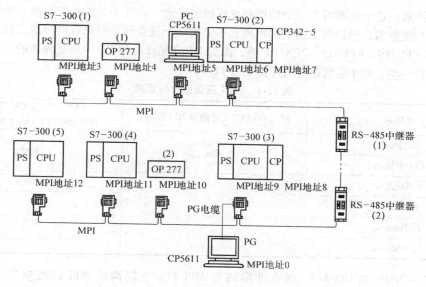

图 11-2 MPI 总线案例

11.3 RS-485 中继器占用地址

尤其要注意 RS-485 中继器的使用。RS-485 中继器两端是电气隔离的，不论它使用在 MPI 总线还是 DP 总线中，虽然在 STEP7 硬件组态（或叫硬件配置）时，并没有安排 MPI 或 DP 地址给 RS-485 中继器，但是它还是需要占用 MPI 或 DP 地址。

11.4 区段连接

DP 总线中，接入的设备多于 32 个时，要分成几个不大于 32 个设备的区段，区段之间用 RS-485 中继器进行连接。DP 点线如图 11-3 所示。

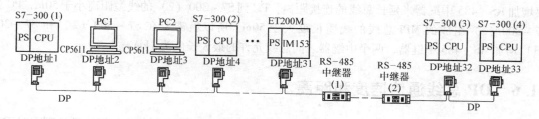

图 11-3 DP 总线

图 11-3 中，因为占用 DP 地址的设备有 33 个，超过了一个网段最大允许的 DP 地址数 32，所以需要增加 RS-485 中继器。把 DP 总线分为两个网段，使每个网段的设备总数不超过 32 个，增加的 RS-485 中继器也占用 DP 地址，所以图中共有 35 个 DP 设备。

11.5 MPI 通信速度和距离

在 MPI 标准通信速度下，对于一般 S7-300 系列的 CPU，一个网段允许的最长距离为 50m。

初学者应该注意：这个长度对于一个稍微有点规模的企业，这并不是很长的距离，并且此距离是总线的实际长度距离，包括拐上拐下的距离，不是指两个设备间空间位置的距离。对于有些 CPU 如 CPU317、CPU319、CPU315 –2PN/DP 等，因为 MPI 通信口与 CPU 内部是隔离的，一个网段允许的距离要长一些。MPI 通信速度与距离见表 11-1。

表 11-1　MPI 通信速度与距离

波特率	S7 – 300 CPU（非隔离 MPI 接口）	CPU 315 –2 PN/DP/CPU 317/CPU 319（隔离 MPI 接口）
19.2kbit/s	50m	1000m
187.5kbit/s		
1.5Mbit/s		200m
3.0Mbit/s		
6.0Mbit/s		100m
12.0Mbit/s		

四个 S7 – 300，如 CPU314，带有非隔离的 MPI 口，非隔离的 MPI 口组成的 MPI 总线如图 11-4 所示。

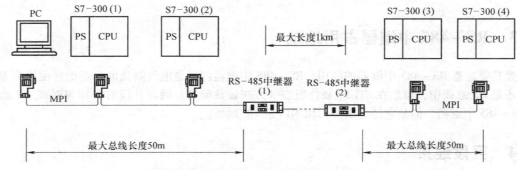

图 11-4　非隔离的 MPI 口组成的 MPI 总线

图 11-4 中，一个网段（两个终端电阻之间）的总线线缆最长距离为 50m，大于 50m 时，需要增加 RS – 485 中继器来延长总线的连接距离，PC 到 S7 – 300（2）的线缆距离小于 50m，PC 到 S7 – 300（3）组成的 MPI 总线的线缆长度大于 50m，所以就需要在 S7 – 300（2）和 S7 – 300（3）增加 RS – 485 中继器，两个中继器之间总线允许的最大长度为 1km。

11.6　DP 总线通信速度和距离

使用 DP 总线通信时，一个网段允许的最长线缆长度与通信速度有关，超过最长距离时需要使用 RS – 485 中继器来延长通信距离。初学者需要注意这些细节，否则整个 DP 总线的通信可能会出现问题。DP 总线通信速度与电缆长度见表 11-2。

表 11-2　DP 总线通信速度与电缆长度

通信速度	一个网段的最大总线电缆长度/m
9.6 ~187.5kbit/s	1000
500kbit/s	400
1.5Mbit/s	200
3 ~12Mbit/s	100

一台 PC 和两个 S7 – 300 带 DP 口的 CPU 如图 11-5 所示，两个终端电阻之间，PC 的总线连接器到 S7 – 300 （2）的总线连接器之间，允许的总线线缆最大长度与 DP 总线的通信速度有关，如果通信速度为 187.5kbit/s，则该长度为 1km，如果通信速度为 3Mbit/s，则该长度为 100m。

如果采用光纤模块（OLM）把 DP 总线的电气信号转换成光学信号，则两个光纤模块之间的通信距离可以达到 10~15km。

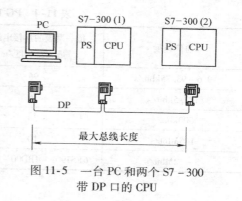

图 11-5　一台 PC 和两个 S7 – 300 带 DP 口的 CPU

11.7　MPI/DP 地址分配

编程设备（PG）默认的 MPI/DP 地址为 0，新购入的人机界面（OP）默认为 1，CPU 默认为 2，MPI/DP 地址分配见表 11-3。

表 11-3　MPI/DP 地址分配

节点（设备）	默认 MPI/PROFIBUS – DP 地址	默认最高 MPI 地址	默认最高 PROFIBUS – DP 地址
PG	0	32	126
OP	1	32	126
CPU	2	32	126

总线上的 MPI 地址或 DP 地址不能有重复，否则会导致通信失败。为了方便编程工程师将自带的编程设备接入总线进行调试和维修，建议 MPI 总线中的所有设备不要占用 MPI 地址 0、地址 1 和地址 2。这样做的目的不是因为不能占用，而是为了调试和维修方便，将 OP 或 TP 人机界面设备接入运行的 MPI 总线可能导致全局数据丢失。建议 DP 总线中为编程设备（PG）保留地址 0。

11.8　PG 电缆的总长度

将几台 PG 或 PC 通过"连接电缆"接入 DP 总线的 CPU 或 RS – 485 中继器上，如图 11-6 所示。图中 PG_1 和 PG_2 接入总线采用的是单根电缆连接方式，这就是"连接电缆"。

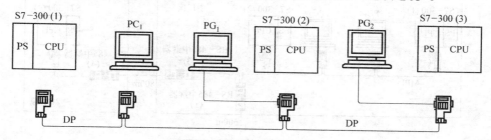

图 11-6　PG 或 PC 接入 DP 总线

前面讲的 PG 电缆也是这种"连接电缆"，如果采用 PROFIBUS 总线电缆自制"连接电缆"，需要注意这些"连接电缆"的长度要求。请使用标准的连接电缆 6ES7901 – 4BD00 – 0XA0。在 DP 总线的一个网段中，这些"连接电缆"加起来的最大总长度、每段的长度和总数量的要求，见表 11-4。

表 11-4　PG 电缆的长度和总数量的要求

通信速度	每一网段的连接电缆的最大总长度/m	连接电缆允许的长度和数量	
		1.5m 或 1.6m	3m
9.6 ~ 93.75kbit/s	96	32	32
187.5kbit/s	75	32	25
500kbit/s	30	20	10
1.5Mbit/s	10	6	3
3 ~ 12Mbit/s	6ES7901 - 4BD00 - 0XA0	6ES7901 - 4BD00 - 0XA0	6ES7901 - 4BD00 - 0XA0

11.9　MPI 总线和 DP 总线混合使用

MPI 总线和 DP 总线混合使用的情况，例如，1 台 CPU314C - 2DP 作为 DP 主站控制两台分布式 I/O 站 ET200M，同时 CPU314C - 2DP 的 MPI 口又与两台 CPU312、1 个 OP277 人机界面和 1 台 PC 组成 MPI 总线。MPI 总线和 DP 总线混合使用如图 11-7 所示。

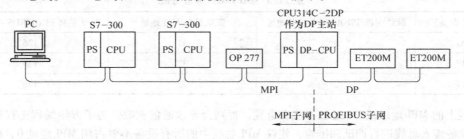

图 11-7　MPI 总线和 DP 总线混合使用

11.10　MPI 和 DP 总线的分叉问题

注意避免 MPI 和 DP 总线的分叉问题。在一个企业的各车间很分散，且有些车间分布主车间相反的方向上，这时需要注意总线的布局。通信出现的问题如图 11-8 所示。

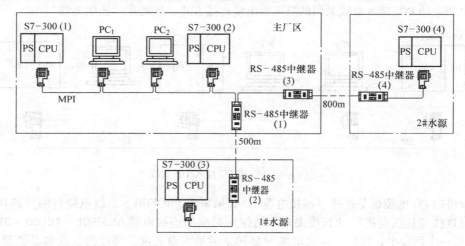

图 11-8　通信出现的问题

图 11-8 中，一个水源车间在主厂区的南面，一个水源在主厂区的东面，这种设计方法，"主厂区"和"2#水源"车间不会出现问题，但是会在"1#水源"车间出现问题，通信经常掉线，没有"1#水源"车间的数据。主要原因是：RS-485 中继器（1）是在 MPI 总线网的中间，且分叉太长，就像是一条太长的"连接电缆"而导致通信出现问题。

解决方法有两种，依据主厂区中 S7-300（1）和 S7-300（2）的距离而定，解决方法 1 如图11-9 所示。

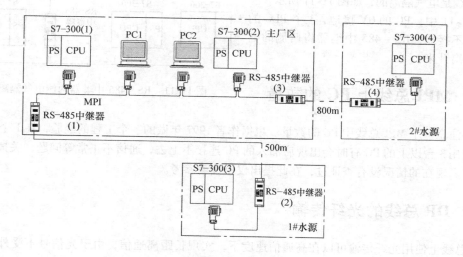

图 11-9　解决方法 1

把出现分叉的 RS-485 中继器（1）放到 MPI 网的一端去，就可以避免通信问题。解决方法 2 如图 11-10 所示。

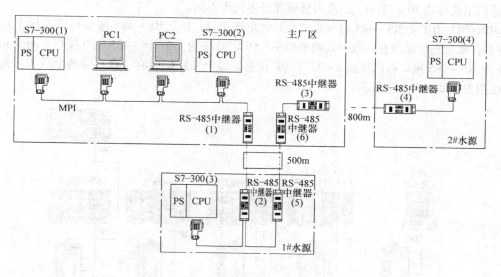

图 11-10　解决方法 2

"主厂区"与"1#水源"车间的通信线用"两对分别屏蔽的双绞线"电缆即可，增加两个 RS-485 中继器，费用增加了一些。

11. 11　MPI 和 DP 总线中继器后的电气隔离

如果 MPI/DP 总线的一个或几个设备 0V
接地，而另一些要求 0V 不接地，则需要用 RS -
485 中继器把它们隔离开，因为 RS - 485 中继器
两侧的总线是电气隔离的，如图 11-11 所示。

图 11-11 中，PC 的 0V 接地，3 个 PLC 的
总线要求不接地，RS - 485 中继器将两侧的电
气连接隔离开来。

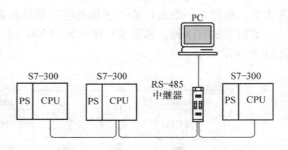

11. 12　MPI 总线上 PC 的数量

图 11-11　RS - 485 中继器两侧电气隔离

需要注意一个 MPI 总线中 PC 的数量。根据作者 1997 年做的一个工程的经验，在 1 个 MPI 总
线网中使用 3 台以上的 PC 有时会出现后加入的 PC 连接不上去，通信不正常等问题，关掉 1 台就
又正常了。现在的情况没有查证过，在此提出仅供读者参考。

11. 13　DP 总线的光纤传输

DP 总线上使用光纤传输可以在高通信速度下，实现长距离通信，由于光信号不受外界的电
磁干扰，可以提高总线的抗干扰能力。在每个 DP 设备或一个 DP 网段的一端增加一个光纤模块
（Optical Link Module，OLM），OLM 将设备的 DP 电信号转换为光信号，使用光缆传输信号。OLM
之间的电信号是电气隔离的，OLM 供电电压为 24V。OLM 自动识别 DP 总线的通信速度，从
9. 6kbit/s 到 12Mbit/s，通过光纤模块，通信距离总长度可以大大提高，使用玻璃光纤，OLM 之
间的通信距离可达 10 ~ 15km，距离因玻璃光纤不同而不同。

OLM/G11 为 1 个 RS - 485 电气接口、1 个光纤接口，1 个 RS - 485 接口可以连接 1 ~ 32 个
DP 设备，每个光纤接口有一收一发两个插头。OLM/G12 为 1 个 RS - 485 电气接口、两个光纤接
口，1 个 RS - 485 接口可以连接 1 ~ 32 个 DP 设备，每个光纤接口有一收一发两个插头。光纤模
块的使用方法如图 11-12 所示。

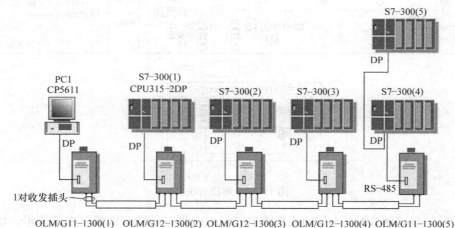

图 11-12　光纤模块的使用方法

图 11-12 中，OLM/G11 – 1300（5）的 RS – 485 电气接口连接到一个 DP 网段上，其他 OLM 只连接 1 个 DP 设备。实际应用中，如果距离能满足要求，最好是使用塑料光纤或 PCF 光纤，选用 OLM/P11 和 OLM/P12，这样会更经济，施工也更方便。

根据距离和经济性选用不同的 OLM。OLM 的性能如表 11-5。

表 11-5　OLM 的性能

OLM 类型 ＼ 光纤类型	塑料光纤 980/1000μm	PCF 光纤 200/230μm	玻璃光纤 50/125μm	玻璃光纤 62.5/125μm	玻璃光纤 10/125μm
OLM P11/P12	80m	400m	—	—	
OLM G11/G12	—	—	3000m	3000m	
OLM G11/G12 – 1300			10km	10km	15km

塑料光纤订货号为 6XV1 821 – 0AH10，PCF 光纤为 6XV1 861 – 2A，玻璃光纤为 6XV1 873 – 2A（50/125μm）、6XV1 820 – 5AH10（62.5/125μm）。

使用不同的光纤，需要使用对应的 BFOC 接头。使用塑料光纤（POF）时，P11/P12 对应 BFOC 接头为 6GK1905 – 1PA00；使用石英玻璃光纤（PCF）时，P11/P12 对应 BFOC 接头为 6GK1900 – 0HB00 – 0AC0。塑料光纤和 PCF 光纤由于芯径较粗，其 BFOC 接头现场施工相对容易；使用玻璃纤维光纤时，G11/G12 对应 BFOC 接头为 6GK1901 – 0DA20 – 0AA0，玻璃纤维光纤由于芯径非常细，BFOC 接头现场施工麻烦，需要专业人员完成。

BFOC 接头（6GK1905 – 1PA00）的形状如图 11-13 所示。

图 11-13　BFOC 接头的形状

全部使用带两个光纤接口的 OLM 可以组成光纤环网，方法是将第 1 个和最后一个 OLM 的一个收发口连接起来。光纤环网如图 11-14 所示。OLM/P12 – 1300（1）和 OLM/P12 – 1300（5）的收发口连接起来，环网一处断裂不影响整个 DP 总线的正常运行。使用环网结构时，选择最高 PROFIBUS 地址时一定要大于设备数，同时还需要在"属性 – PROFIBUS"画面的"选项 Options"中，选择 OLM 的数量和距离，以及选择"光纤端口监控"模式。

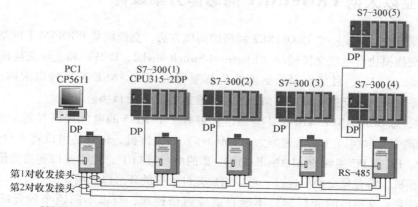

图 11-14　光纤环网

光纤接头的连接需要使用专用的工具，有剥线工具、打磨工具、接头压接工具、切割器、断线器、显微镜、清洁器等，详细内容请查阅西门子的有关资料。

如果光纤长度可以确定，也可以采用直接按长度订购做好的光纤，委托专业公司加工。

11.14　一种廉价的双机热备方案

为了监控现场的多个 PLC 站，需要一台以上的上位机进行监控，当采用多个上位机时，为了保证数据的一致性，过去常用的方法是将现场来的数据先送入一个运行服务器版的组态软件中，然后其他的 PC 再从服务器上存取数据进行显示和控制，这可以保证各个 PC 组态软件运行数据的一致性。这种结构的组态监控系统可以实现几个上位机的互相热备，但是如果服务器出现问题，各个 PC 也就无法正常和互相热备工作了。

下面给出一个利用单机版组态软件实现的低成本热备方案，它可以避免服务器出现问题，且可以实现互相热备。用单机版组态软件实现低成本多机热备如图 11-15 所示。

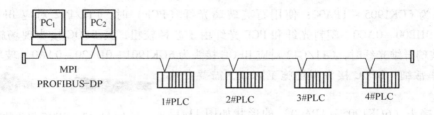

图 11-15　用单机版组态软件实现低成本多机热备

PC_1 和 PC_2 为两个单用户版的组态软件（WinCC 或组态王）运行计算机，PC_1 和 PC_2 中运行的组态软件一模一样，这样构成的系统，PC_1 和 PC_2 之间就可以实现互为热备了，因为无论哪台 PC 出现故障，都还有一台在工作，不会影响系统的监控。但是这种方案也有一个缺点：如果一台 PC 因故障停机，则该机在停机期间的过程数据将无法获得，就只能从另一台 PC 上查了。

11.15　工业以太网 PROFINET 的总体方案设计

在前面的章节中，讲了一些 PROFINET 网络的构成方法，交换机是 PROFINET 网络的常用设备，旧型号的交换模块有电气交换模块（Electrical Switch Modul，ESM）和光学交换模块（Optical Switch Module，OSM），目前使用的更多的是新型号的 SCALANCE X 系列以太网交换模块。SCALANCE X 系列的部分交换机端口类型、数量和通信速度见表 11-6。

表 11-6 中，以 SCALANCE X104 – 2 为例，它带有 4 个 RJ45 的电气接口（通信速率为 10/100Mbit/s）和两个光学接口（通信速率为 100Mbit/s）的交换机，也就是可以将 4 台带 RJ45 接口的 CPU、OP、PG 或 PC 接到 SCALANCE X104 – 2 的电气接口上，光学接口连接光缆。带两个光学接口的交换机，将首尾交换机连接，可以组成光纤连接的环形以太网。

需要注意的是：交换机的光纤端口不能自适应通信速率，所以不同速率的光纤端口不能互联。

当采用 RJ45 接口接入 PROFINET 工业以太网时，网线采用工业屏蔽双绞线（Industrial Twisted Pair，ITP）或屏蔽双绞线（Twisted Pair，TP）。

表 11-6 **SCALANCE X** 系列的部分交换机端口类型、数量和通信速度

端口类型及数量 / 设备名称	快速以太网				
	10/100Mbit/s		100Mbit/s		
	TP		玻璃光纤		POF/PCF
			多模	单模	
	RJ45	M12	BFOC	BFOC	SC RJ
SCALANCE X005	5				
SCALANCE X101 – 1	1		1		
SCALANCE X101 – 1 LD	1			1	
SCALANCE X101 – 1 POF	1				1
SCALANCE X108	8				
SCALANCE X116	16				
SCALANCE X124	24				
SCALANCE X104 – 2	4		2		
SCALANCE X106 – 1	6		1		
SCALANCE X112 – 2	12		2		
SCALANCE X208	8				
SCALANCE X208PRO		8			
SCALANCE X206 – 1	6		1		
SCALANCE X206 – 1 LD	6			1	
SCALANCE X212 – 2	12		2		
SCALANCE X212 – 2LD	12			2	
SCALANCE X216	16				
SCALANCE X224	24				
SCALANCE X204 IRT	4				
SCALANCE X201 – 3P IRT	1				3
SCALANCE X200 – 4P IRT	0				4
SCALANCE X202 – 2 IRT			2		
SCALANCE X202 – 2P IRT					2

使用光缆 FOC（Fiber – Optic Cable）进行通信时，自身带 FO（Fiber – Optic）光纤接口的 CPU 和 I/O 设备，可以直接接入光纤网络，也可以利用带有光纤接口的 SCALANCE X 交换机将 CPU 或 I/O 设备的电气信号与光学信号互相转换来连接到光纤网络上。

PROFINET 的电气和光学传输介质、通信速度和最大允许长度见表 11-7。

表 11-7　PROFINET 的电气和光学传输介质、通信速度和最大允许长度

物理属性	连接方法	电缆类型/传输介质标准	传输速率/模式	网段最大长度	优势
电气	RJ45 电缆连接器 ISO 60603－7	100Base－TX 2×2 双绞对称屏蔽铜质电缆，满足 CAT5 传输要求 IEEE 802.3	100Mbit/s/全双工	100m 根据电缆类型，可能更短	简单经济的电源连接
光学	SCRJ45 ISO/IEC 61754－24	100Base－FX POF 光纤电缆（塑料光纤）980/1000μm（纤芯直径/外径）ISO/IEC 60793－2	100Mbit/s/全双工	50m	电位存在较大差异时使用；对电磁辐射不敏感线路衰减低
		覆膜玻璃纤维（聚合体覆层纤维，PCF）200/230μm（纤芯直径/外径）ISO/IEC 60793－2	100Mbit/s/全双工	100m	
	BFOC（Bayonet 光纤连接器）及 SC（用户 Connector）ISO/IEC60874	单模玻璃纤维光纤电缆 10/125μm（纤芯直径/外径）ISO/IEC 60793－2	100Mbit/s/全双工	26km	
		单模玻璃纤维光纤电缆 50/125μm 及 62.5/125μm（纤芯直径/外径）ISO/IEC 9314－4	100Mbit/s/全双工	3000m	

　　4 台 PLC、1 台 PC 和 1 台交换机 SCALANCE X108 构成的电气连接的星形网络如图 11-16 所示。

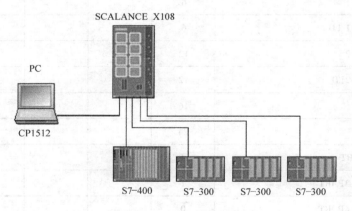

图 11-16　星形网络

　　两台 PLC、1 台 PC、1 台 MP370、3 台交换机机 SCALANCE X208 构成的电气连接的总线型工业以太网如图 11-17 所示。IE/PB 连接器用于将以太网和 PROFIBUS 总线连接起来。
　　利用带一个光接口的交换机 SCALANCE X206－1 和带多个光接口的交换机 SCALANCE X400 组成的光纤连接的星形结构以太网如图 11-18 所示。
　　利用交换机 SCALANCE X204－2 的两个光接口组成的光纤环网如图 11-19 所示。
　　利用 MPL/DP 接口调试 PN：I/O 设备的连接如图 11-20 所示。

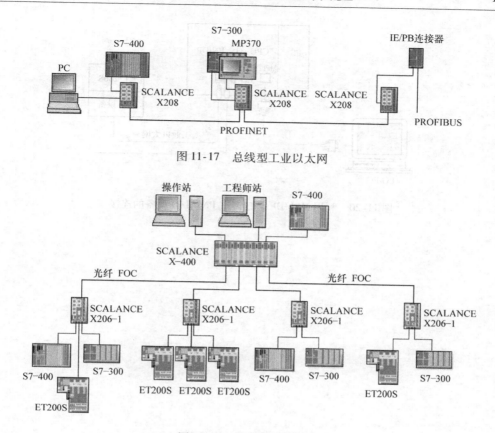

图 11-17 总线型工业以太网

图 11-18 星形结构以太网

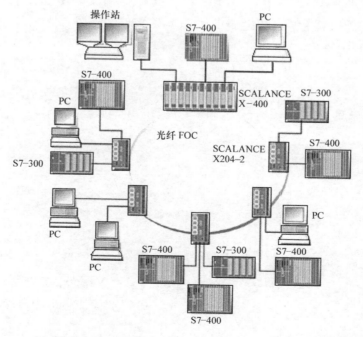

图 11-19 利用交换机 SCALANCE X204-2 的两个光接口组成的光纤环网

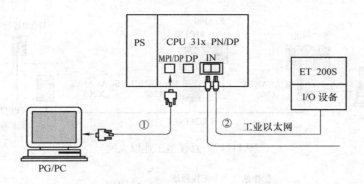

图 11-20　利用 MPI/DP 接口调试 PN：I/O 设备的连接

第 12 章 常用电气控制电路

12.1 控制柜内电路的一般排列和标注规律

为便于检查三相动力线布置的对错，三相电源 L_1、L_2、L_3 在柜内按上中下、左中右或后中前的规律布置。L_1、L_2、L_3 三相对应的色标分别为黄、绿、红，在制作电气控制柜时要尽量按规范布线。

二次控制电路的线号，一般的标注规律是：用电装置（如交流接触器）的右端接双数排序，左端接单数排序。二次控制电路的线号编排如图 12-1 所示。

动力线与弱电信号线要尽量远离，如传感器、PLC、DCS 集散控制系统、PID 控制器等设备的信号线，如果不能做到远离，要尽量垂直交叉。弱电线缆最好单独放入一个金属桥架内，所有弱电信号的接地端都在同一点接地，且与强电的接地分离。

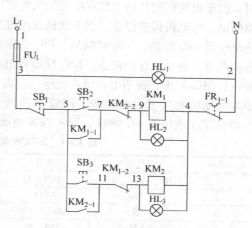

图 12-1 二次控制电路的线号编排

12.2 电动机起停控制电路

该电路可以实现对电动机的起停控制，并对电动机的过载和短路故障进行保护，电动机起停控制电路如图 12-2 所示。

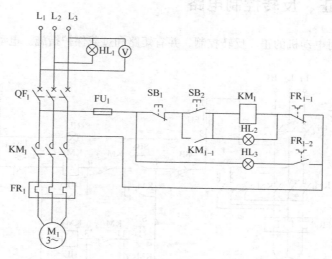

图 12-2 电动机起停控制电路

在图 12-2 中，L_1、L_2、L_3 是三相电源，信号灯 HL_1 用于指示 L_2 和 L_3 两相电源的有无，电

压表 V 指示 L₁ 和 L₃ 相之间的线电压，熔断器 FU₁ 用于保护控制电路（二次电路）避免电路短路时发生火灾或损失扩大。合上断路器 QF₁，二次电路得电，按下起动按钮（绿色）SB₂，交流接触器 KM₁ 的线圈通电，交流接触器的主触点 KM₁ 的辅助触头 KM₁₋₁ 闭合，电动机 M₁ 通电运转。由于 KM₁₋₁ 触头已闭合，即使起动按钮 SB₂ 抬起，KM₁ 的线圈也将一直有电。KM₁₋₁ 的作用是自锁功能，即使 SB₂ 抬起也不会导致电动机的停止，电动机起动运行。按下停止按钮 SB₁，KM₁ 的线圈断电，KM₁₋₁ 和 KM₁ 触头放开，电动机停止，由于 KM₁₋₁ 已经断开，即使停止按钮 SB₁ 抬起，KM₁ 的线圈也仍将处于断电状态，电动机 M₁ 正常停止。当电动机内部或主电路发生短路故障时，由于出现瞬间几倍于额定电流的大电流而使断路器 QF₁ 迅速跳闸，使电动机主电路和二次电路断电，电动机保护停止。当电动机发生过载时，电动机电流超出正常额定电流一定的百分比，热继电器 FR₁ 发热，一定时间后，FR₁ 的常闭触头 FR₁₋₁ 断开，KM₁ 线圈断电，KM₁₋₁ 和 KM₁ 主触头断开，电动机保护停止。KM₁ 线圈得电时，HL₂ 指示灯亮说明电动机正在运行，KM₁ 的线圈断电后 HL₂ 灯灭，说明电动机停止运行。当 FR₁ 发生过载动作，常开触头 FR₁₋₂ 闭合，HL₃ 灯亮说明电动机发生了过载故障。假设上述的三相交流电动机 M₁ 的功率为 3.7kW，额定电流为7.9A，工作电压为 AC 380V，则 3.7kW 电动机起停控制电路元件清单见表 12-1。

表 12-1　3.7kW 电动机起停控制电路元件清单

序号	电气符号	型号	数量	生产厂家	备注
1	HL₁、HL₂、HL₃	AD17－22	3	上海天逸	绿红黄 AC 380V
2	FU₁	RT14	1	浙江人民	2A
3	QF₁	DZ47－D10	1	浙江人民	电动机保护型
4	KM₁	CJ20－10	1	浙江人民	380V 线圈
5	FR₁	JR36－20	1	浙江人民	6.8～11A
6	SB₁、SB₂	LA42	2	上海天逸	一常开一常闭
7	V	6L2	1	浙江人民	AC 500V
8	一次线	BV	10	保定海燕	1mm²
9	二次线	RV	25	保定海燕	1mm²

12.3　电动机正、反转控制电路

该电路能实现对电动机的正、反转控制，并有短路和过载保护措施。电动机正、反转控制电路如图 12-3 所示。

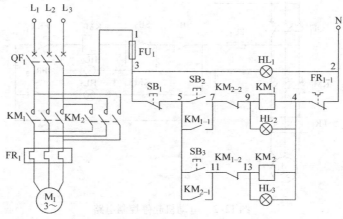

图 12-3　电动机正、反转控制电路

在图 12-3 中，接触器 KM_2 线圈吸合后，因为将 L_1 和 L_3 两相电源线进行了对调，实现了电动机的反转运行。信号灯 HL_1 指示电源线 L_3 与零线 N 之间的相电压。按下正转起动按钮 SB_2，交流接触器 KM_1 线圈得电吸合，主触头 KM_1 和常开辅助触头 KM_{1-1} 闭合，电动机 M_1 正向运转。KM_1 的常闭辅助触头 KM_{1-2} 断开，此时即使按下反转起动按钮 SB_3，由于 KM_{1-2} 的隔离作用，交流接触器 KM_2 的线圈也不会吸合，KM_{1-2} 起安全互锁作用。电动机正向起动后，反向控制交流接触器 KM_2 触头不会吸合，避免了由于 KM_1 和 KM_2 的触头同时吸合而出现电源线 L_1 和 L_3 直接短路的现象。按下停止按钮 SB_1，交流接触器 KM_1 断电，主触头 KM_1 和辅助触头 KM_{1-1} 断开，KM_{1-2} 闭合，电动机 M_1 停止运行。按下反向起动按钮 SB_3，交流接触器 KM_2 的触头吸合，主触头 KM_2 和辅助触头 KM_{2-1} 闭合，由于 KM_2 将电源线 L_1 和 L_3 进行了对调，电动机 M_1 反向运转，KM_2 的常闭辅助触头 KM_{2-2} 断开，KM_1 的线圈电路断开，此时即使正向起动按钮 SB_2 按下，KM_1 也不会吸合，KM_{2-2} 起安全互锁作用。当电动机或主电路发生短路故障时，几倍于电动机额定电流的瞬间大电流使断路器 QF_1 立即跳闸断电。当电动机发生过载故障时，热继电器 FR_1 的常闭触头断开，使 KM_1 或 KM_2 断电，从而使电动机停止。图 12-3 中 1、2、3、4、5、7、9、11、13 为电路连接标记，称为线号，同一线号的电线连接在一起。线号的一般标注规律是：用电装置（如交流接触器线圈）的右端按双数排序，左端按单数排序。假设上述的电动机功率为 15kW，则 15kW 电动机正、反转控制电路元件清单见表 12-2。

表 12-2　15kW 电动机正、反转控制电路元件清单

序号	电气符号	型号	数量	生产厂家	备注
1	HL_1、HL_2、HL_3	AD17－22	3	江阴长江	AC 220V 供电
2	FU_1	RT14	1	浙江德力西	3A
3	QF_1	DZ47－D40	1	浙江德力西	电动机保护型
4	KM_1、KM_2	CJ20－40	2	浙江德力西	AC 220V 线圈电压
5	FR_1	JR36－63	1	浙江德力西	28～45A
6	SB_1、SB_2、SB_3	K22	3	江阴长江	两常开一常闭
7	一次线	BV	15	609 厂	$6mm^2$
8	二次线	RV	30	609 厂	$1mm^2$

12.4　电动机自耦减压起动控制电路

在有些场合，如果供电系统中的电力变压器容量裕度不大，或是要起动的电动机的功率在该电源系统中所占比重较大，一般要求电动机的起动要有减压起动措施，避免因电动机直接起动时电流太大造成电网跳闸，减压起动的目的就是为了减少电动机的起动电流。一般在电动机设备独立供电或用电设备较少的情况下，18kW 以上的三相交流电动机就需要减压起动；如果大量电气设备工作在同一电网中时，280kW 的三相交流电动机可能不需要减压起动。

常见的 75kW 以下三相交流电动机的自耦减压起动控制电路如图 12-4 所示。

在图 12-4 中，SA 为电源控制开关，按下起动按钮 SB_2，KM_2、KM_{2-1}、KM_3 触头吸合，接触器 KM_2 触头吸合给自耦减压变压器通电，随后接触器 KM_3 触头吸合，自耦减压变压器 65%（或 85%）的电压输出端接到电动机 M_1 上，电动机在低电压下开始起动运行，KM_{3-1} 触头吸合后延时继电器 KT_1 开始计时，延时一定时间后，KT_{1-1} 触头吸合，中间继电器 KA_1 的线圈得电，KA_{1-2} 触头闭合，KA_1 自保持，KA_{1-1} 断开，KM_2 和 KM_3 线圈断电断开，KM_{3-1} 断开，KT_1 断电断开，KA_{1-3} 触头闭合，KM_{3-2} 闭合，KM_1 吸合，交流电动机 M_1 全压运行，至此电动机进入正常运

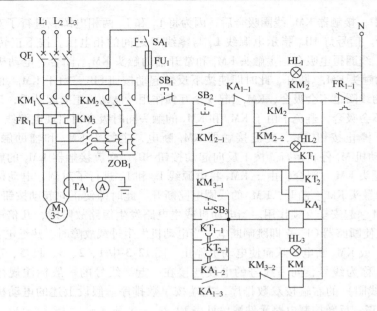

图 12-4　常见的 75kW 以下三相交流电动机的自耦减压起动控制电路

行状态。在图 12-4 中，电流表 A 通过电流互感器 TA_1 随时检测电动机上 L_3 相的电流值，在减压起动过程中，如果发现起动电流已接近额定电流时，也可由人工按下全压切换按钮 SB_3，提前是把电动机切换到全压运行。延时继电器 KT_1 和 KT_2 的时间设定，以电动机从起动开始到起动电流接近额定电动机的时间为基础，一般不会超过 30s。KT_2 的作用是在 KT_1 出现故障时仍能断开 KM_2 和 KM_3 线圈，切换到 KM_1 运行，一般情况下，KT_2 可以不要。HL_1 为电源指示，HL_2 为减压起动指示，HL_3 为正常运行指示。以 45kW 三相交流电动机为例，45kW 电动机自耦减压起动控制电路元件清单见表 12-3。

表 12-3　45kW 电动机自耦减压起动控制电路元件清单

序号	电气符号	型号	数量	生产厂家	备注
1	HL_1、HL_2、HL_3	AD17 – 22	3	江阴长江	AC 220V
2	FU_1	RT14	1	浙江正泰	3A
3	QF_1	DZ20Y – 200	1	浙江正泰	125A
4	KM_1、KM_2、KM_3	CJ20 – 100	3	浙江正泰	AC 220V 线圈电压
5	FR_1	JR36 – 160	1	浙江正泰	75 ~ 120A
6	SB_1、SB_2、SB_3	K22	3	江阴长江	一常开一常闭
7	TA_1	LMZ1 – 0.5	1	浙江正泰	100/5
8	A	42L6	1	浙江正泰	5/100
9	KT_1、KT_2	JS7 – 2A	2	浙江正泰	1 ~ 60s
10	ZOB_1	QZB – 45kW	1	浙江正泰	45kW
11	一次线	BV	20	天津津成	$25mm^2$
12	二次线	RV	60	天津津成	$1mm^2$

当电动机额定功率大于 75W 小于 300kW 时，其自耦减压起动电路如图 12-5 所示。

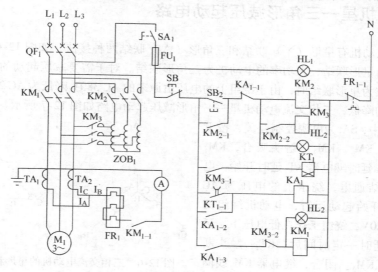

图 12-5　电动机自耦减压起动电路

图 12-5 的原理与图 12-4 差不多，需要提醒的是当电动机电流大于 160A 时已经没有这么大的热继电器，这时要利用电流互感器 TA_1、TA_2 和 $0 \sim 5A$ 小功率的热继电器 FR_1 组成电动机过载保护电路。电动机 M_1 的三相电流 I_U、I_V 和 I_W 相量之和为零，即 $I_A + I_B + I_C = 0$，得 $I_B = -(I_A + I_C)$，所以图 12-5 中两个电流互感器的电流之和等于中间相的电流。让该电流三次流过热继电器 FR_1 的主端子，产生与三相电流全接入时同样的发热效果，减压起动时 KM_{1-1} 不吸合，热继电器内不通过起动电流，正常运行后触头 KM_{1-1} 吸合，热继电器投入运行，电流表 A 指示中间相的电流值。注意电流互感器要和电流表配对使用，如电流互感器为 100/5 的，那么电流表就应选择 5/100 的，使电流表直接显示电动机的实际电流值。以 132kW 电动机为例，132kW 电动机自耦减压起动控制电路元件清单见表 12-4。

表 12-4　132kW 电动机自耦减压起动控制电路元件清单

序号	电气符号	型号	数量	生产厂家	备注
1	HL_1、HL_2、HL_3	AD17 – 22	3	上海天逸	AC 220V
2	FU_1	RT14	1	浙江长城	3A
3	QF_1	DZ20Y – 400	1	浙江长城	315A
4	KM_1、KM_2、KM_3	CJ20 – 250	2	浙江长城	AC 220V 线圈电压
5	FR_1	JR36 – 20	1	浙江长城	11. 2 ~ 5. 0A
6	SB_1、SB_2	LA42	2	上海天逸	一常开一常闭
7	TA_1、TA_2	LMZ1 – 0. 5	2	浙江长城	300/5
8	A	42L6	1	浙江长城	5/300
9	KT_1	JS7 – 2A	1	浙江长城	1 ~ 60s
10	ZOB_1	QZB – 135kW	1	浙江长城	135kW
11	一次线	铜排	20	天津津成	$25 \times 3mm^2$
12	二次线	RV	60	天津津成	$1mm^2$

12.5　电动机星—三角形减压起动电路

三相交流电动机有星形（丫）联结和三角形（△）联结两种接法，如图 12-6 所示。一般小功率的电动机为星形联结，大功率的电动机为三角形联结。对于需要减压起动的大功率电动机，把三角形联结改为星形联结时，由于绕组上的电压由原来的 AC 380V 降低为 AC 220V，所以起动电流将有较大的降低，三相交流电动机星—三角形减压起动电路如图 12-7 所示。

在图 12-7 中，SA_1 为电源控制开关，按下起动按钮 SB_2，KM_3、KM_{3-1} 触头吸合，KM_1 吸合并自保持，延时继电器 KT_1 延时开始，电动机为星形联结通电，绕组上的电压为 AC 220V，电动机开始起动运行，电动机绕组的线电压为 AC 220V，绕组工作在低电压下，延时继电器 KT_1 延时一定时间后，KT_{1-1} 触头断开，KM_3 断电，KM_{3-2} 闭合，继电器 KM_2 线圈通电，交流电动机变为三角形联结，绕组电

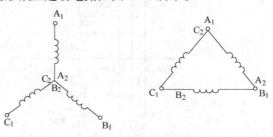

图 12-6　三相交流电动机的星形和三角形联结

压工作在 AC 380V，KM_2 自保持，KM_{2-1} 断开，KM_{2-2} 断开，KT_1 断电断开，至此电动机进入正常运行状态。在图 12-7 中，过载时 FR_1 断开，KM_1 和 KM_2 断电，电动机断电。电流表 A 通过电流互感器 TA_1 检测电动机 L_3 相的电流，HL_1 为电源指示，HL_2 为减压起动指示，HL_3 为正常运行指示。以电动机功率等于 75kW 为例，75kW 电动机星—三角形减压起动电路元件清单见表 12-5。

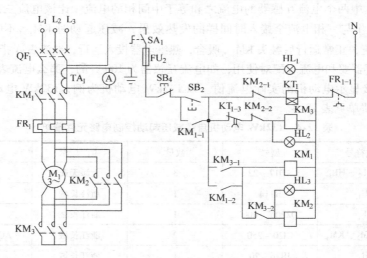

图 12-7　三相交流电动机星—三角形减压起动电路

表 12-5　75kW 电动机星—三角形减压起动电路元件清单

序号	电气符号	型号	数量	生产厂家	备注
1	HL_1、HL_2、HL_3	AD17 – 22	3	江阴长江	AC 220V
2	FU_1	RT14	1	天水 213	3A
3	QF_1	DZ20Y – 200	1	天水 213	200A
4	KM_1、KM_2、KM_3	CJ20 – 160	3	天水 213	AC 220V 线圈电压

（续）

序号	电气符号	型号	数量	生产厂家	备注
5	FR_1	JR36 – 160	1	天水 213	100 ~ 160A
6	SB_1、SB_2	K22	2	江阴长江	一常开一常闭
7	TA_1	LMZ1 – 0.5	1	天水 213	150/5
8	A	42L6	1	天水 213	5/150
9	KT_1	JS7 – 2A	1	天水 213	1 ~ 60s
10	一次线	BV	20	河北新乐	50mm²
11	二次线	RV	60	河北新乐	1mm²

12.6　水箱和压力容器自动上水电路

水箱水位低于某一位置时，水泵电动机起动向水箱送水；水箱水位高于某一水位时，电动机停机。水箱自动上水电路如图 12-8 所示。

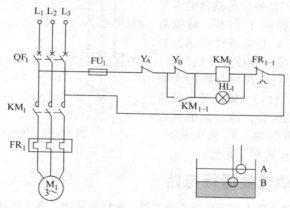

图 12-8　水箱自动上水电路

在图 12-8 中，三相电源用 L_1、L_2、L_3 来表示，Y_A 是高液位传感器（例如 UQK 型）的常闭触头，Y_B 是低液位传感器的常闭触头。当水箱液位低于最低液位时，Y_A 和 Y_B 都闭合，KM_1 吸合，电动机起动，水泵向水箱送水，KM_{1-1} 吸合；当水箱液位高于最低液位时，Y_B 触头断开，由于 KM_{1-1} 的自保持作用，KM_1 依然吸合，电动机继续运转；当液位高于最高液位时，Y_A 触头断开，KM_1 断电断开，Y_B 和 KM_{1-1} 都断开。随着水箱向外供水，液位下降，当低于最低水位时，又重复上述过程。

上述电路稍加变动即可用于储气压力容器的压力控制，例如要求压力容器的压力低于某一压力值 B 时，电动机带动气压机运转给压力容器充气，压力容器压力高于某一压力值 A 时，电动机停止。压力容器自动上水电路如图 12-9 所示。

在图 12-9 中，L_1、L_2、L_3 代表三相电

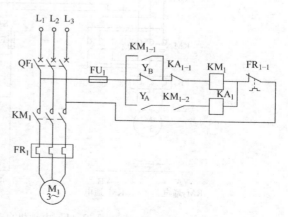

图 12-9　压力容器自动上水电路

源，Y_A 和 Y_B 是电接点压力表（例如 YX – 150 型）的触头。Y_B 是低压触头，压力低于低压设定值时，触点吸合；高于低压设定值时，触点断开。Y_A 是高压触头，压力高于高压设定值时，触头吸合；低于高压设定值时，触头断开。低压动作值和高压动作值在电接点压力表上设定。合上断路器 QF_1，如果压力容器内的压力低于最低压力值，常闭触头 Y_B 闭合，交流接触器 KM_1 线圈通电，空压机的电动机 M_1 运行，KM_{1-1}、KM_{1-2} 触头吸合；当压力高于低压设定值时，Y_B 触头打开，由于 KM_{1-1} 的自保作用，KM_1 继续吸合；当压力高于高压设定值时，Y_A 触头吸合，KA_1 继电器线圈通电，KA_{1-1} 断开，继电器 KM_1 线圈断电，电动机 M_1 停止运行，KM_{1-1} 和 KM_{1-2} 断开，继电器 KA_1 线圈断电。

12.7　污水自动排放电路

污水液位高于某一液位时，排污泵电动机自动运行；污水液位低于某一液位时，排污泵电动机自动停止运行。污水自动排放电路如图 12-10 所示。

在图 12-10 中，Y_A 是低液位传感器的常开触头，液位低于最低液位时 Y_A 打开，液位高于最低液位时 Y_A 闭合。Y_B 是高液位传感器的常开触头，当液位高于最高液位时，Y_B 闭合，KM_1 吸合，电动机 M_1 运行，排污泵将污水抽出，由于 KM_{1-1} 闭合，即使污水液位低于最高液位 Y_B 断开，KM_1 依然吸合，排污泵继续运行；当液位低于最低液位时，Y_A 触头断开，KM_1 断电，排污泵电动机 M_1 停止运行。

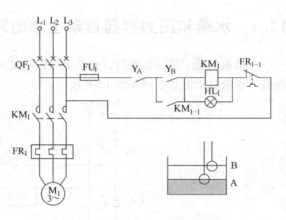

图 12-10　污水自动排放电路

12.8　电动机自动往复运行电路

在机床控制中，经常会要求电动机能带动工件，做往复运动，当工件到达一个方向的极限位置时，要求电动机反向运行，工件到另一个方向的极限位置时，要求电动机再做正向运动，以此往复不停运动，直到工件加工完毕。如用电气电路实现，电动机自动往复运行电路如图 12-11 所示。

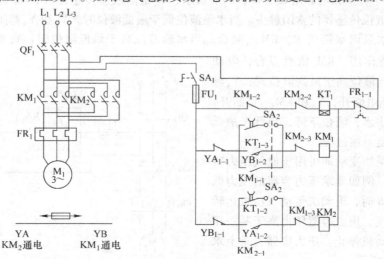

图 12-11　电动机自动往复运行电路

在图 12-11 中，YA_{1-1} 和 YA_{1-2} 是一端的限位开关（例如 YBLX-19）YA 的常闭触头和常开触头，YB_{1-1} 和 YB_{1-2} 是另一端限位开关 YB 的常闭触头和常开触头，延时继电器 KT_1 设定为 5s。合上断路器 QF_1，合上电源开关 SA_1，转换开关 SA_2（例如 LW6）转到 $-45°$，选择优先向左运动，假设工件开始处于中间某一位置，由于 YA_{1-2} 和 YB_{1-2} 常开触头处于断开状态，KM_1 和 KM_2 不吸合，电动机不动作，KM_{1-2} 和 KM_{2-2} 闭合，延时继电器 KT_1 通电，5s 时间后 KT_{1-1} 闭合，KM_1 吸合，电动机先向左运动，KM_{1-1} 闭合，KM_1 自保持，KM_{1-2} 断开，KT_1 断电，KT_{1-1} 断开。当电动机到达限位开关 YA 时，YA_{1-1} 断开，KM_1 断电，电动机停止，YA_{1-2} 闭合，KM_2 吸合，电动机向右运动；当工件到达限位开关 YB 时，YB_{1-1} 断开，KM_2 断电，电动机停止运动；YB_{1-2} 闭合，KM_{2-3} 闭合，KM_1 吸合，电动机向左运动，以此往复运动。开关 SA_1 断开，电动机彻底停止运动，当 SA_2 旋转 $+45°$，选择优先向右运动，过程基本相同。

12.9 电动阀门控制电路

在液体与气体输送场合，有时需要用电动阀对流体的流动进行控制，按下打开阀门按钮，阀门电动机朝打开方向运动，阀门全开后，电动机自动断电；按下关闭阀门按钮，阀门电动机朝阀门关闭方向运动，阀门全关后，电动机自动断电。任何时间只要按下停止按钮，电动机马上停止。电动阀门控制电路如图 12-12 所示。

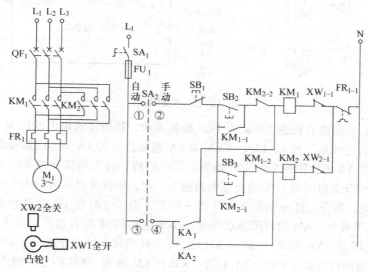

图 12-12 电动阀门控制电路

在图 12-12 中，①、②、③和④为转换开关 SA_2 的端子，将 SA_2 转到"手动"位置时，①和②接通。按下阀门打开按钮 SB_2，KM_1 吸合，电动机 M_1 带动涡轮蜗杆运行，凸轮 1 顺时针运动，当凸轮 1 运动到"开"位置时，阀门全开，按下限位开关 XW_1，XW_{1-1} 断开，电动机自动停止；按下阀门关阀按钮 SB_3 时，KM_2 吸合，L_1 和 L_3 对调，电动机 M_1 反向运行，凸轮 1 逆时针运动，当凸轮 1 运动到"关"位置时，阀门全关，按下限位开关 XW_2，XW_{2-1} 断开，同时电动机停止运行。任何位置只要按下停止按钮 SB_1，无论 KM_1 还是 KM_2 都将断电，电动机 M_1 停止运行。将功能切换开关 SA_2 转到"自动"位置时，①和②断开，③和④接通，上述的手动按钮 SB_1、SB_2 和 SB_3 不再起作用。PLC 的 KA_1 和 KA_2 触头控制阀门的开、关和停。KA_1 闭合，阀门打开；KA_2 闭合，阀门关闭；KA_1 和 KA_2 均断开，阀门停止运动。

12.10　定时自动往返喷淋车电控电路

在农业领域，也有很多需要实现自动化的地方，如每隔几个小时给胚芽均匀喷淋一次，如果采用人工操作，劳动强度虽然不大，但是由于人体生物钟的作用，在凌晨以后的几次浇水，往往不能很好地完成，一是喷淋的均匀程度，二是准时性都不好保证。采用自动控制的方法，就十分简单。为了降低成本，我们可以选用一些家用电器上的常用的控制元件，控制电路如图 12-13所示。

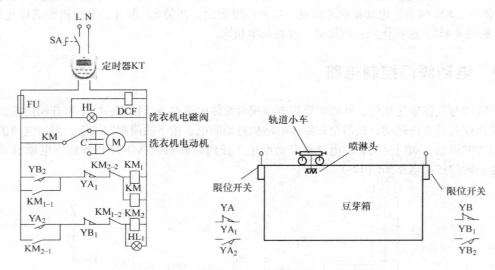

图 12-13　控制电路

图 12-13 中，利用洗衣机进水电磁阀 DCF 控制进水，利用洗衣机电动机 M 正反线圈交替通电实现小车左右行走喷淋。图 12-13 中，YA_1 和 YA_2 是限位开关 YA 的常闭触头和常开触头，YB_1 和 YB_2 是限位开关 YB 的常闭触头和常开触头。工作过程：合上电源开关 SA，定时器 KT 通电，用按键设定每天的开关机时间，4h 给控制电路通电一次，每次开机的时间为 30min，KT 通电后，电源指示灯 HL 亮，假设工件开始处于中间某一位置，由于 YA_2 和 YB_2 常开触头处于断开状态，KM、KM_1 和 KM_2 不吸合，KM 的常闭触点导通，小车电动机 M 向右动作；当小车到达右边限位开关 YB 时，YB_2 闭合，YB_1 断开，KM 和 KM_1 吸合，KM 的常开触点导通，小车电动机向左运动；当电动机到达左边限位开关 YA 时，YA_1 断开，KM 和 KM_1 断电，KM 的常闭触点导通，小车电动机 M 向右动作，YA_2 闭合，KM_2 吸合；当小车到达右边限位开关 YB 时，YB_2 闭合，YB_1 断开，KM 和 KM_1 吸合，KM 的常开触点导通，小车电动机向左运动；重复以上动作。控制电路元件清单见表 12-6。

表 12-6　控制电路元件清单

序号	电气符号	型号	数量	生产厂家	备注
1	指示灯 HL、HL_1	AD17 – 22	3		
2	熔断器 FU	RT14	1		10A
3	开关 SA	K22	1		
4	中间继电器 KM_1、KM_2	5A	3		AC 220V 线圈电压
5	继电器 KM	10 – 20A			AC 220V 线圈电压

（续）

序号	电气符号	型号	数量	生产厂家	备注
6	限位开关 YA、YB	一常开一常闭	2		
7	电子定时器 KT	CX－T02	1		20 组时间设定
8	洗衣机电机 M	AC220V	1		
9	洗衣机进水电磁阀 DCF	AC220V	1		

12.11　机柜照明

有一些电控柜要求在门打开时（或是夜间）能提供照明，如果采用荧光灯照明，日光灯照明电路如图 12-14 所示。

在图 12-14 中，照明电路由荧光灯管、辉光启动器、镇流器和开关组成。当我们需要从两个地方都能进行开关照明灯时，其电路如图 12-15 所示。

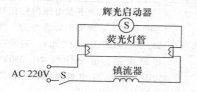
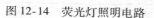

图 12-14　荧光灯照明电路

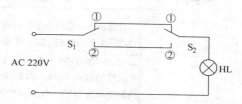

图 12-15　两个地方都能开关照明灯的电路

在图 12-15 中，S_1 和 S_2 分别是安装在两处的两个开关。当 S_2 在①位置上时，在 S_1 位置的人通过把 S_1 开关扳到不同的位置就可以随意开关照明灯 HL。S_1 扳到①位置上时，灯 HL 亮，S_1 在②位置上时，HL 灯灭，S_1 位置的人可以正常开关灯。如果 S_2 在②位置上，则 S_1 位置的人把 S_1 扳到②位置上时照明灯 HL 亮，S_1 扳到①位置时 HL 灯灭。

在 S_2 位置的人控制电灯的原理同 S_1 位置的原理一样。

第13章 自动化系统常用图形符号

13.1 常用电气电路的图形符号

本节将给出一些自动化系统中常用的电气电路的图形符号，有兴趣深入了解的读者可以查阅 GB/4728 等有关标准。

1. 电压、电流、电池的图形符号

电压、电流、电池的分类及符号见表 13-1。

表 13-1 电压、电流、电池的分类及符号

图形符号	名　称	图形符号	名　称
- - -	直流供电，电压可标在右边，系统类型可标在左边，例如，2/M ___ 220/110V，表示三线制、带中间线的直流 220V，两根线与中间线的电压为 110V，M 表示中间线	∼	交流供电，频率及电压值标在符号的右边，系统类型标在左边，例如，3/N ∼ 50Hz 380/220V，表示三相四线制、带中性线 N、380V、50Hz，相线与中性线间的电压为 220V
≈	中频（音频）	≋	相对高频（超音频，载频或射频）
≂	交直流	∿	具有交流分量的整流电流，需要与稳定直流相区别时使用
N	中性（中性线）	M	中间线
+	正极性	-	负极性
⊣⊢	蓄电池，允许在上面标出电压值	⊣⊢⊣⊢	蓄电池组

2. 信号灯、信号器件、按钮、旋钮开关和测量仪表的图形符号

控制柜盘面上的常用的信号灯、信号器件、按钮、旋钮开关和测量仪表的符号见表 13-2。

表 13-2 控制柜盘面上的常用的信号灯、信号器件、按钮、旋钮开关和测量仪表的符号

图形符号	名　称	图形符号	名　称
⊗	信号灯	⊗	闪光型信号灯
⏛	蜂鸣器	⌢ 或 ⌂	电铃
◁	电喇叭	△	报警器

（续）

图形符号	名　称	图形符号	名　称
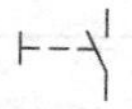	手动开关的一般符号	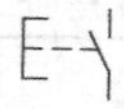	按钮（不闭锁），常开
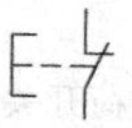	按钮（不闭锁），常闭	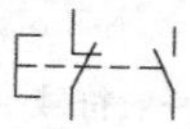	按钮（不闭锁），一常开一常闭
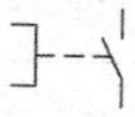	拉拔开关（不闭锁）	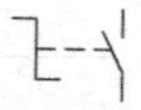	旋钮开关和旋转开关（闭锁）
(V)	电压表	(A)	电流表
 (A $I\sin\varphi$)	无功电流表	 (var)	无功功率表
 ($\cos\varphi$)	功率因数表	(Hz)	频率表
[W]	记录式功率表	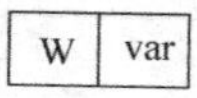 [W | var]	组合式记录有功功率和无功功率表
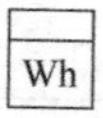 [Wh]	电度表	(↑)	检流计
(N)	示波器	(n)	转速表

注：垂直放置的开关图形符变成水平放置时，图形需要顺时针旋转90°，常开触点的开口在左面；水平放置的开关图形符号变成垂直方向放置时，图形需要逆时针旋转90°，常开触点的开口在上面。

3. 负载开关的图形符号

负载开关的种类与符号见表13-3。

表 13-3　负载开关的种类与符号

图形符号	名称	图形符号	名称
	负荷开关，可以带载分断，有一定的灭弧能力，没有短路保护，如，需配熔断器使用		隔离开关，没有灭弧能力，主要是检修时，用来隔离电压，需配熔断器或断路器等使用
	断路器，可以带载分断，有灭弧能力，有短路保护功能		开关的一般符号
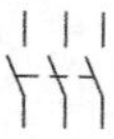	三极开关多线表示		三极开关单线表示

4. 熔断器的图形符号

熔断器的种类及符号见表 13-4。

表 13-4　熔断器的种类及符号

图形符号	名　称	图形符号	名　称
	熔断器的一般符号	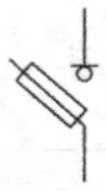	熔断器式负荷开关
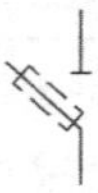	熔断器式隔离开关	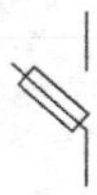	熔断器式开关

5. 继电器、接触器、接触器触点和操作器件的图形符号

继电器、接触器、接触器触点和操作器件的种类及符号见表 13-5。

表 13-5　继电器、接触器、接触器触点和操作器件的种类及符号

图形符号	名称	图形符号	名称
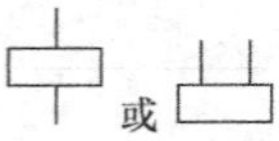	操作器件的一般符号	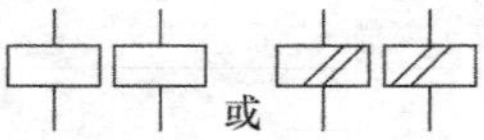	双绕组操作器件的分离表示方法
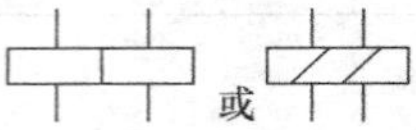	双绕组操作器件的组合表示方法	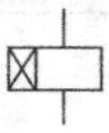	缓慢吸合继电器线圈
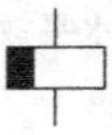	缓慢释放继电器线圈	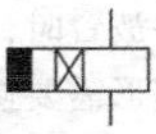	缓吸缓放继电器线圈
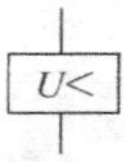	欠电压继电器	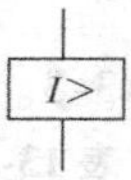	过电流继电器
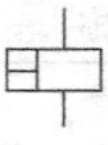	快速继电器（快吸快放）线圈		接触器主动合触点
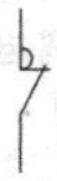	接触器主动断触点		

6. 开关触点的图形符号

开关触点的种类及符号见表 13-6。

表 13-6　开关触点的种类及符号

图形符号	名称	图形符号	名称
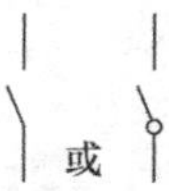	动合触点		动断触点

（续）

图形符号	名称	图形符号	名称
	中间断开的双向转换触点		先断后合的转换触点
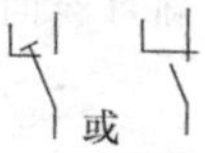 或	先合后断的转换触点		延时闭合的动合触点，注意：触点朝圆弧中心的运动是延时的
	延时断开的动断触点	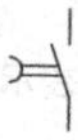	延时断开的动合触点
	延时闭合的动断触点		吸合时延时闭合，释放时延时断开的动合触点

7. 敏感开关和传感器的图形符号

敏感开关和传感器的种类及符号见表 13-7。

表 13-7　敏感开关和传感器的种类及符号

图形符号	名称	图形符号	名称
	位置开关，限制开关的动合触点		位置开关，限制开关的动断触点
	位置开关或限制开关的一开一闭连锁触点		液位开关
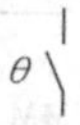 θ	热敏开关		惯性开关（突然减速则动作）
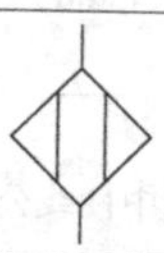	接近传感器	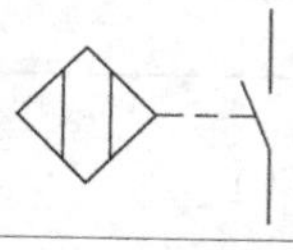	接近开关动合触点
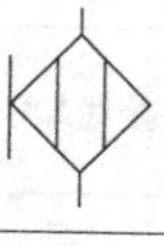	接触传感器	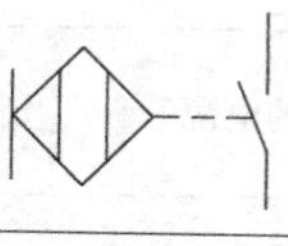	接触敏感开关动合触点
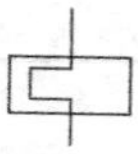	热继电器的驱动元件（热元器件）	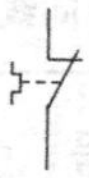	热继电器动断触点（常闭）

8. 电磁离合器、电磁制动器、电磁吸盘的图形符号

电磁离合器、电磁制动器、电磁吸盘的种类及符号见表 13-8。

表 13-8　电磁离合器、电磁制动器、电磁吸盘的种类及符号

图形符号	名称	图形符号	名称
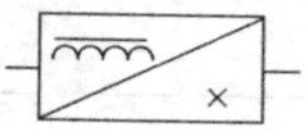	电磁吸盘	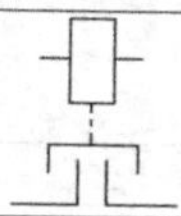	电磁离合器
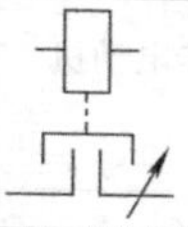	磁粉离合器或电磁转差离合器	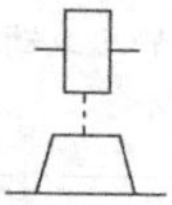	电磁制动器

9. 避雷器、导线、连接器件和接地的图形符号

避雷器、导线、连接器件和接地的种类及符号见表 13-9。

表 13-9　避雷器、导线、连接器件和接地的种类及符号

图形符号	名称	图形符号	名称
	避雷器	————	导线、电缆和母线的一般符号
⫫⫫⫫ 或 ⁄³	三根导线的单线表示		屏蔽导线
	同轴电缆	⊤ 或	导线的连接
○	端子		插头插座
或	接通的连接片		断开的连接片
	接地一般符号（E）		屏蔽接地（JE）
	保护接地（PE）	或	接机壳、机架（MM）
▽	等电位（CC）	PEN	保护性接地和中性线公用
L1、L2、L3、N 或 A、B、C、N	交流系统的电源	U、V、W、N	交流系统设备接线端子
L+、L-、M	正极、负极和中间线		

10. 电动机和变压器的图形符号

电动机、变压器的种类及符号见表 13-10。

表 13-10　电动机、变压器的种类及符号

图形符号	名称	图形符号	名称
(M) ----	电动机操作	(M 3~)	三相笼型异步电动机
(M 3~)	三相绕线转子异步电动机	(MS 3~)	三相永磁同步电动机

（续）

图形符号	名称	图形符号	名称
	单相笼型异步电动机		单相永磁同步电动机
	直流力矩电动机		复励直流发电机
	串励直流电动机		并励直流电动机
	他励直流电动机		永磁直流电动机
	步进电动机		三相自耦变压器，星形联结
	可调压的单相自耦变压器		单相自耦变压器
	电抗器、扼流圈		电流互感器

11. 电子元器件的图形符号

电子元器件的种类及符号见表 13-11。

表 13-11　电子元器件的种类及符号

图形符号	名称	图形符号	名称
	光敏电阻		光敏二极管
	光敏晶体管（NPN 型）		光电池
	光控晶闸管		光耦合器
	电阻器的一般符号		可调电阻器
	带滑动触点的电阻器		带滑动触点的电位器
	压敏电阻		热敏电阻

（续）

图形符号	名称	图形符号	名称
	电容器的一般符号		极性电容器
	可调电容器		预调电容器
	电感器、线圈、绕组、扼流圈		带磁心（铁心）的电感器
	带磁心（铁心）的可调电位器		带两个固定抽头的电感器
	半导体二极管一般符号		发光二极管
	变容二极管		双向二极管
	单向击穿二极管（稳压二极管）		双向击穿二极管
	PNP 晶体管		NPN 晶体管
	P 型双基极单结晶体管		N 型双基极单结晶体管
	反向阻断三极晶闸管（阴极受控）		门极关断三极晶闸管
	三端双向晶闸管		无指定形式的三极晶体闸流管
	N 型沟道结型场效应晶体管		P 型沟道结型场效应晶体管
	增强型、单栅、P 型沟道和衬底有引出线的绝缘栅场效应晶体管		增强型、单栅、N 型沟道和衬底有引出线的绝缘栅场效应晶体管
	耗尽型、单栅、N 型沟道绝缘栅场效应晶体管		耗尽型、单栅、P 型沟道绝缘栅场效应晶体管

13.2　常见过程控制仪表及元件的功能标志、缩写和图形符号

本节将给出一些过程控制及仪表中常用的功能标志、缩写和图形符号，有兴趣深入了解的读者可以查阅 HG/T 20505 – 2000 等有关标准。

1. 仪表功能标志字母代号及后继字母附加功能符号

仪表功能标志的字母代号见表 13-12。

表 13-12　仪表功能标志的字母代号

	首位字母		后继字母		
	被测变量或引发变量	修饰词	读出功能	输出功能	修饰词
A	分析		报警		
B	喷嘴、火焰		供选用	供选用	供选用
C	电导率			控制	
D	密度	差值			
E	电压（电动势）		检测元件		
F	流量	比值			
G	毒性气体或可燃气体		视镜、观察		
H	手动				高
I	电流		指示		
J	功率	扫描			
K	时间、时间程序	变化速率		操作器	
L	物位		灯		低
M	水分或湿度	瞬动			中、中间
N	供选用	供选用	供选用	供选用	供选用
O			节流孔		
P	压力、真空		连接或测试点		
Q	数量	计算、累计			
R	核辐射		记录、DCS 趋势记录		
S	速度、频率	安全		开关、连锁	
T	温度			传送、变送	
U	多变量		多功能	多功能	多功能
V	振动、机械监视			阀、风门、百叶窗	
W	重量、力		套管		
X	未分类	X 轴	未分类	未分类	未分类
Y	事件、状态	Y 轴		继动器（继电器）、计算器、转换器	
Z	位置、尺寸	Z 轴		驱动器、执行元件	

表 13-12 中，"供选用"表示可由使用者自行定义含义；"未分类"表示没有定义，可以自行定义但是在一个设计中只使用几次；"多变量"表示多个变量的字母组合；"多功能"表示多个功能的字母组合。

例如：仪表位号 FIC – 116

FIC 表示功能标志，首位字母 F 表示流量，后继字母 I 表示指示，C 表示控制。

116 为回路编号，第一个数字表示工序号为 1，后面的数字 16 表示顺序号。

回路编号中的"工序号"一般为 1 位数字，也可以 2 位数字；"顺序号"一般为 2 位数字，

也可以 3 位数字。可以没有"工序号"直接写顺序号。

例如，仪表位号 FFSHL－2，首位字母 F 表示流量，首位字母后加一位修饰字母 F 表示比值，后继字母 SHL 表示开关高低，顺序号为 2。

功能标志中，首位字母为 1 位，如 P，可以再加 1 位修饰字母，如 D，PD 就表示压差，TD 表示温差，后继字母是 1~3 位，如 PI 表示压力指示，PDSHL 则表示压差带高低开关输出。

仪表功能标志的常用组合见表 13-13。

表 13-13　仪表功能标志的常用组合

首位字母 被测变量或引发变量	读出功能 检测元件 E	指示 I	记录 R	报警 A (修饰) 高 AH	低 AL	高低 AHL	输出功能 变送器 T	控制器 C 指示 IC	记录 RC	无指示 C	自力式 CV	继动器计算器 Y	最终执行元件 V/Z	开关 S (修饰) 高 SH	低 SL	高低 SHL
A 分析	AE	AI	AR	AAH	AAL	AAHL	AT	AIC	ARC	AC		AY	AV	ASH	ASL	ASHL
B 烧嘴火焰	BE	BI	BR	BAH	BAL	BAHL	BT	BIC	BRC	BC		BY	BZ	BSH	BSL	BSHL
C 电导率	CE	CI	CR	CAH	CAL	CAHL	CT	CIC	CRC			CY	CV	CSH	CSL	CSHL
D 密度	DE	DI	DR	DAH	DAL	DAHL	DT	DIC	DRC			DY	DV	DSH	DSL	DSHL
E 电压	EE	EI	ER	EAH	EAL	EAHL	ET	EIC	ERC	EC		EY	EZ	ESH	ESL	ESHL
F 流量	FE	FI	FR	FAH	FAL	FAHL	FT	FIC	FRC	FC	FCV	FY	FV	FSH	FSL	FSHL
FF 流量比	FE	FFI	FFR	FFAH	FFAL	FFAHL	FFT	FFIC	FFRC			FFY	FFV	FFSH	FFSL	FFSHL
FQ 流量累计	FE	FQI	FQR	FQAH	FQAL		FQT	FQIC	FQRC			FQY	FQV	FQSH	FQSL	
G 可燃气体	GE	GI	GR	GAH			GT							GSH		
H 手动								HIC		HC			HV			(HS)
I 电流	IE	II	IR	IAH	IAL	IAHL	IT	IIC	IRC			IY	IZ	ISH	ISL	ISHL
J 功率	JE	JI	JR	JAH	JAL	JAHL	JT	JIC	JRC			JY	JV	JSH	JSL	JSHL
K 时间程序	KE	KI	KR	KAH			KT	KIC	KRC	KC		KY	KV	KSH		
L 物位	LE	LI	LR	LAH	LAL	LAHL	LT	LIC	LRC	LC	LCV	LY	LV	LSH	LSL	LSHL
M 水分	ME	MI	MR	MAH	MAL	MAHL	MT	MIC	MIR				MV	MSH	MSL	MSHL
N 供选用																
O 供选用																
P 压力真空	PE	PI	PR	PAH	PAL	PAHL	PT	PIC	PRC	PC	PCV	PY	PV	PSH	PSL	PSHL
PD 压力差	PE	PDI	PDR	PDAH	PDAL	PDAHL	PDT	PDIC	PDRC	PDC	PDCV	PDY	PDV	PDSH	PDSL	PDSHL
Q 数量	QE	QI	QR	QAH	QAL	QAHL	QT	QIC	QRC				QZ	QSH	QSL	QSHL
R 核辐射	RE	RI	RR	RAH	RAL	RAHL	RT	RIC	RRC	RC		RY	RZ			
S 速度频率	SE	SI	SR	SAH	SAL	SAHL	ST	SIC	SRC	SC	SCV	SY	SV	SSH	SSL	SSHL
T 温度	TE	TI	TR	TAH	TAL	TAHL	TT	TIC	TRC	TC	TCV	TY	TV	TSH	TSL	TSHL
TD 温度差	TE	TDI	TDR	TDAH	TDAL	TDAHL	TDT	TDIC	TDRC	TDC	TDCV	TDY	TDV	TDSH	TDSL	TDSHL
U 多变量		UI	UR									UY	UV			
V 振动	VE	VI	VR	VAH			VT					VY	VZ	VSH		
W 重量	WE	WI	WR	WAH	WAL	WAHL	WT	WIC	WRC	WC	WCV	WY	WZ	WSH	WSL	WSHL
X 未分类																
Y 事件状态或存在	YE	YI	YR	YAH	YAL		TY	YIC		YC		YY	YZ	YSH	YSL	
Z 位置尺寸	ZE	ZI	ZR	ZAH	ZAL	ZAHL	ZT	ZIC	ZRC	ZC	ZCV	ZY	ZV			

被测变量与后继字母 P、W、G 的组合：
P 检测点　如：AP、FP、PP、TP
W 套管或探头　如：AW、BW、LW、MW、RW、TW
G 视镜、观察　如：BG、FG、LG 等；
就地指示仪表，如：TG、PG、LG 等

其他字母组合：
FO　限流孔板
LCT　液位控制、变送
KQI　时间或时间程序控制
TJI　温度扫描指示

　　当字母 Y 作为后继字母表示继动器、计算器、转换器的输出功能时，要在带有 Y 的图形符号（圆圈或正方形）外标注附加功能符号，附加功能符号一般放在右上角。常用附加功能符号见表 13-14。

表 13-14　常用附加功能符号

序号	功能	符号	说　明
1	和	Σ	输出等于输入信号的代数和
2	平均值	Σ/n	输出等于输入信号的平均值
3	差	Δ	输出等于输入信号之差
4	比	k　　1:1　　2:1	输出与输入成 K 倍关系
5	积分	∫	输出等于输入信号的时间积分
6	微分	d/d	输出与输入信号的变化率成比例
7	乘法	×	输出等于两个输入信号的乘积
8	除法	÷	输出等于两个输入信号的商
9	方根	$\sqrt[n]{\ }$	输出等于输入信号的开方
10	指数	X^a	输出等于输入信号的 n 次方
11	非线性函数或未定义函数	f(x)	输出等于输入信号的某种非线性函数或未定义函数
12	时间函数	f(t)	输出等于输入信号的某种时间函数
13	高选	>	输出等于几个输入信号中最大的那个
14	低选	<	输出等于输入信号中最小的那个
15	上限	≯	输出等于输入，如果输入大于上限，则输出等于上限
16	下限	≮	输出等于输入，如果输入小于下限，则输出等于下限
17	反比	−K	输出与输入成负的比例关系

（续）

序号	功能	符号			说　明
18	偏置	+	−	±	输出等于输入加（或减）一个值（偏置）
19	转换		*/*		输出信号类型不同于输入信号类型，前一个转成后一个输出：E 电压；B 二进制；I 电流；H 液压；P 气压；O 电磁波、声波；A 模拟；R 电子；D 数字；如 I/P 表示电流到气压的转换

2. 仪表功能以外常用的缩写字母

仪表功能以外常用的缩写字母见表 13-15。

表 13-15　仪表功能以外常用的缩写字母

序号	缩写	英文	中文
1	A	Analog signal	模拟信号
2	AC	Alternating current	交流电
3	A/D	Analog/Digital	模拟/数字
4	A/M	Automatic/Manual	自动/手动
5	AND	AND gate	"与" 门
6	AVG	Average	平均
7	CHR	Chromatograph	色谱
8	D	Derivative control mode Digital signal	微分控制方程 数字信号
9	D/A	Digital/Analog	数字/模拟
10	DC	Direict Current	直流电
11	DIFF	Subtract	减
12	DIR	Direct − acting	正作用
13	E	Voltage signal Electric signal	电压信号 电信号
14	EMF	Electric magnetic flowmeter	电磁流量计
15	ES	Electric supply	电源
16	ESD	Emergency shutdown	紧急停车
17	FC	Fail closed	故障关
18	FFC	Feedforward control mode	前馈控制模式
19	FFU	Feedforward unit	前馈单元
20	FI	Fail indeterminate	故障时任意位置
21	FL	Fail locked	故障时保位
22	FO	Fail open	故障开
23	H	Hydraulic signal High	液压信号 高
24	HH	Highest（Higher）	最高（较高）

（续）

序号	缩写	英文	中文
25	H/S	Highest select	高选
26	I	Electric current signal Interlock Integrate	电流信号 连锁 积分
27	IA	Instrument air	仪表空气
28	IFO	Internal orifice plate	内藏孔板
29	IN	Input Inlet	输入 入口
30	IP	Instrument Panel	仪表盘
31	L	Low	低
32	L – COMP	Lag compensation	滞后补偿
33	LB	Local board	就地盘
34	LL	Lowest（lower）	最低（较低）
35	L/S	Lowest select	低选
36	M	Motor actuator Middle	电动执行机构 中
37	MAX	Maximum	最大
38	MF	Mass flowmeter	质量流量计
39	MIN	Minimum	最小
40	NOR	Normal NOR gate	正常 "或非"门
41	NOT	NOT gate	"非"门
42	O	Electromagnetic or sonic signal	电磁或声信号
43	ON – OFF	Connect – disconnect（automatically）	通－断（自动地）
44	OPT	Optimizing control mode	优化控制方式
45	OR	OR gate	"或"门
46	OUT	Output Outlet	输出 出口
47	P	Pneumatic signal Proportional control mode Instrument panel Purge flushing device	气动信号 比例控制方式 仪表盘 吹气或冲洗装置
48	PCD	Process control diagram	工艺控制图
49	P&ID（PID）	Piping and Instrument Diagram	管道仪表流程图
50	P. T – COMP	Pressure Temperature Compensation	压力温度补偿
51	R	Reset of fail – locked device Resistance（signal）	（能源）故障保位复位装置 电阻（信号）
52	REV	Reverse – acting	反作用（反向）
53	RTD	Resistance temperature detector	热电阻
54	S	Solenoid actuator	电磁执行机构

（续）

序号	缩写	英文	中文
55	SIS	Safety Interlock System	安全连锁系统
56	SP	Set point	设定点
57	SQRT	Square root	平方根
58	VOT	Vortex transducer	涡轮传感器
59	XMTR	Transmitter	变送器
60	XR	X – ray	X 射线

3 常用监控仪表的图形符号

常用的监控仪表的图形符号见表 13-16。

表 13-16 常用的监控仪表的图形符号

图形符号	意义	图形符号	意义
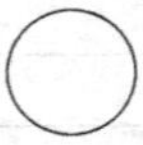	单台仪表现场安装	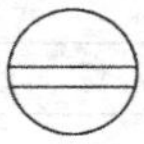	单台仪表现场盘装
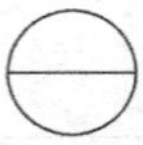	单台仪表控制室安装	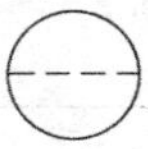	单台仪表盘后安装或正常时不需要监视
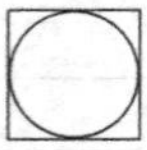	DCS 的现场安装仪表	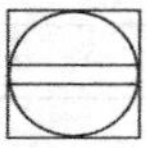	DCS 的现场盘装
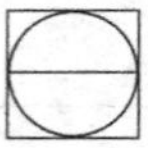	DCS 的控制室安装	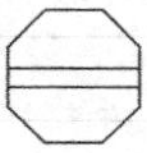	计算机功能现场盘装
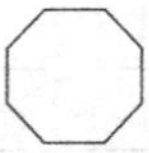	计算机功能现场仪表安装	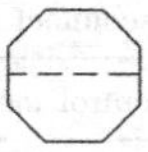	不与 DCS 通信连接的计算机功能组件
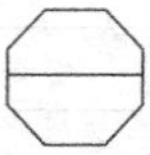	计算机功能控制室安装	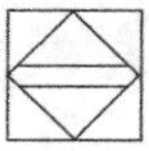	可编程逻辑控制现场盘装
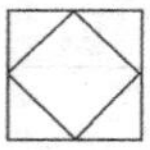	可编程逻辑控制的现场安装仪表	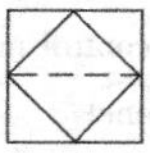	不与 DCS 通信连接的 PLC
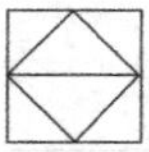	可编程逻辑控制控制室安装		
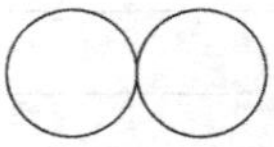	处理多个变量，或者处理一个变量有多个功能的复式仪表	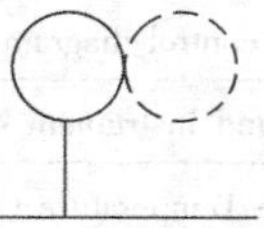	远处还有一个测量点也引到该复式仪表上，用虚线圆表示
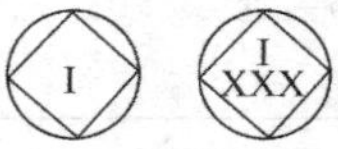	继电器执行连锁，XXX 为编号	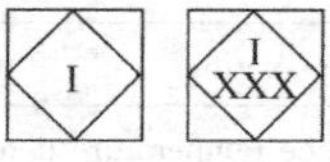	PLC 执行连锁
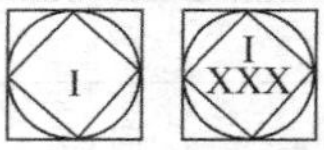	DCS 执行连锁		

4. 常用仪表辅助设施的图形符号

常用仪表辅助设施的图形符号见表 13-17。

表 13-17 常用仪表辅助设施的图形符号

图形符号	意义	图形符号	意义
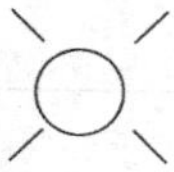	指示灯	 R	复位装置
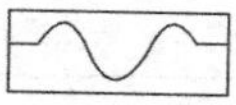	薄膜隔离	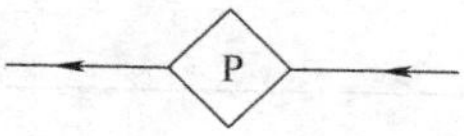 P	仪表吹气和冲洗装置
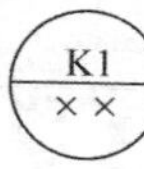 K1 ××	时钟图形符号	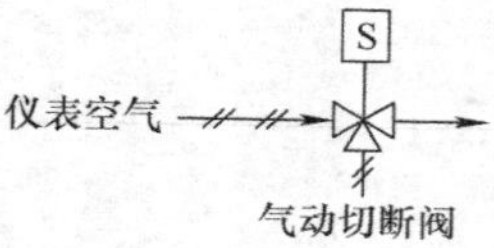 仪表空气 S 气动切断阀	三通电磁阀

5. 测量点与连接线的图形符号

测量点与连接线的图形符号见表 13-18。

表 13-18 测量点与连接线的图形符号

图形符号	意义	图形符号	意义
	测量点与仪表的连接线，仪表与仪表的能源连接线，能源包括：空气源（AS）、仪表空气（IA）、电源（ES）、气体源（GS）、液压源（HS）、氮气源（HS）、蒸汽源（SS）、水源（WS）		电动信号线，有两种
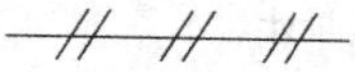	气动信号线	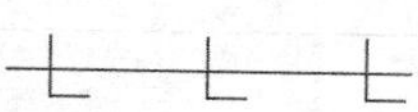	液压信号线
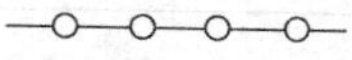	内部系统线	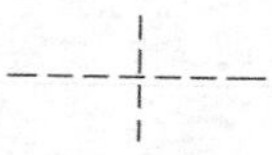	信号线的交叉为断线
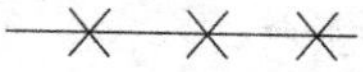	导压毛细管		电磁、辐射、热、光、声波等信号线（无导向）
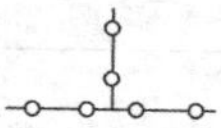	信号线相接不打点	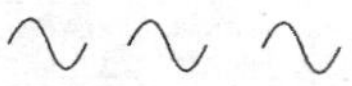	

6. 流量测量仪表的图形符号

流量测量仪表的图形符号见表 13-19。

表 13-19 流量测量仪表的图形符号

图形符号	意义	图形符号	意义
F1 XX	差压式流量计，法兰或角接孔板，XX 为回路编号	FT XX	管道取压孔板，差压式流量变送器
FE 10	可快速更换的孔板，流量检测元件	FE 11	皮托管或文丘里皮托管，流量检测元件
FE 12	文丘里管，流量检测元件	FE 13	均速管，流量检测元件
FE 15	堰，流量检测元件	FE 23	流量喷管，流量检测元件
FE 14	峡槽，流量检测元件	FE 16	涡轮或旋翼流量计
FE 17	转子流量计	FE 20	超声流量计
FE 21	游涡流量传感器	FE 24	电磁流量计
FE 22	靶式流量传感器	FE FC 19	流量控制器
FT 25	流量元件和变送器一体，MF 质量流量，EMF 电磁流量计，IFO 内藏孔板，VOT 漩涡传感器		

7. 执行器的图形符号

执行器的图形符号见表13-20。

表 13-20　执行器的图形符号

图形符号	意义	图形符号	意义
	带弹簧的薄膜执行机构	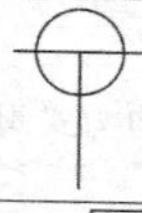	不带弹簧的薄膜执行机构
	电动执行机构	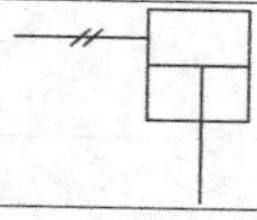	活塞执行机构单作用
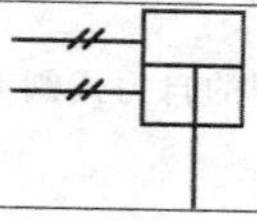	活塞执行机构双作用	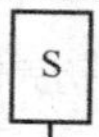	电磁执行机构
	带手轮的气动薄膜执行机构		带气动阀门定位器的气动薄膜执行机构
	带电气阀门定位器的气动薄膜执行机构	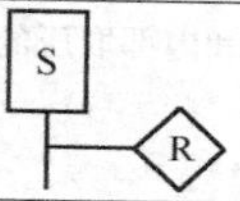	带人工复位的电磁阀
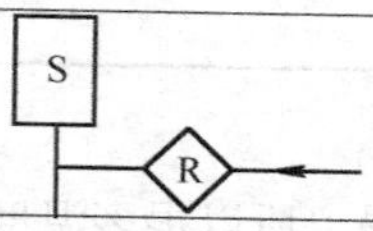	带远程复位的电磁阀	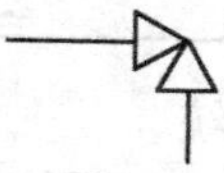	角阀
	截止阀	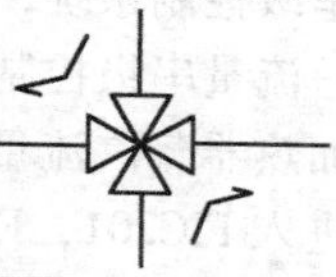	四通阀
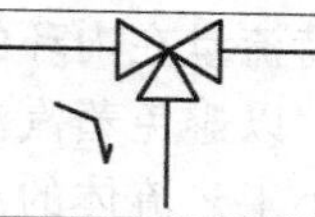	三通阀		碟阀
	球阀	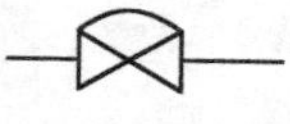	隔膜阀
	旋塞阀	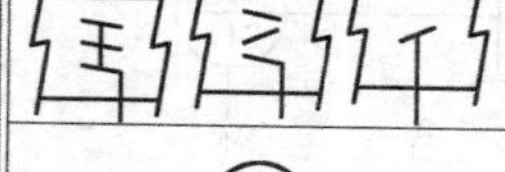	风门或百叶窗
	闸阀	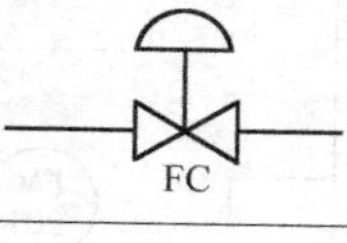	能源断开时，阀门关闭
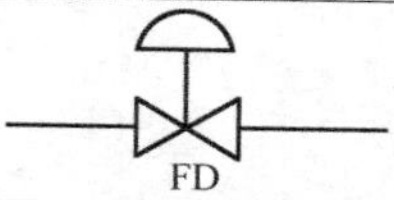	能源断开时，阀门开启	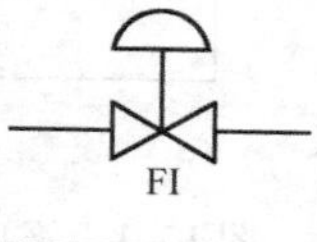	能源中断时，不定位
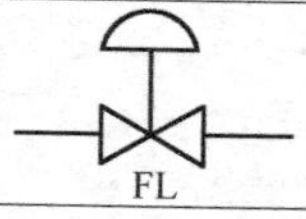	能源中断时，保持原位		能源中断时，A 和 C 流通，D 和 B 流通
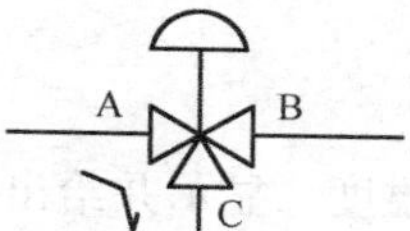	能源中断时，A 和 C 流通	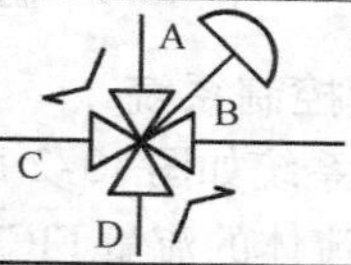	

8. 自力式控制阀的图形符号

自力式控制阀的图形符号见表 13-21。

表 13-21　　自力式控制阀的图形符号

图形符号	意义	图形符号	意义
	阀内取压的自力式阀后压力控制器		阀内取压的自力式阀前压力控制器
	外部取压的自力式阀后压力控制器		外部取压的自力式阀前压力控制器
	外部取压和内部取压的自力式压差控制器		

9. 温度—流量串级控制系统

常规仪表的温度—流量串级控制系统，因为温度为大惯性环节，反应较慢，所以很多温度控制采用串级调节方式。温度—流量串级控制系统如图 13-1 所示，TIC-211 测量工艺流体的温度、显示并给出控制信号，作为加热器蒸汽流量的内环给定（S. P），送入流量控制器 FIC201，蒸汽流量检测变送器 FT201 的值进入 FIC201，FIC201 控制阀门 FV201 的开度，保持流量在内环的设定值，如果蒸汽流量 FT201 突然变大，流量闭环会自动调节 FV201 开度变小，以避免蒸汽流量波动最终影响到工艺流体的温度。流量控制的反应速度较快，这样就可以减小工艺流体的温度波动。

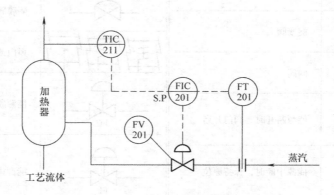

图 13-1　温度—流量串级控制系统

10. 温度—前馈—串级控制系统

温度—前馈—串级控制系统如图 13-2 所示，TIC-312 测量工艺流体的温度、显示并给出控制信号，送入 FY311，工艺流体的流量 FIC310 也送入 FY311，FY311 的输出共同作为换热器加热介质流量的给定（S. P）值，送入加热介质流量显示控制器 FIC311，控制加热介质阀门的开度，保持流量在内环设定值。由 TIC312 和 FIC311 组成的温度串级调节系统，作用原理上面已经讲过，如果工艺流体的流量 FIC310 突然变大，因为温度的滞后作用，温度 TIC312 暂时没有变化，但是最后会导致温度降低。为了消除这种影响，增加前馈功能，由于 FIC310 也送入了 FY311，立刻就增大了加热介质流量的内环设定值，自动调节介质阀门开度变大，以避免工艺流体流量波动最终影响到工艺流体的温度，温度控制的速度更快。

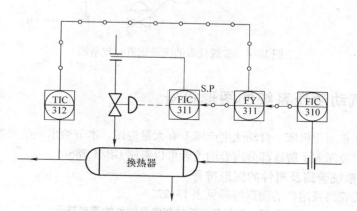

图 13-2　温度—前馈—串级控制系统

11. 选择性温度控制系统

选择性温度控制系统如图 13-3 所示，将反应器 3 个位置（如顶部、中部和底部）的温度 TI101、TI102、TI103 送入 TY100，利用 TY100 选择温度最高的温度作为温度测量值，送入温度控制器 TIC100，去控制阀门 TV100。TY100 右上角的 > 号代表 TY 中的 Y 为选择器。

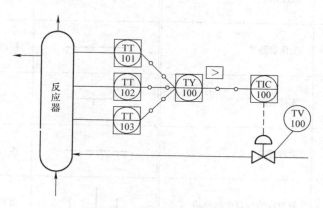

图 13-3　选择性温度控制系统

12. 流量比值控制系统

常规仪表的流量比值控制系统如图 13-4 所示，B 原料的流量与 A 原料的流量按一定的比例输送，A 原料的流量值 FT101（孔板测量）送入 FY101，FY101 右上角的 ÷ 表示 FY 中的 Y 代表运算器除运算，FY101 运算完成的值作为流量比率控制器 FFIC102 的输入。为 B 原料的流量设定值，孔板测量 B 原料的流量，FT102 送入 FFIC102，作为测量值，流量比率控制器 FFIC102 控制阀门 FV102，保持 B 原料的流量在设定值。

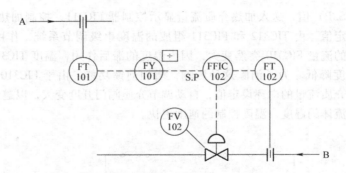

图 13-4　常规仪表的流量比值控制系统

13.3　常见气动液压系统的图形符号

　　液压和气动在自动化机床、自动化生产线上有大量应用。本节给出一些气动液压系统中常见的图形符号，有兴趣深入了解这部分内容的读者可以参阅 GB/T 786.1。

1. 液压气动系统管路及附件的图形符号

液压气动系统管路及附件的图形符号见表 13-22。

表 13-22　液压气动系统管路及附件的图形符号

符号	名称	符号	名称
	液压，实心箭头，朝向器件为加压，背离器件为泄压或减压		气动，空心箭头，朝向器件为加压，背离器件为泄压或减压
	液压源		气压源
	工作管路		控制管路
	连接管路		交叉管路
	柔性管路		组合器件框线
	管口在液面以上的油箱		管口在液面以下的油箱
	管路连接于油箱底部		密封式油箱（三管路）
	气罐		储能罐

（续）

符号	名称	符号	名称
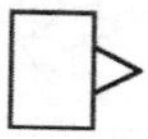	直接排气	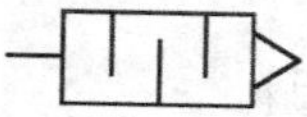	消声器（排气）
	过滤器	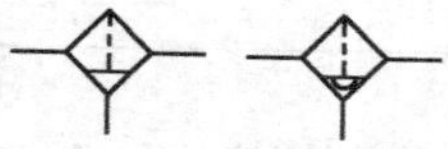	空气过滤器（人工排出，自动排出）
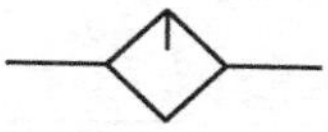	油雾器	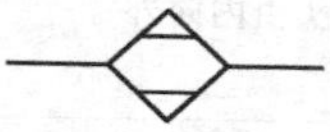	空气干燥器
	冷却器		加热器
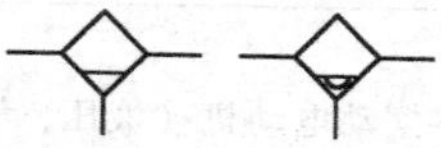	分水排水器（人工排出、自动排出）	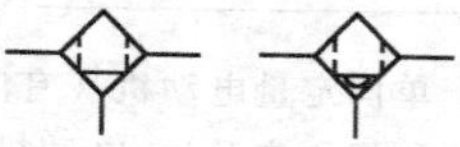	除油器（手动排出、自动排出）
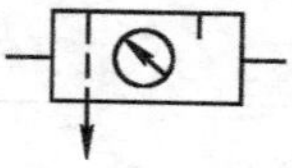	气源调节装置	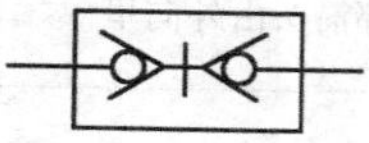	带单向阀的快速接头
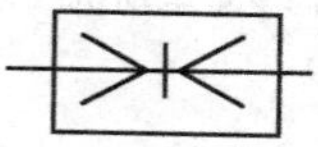	不带单向阀的快速接头	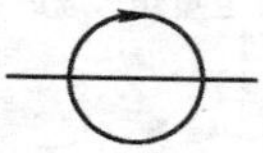	单通旋转接头
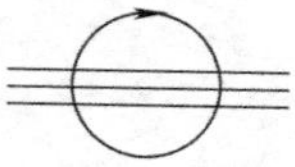	三通旋转接头		

2. 液压气动系统传感器的图形符号

液压气动系统传感器的图形符号见表 13-23。

表 13-23　液压气动系统传感器的图形符号

符号	名称	符号	名称
	液位计		温度计
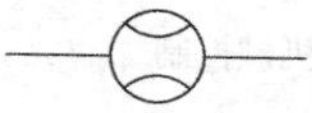	流量计	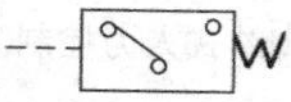	压力继电器
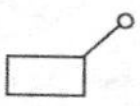	行程开关		

3. 液压泵、电动机和动力的图形符号

液压气动系统液压泵、电动机和动力的图形符号见表 13-24。

表 13-24　液压气动系统液压泵、电动机和动力的图形符号

符号	名称	符号	名称
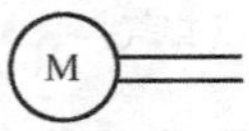	电动机	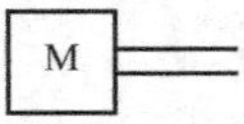	原动机
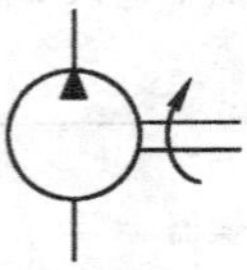	单向定量液压泵，泵：内部箭头由内向外	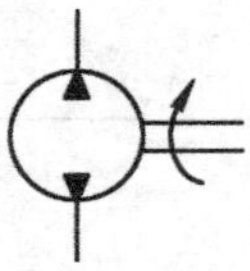	双向定量液压泵
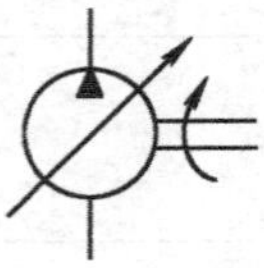	单向变量液压泵	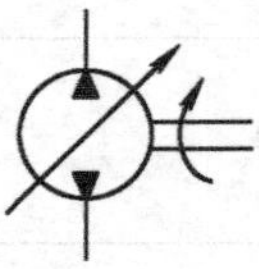	双向变量液压泵
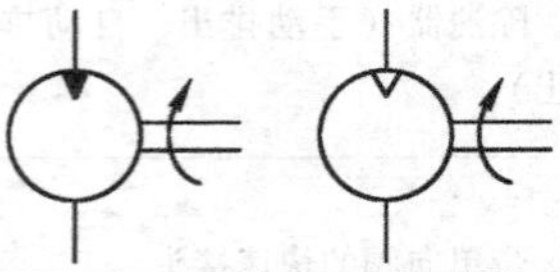	单向定量电动机（有液压和气压之分）；电动机：内部箭头由外向里	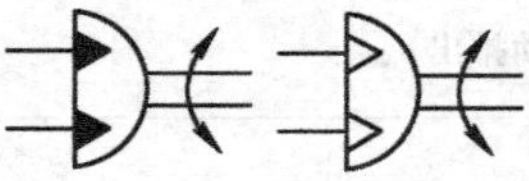	摆动电动机（液压、气压）
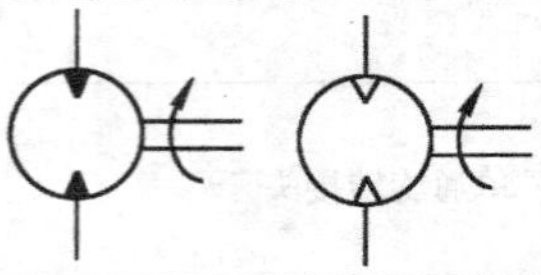	双向定量电动机（液压、气压）	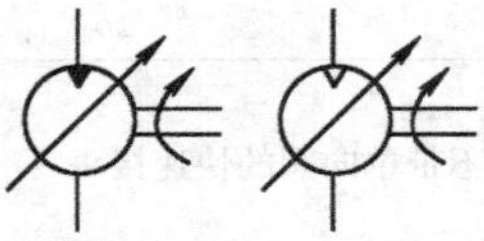	单向变量电动机（液压、气压）
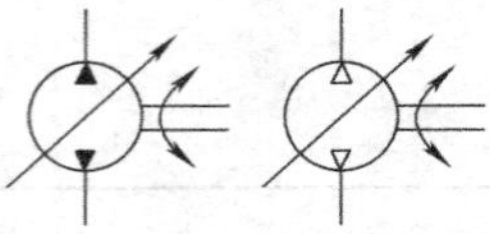	双向变量电动机（液压、气压）		

4. 人力控制、机械控制和先导控制的图形符号

人力控制、机械控制和先导控制的图形符号见表 13-25。

表 13-25　人力控制、机械控制和先导控制的图形符号

符号	名称	符号	名称
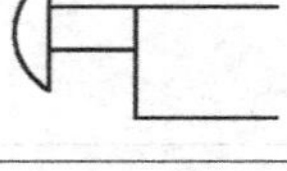	按钮式人力控制	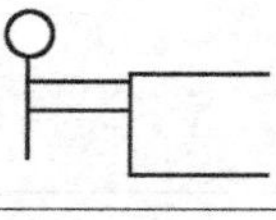	手柄式人力控制
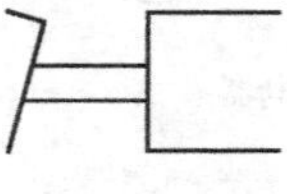	脚踏式人力控制	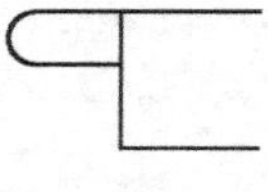	顶针式机械控制
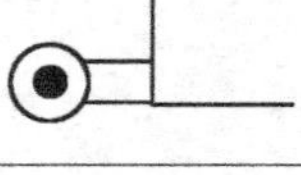	滚轮式机械控制	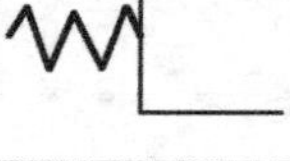	弹簧控制
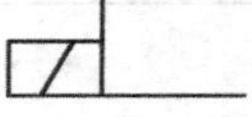	单作用电磁铁	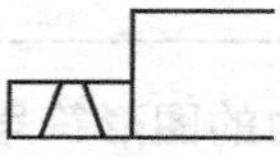	双作用电磁铁

（续）

符号	名称	符号	名称
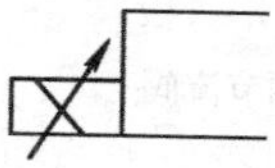	比例电磁铁	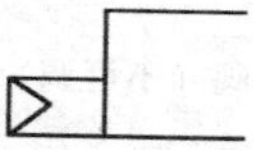	气压先导控制
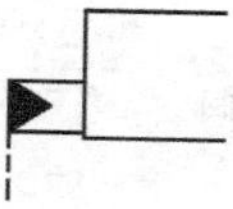	液压先导控制	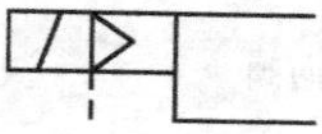	电－气先导控制
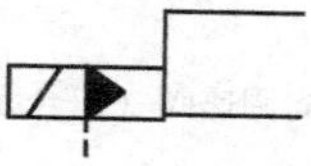	电－液先导控制	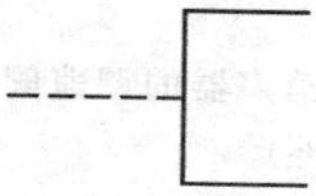	加压或泄压控制
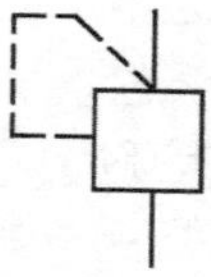	内部压力控制	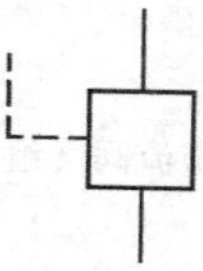	外部压力控制

5. 气缸和液压缸的图形符号

气缸和液压缸的图形符号见表 13-26。

表 13-26　气缸和液压缸的图形符号

符号	名称	符号	名称
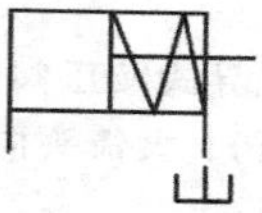	单作用弹簧复位缸	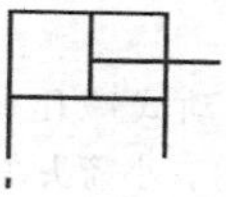	双作用单活塞杆缸
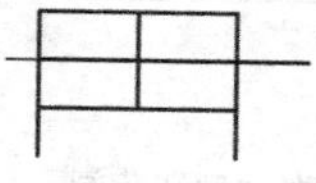	双作用双活塞杆缸	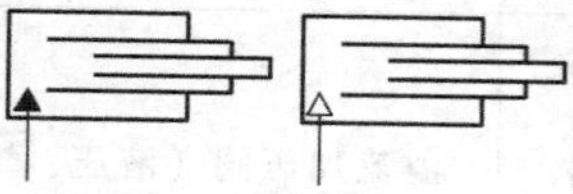	单作用伸缩缸（液压、气压）
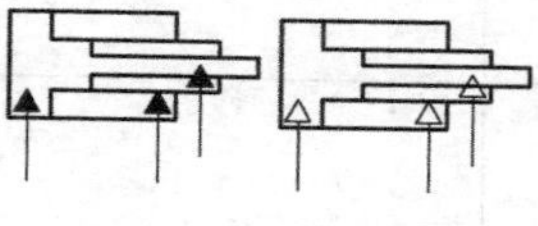	双作用伸缩缸（液压、气动）	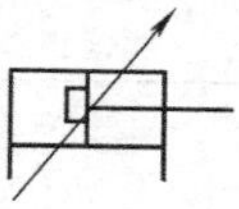	单向可调缓冲缸
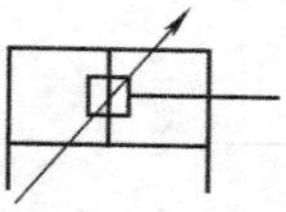	双向可调缓冲缸		

6. 泄流阀、减压阀、调速阀、节流阀、单向阀的图形符号

泄流阀、减压阀、调速阀、节流阀、单向阀的图形符号见表 13-27。

表 13-27　泄流阀、减压阀、调速阀、节流阀、单向阀的图形符号

符号	名称	符号	名称
	节流阀（不可调）		可调节流阀
	单向阀		调速阀
	带消声器的调速阀（组合元件）		单向调速阀（组合元件）
	单向节流阀（组合元件）		快速排气阀
	直动式溢流阀（液压、气压）、小箭头偏向一侧		先导式溢流阀（液压、气压），大箭头向外表示泄压
	直动式减压阀（液压、气压），小箭头在中间		先导式减压阀（液压、气压），大箭头向外表示减压
	溢流加压阀（液压、气压），箭头双向偏一侧		直动型卸荷阀
	直动式顺序阀		先导式顺序阀
	截止阀		

7. 换向阀的图形符号

气动和液压换向阀的图形符号见表 13-28。

表 13-28　气动和液压换向阀的图形符号

符号	名称	符号	名称
	2 位 2 通换向阀，直线伸出的位置为无电时阀芯的位置，有两个口，常闭		2 位 3 通换向阀，有 3 个口，3 根伸出线
	2 位 4 通换向阀，有 4 个口，变位时，入出口交换位置		2 位 5 通换向阀
	3 位 4 通换向阀，常闭		3 位 5 通换向阀

8. 比例阀和伺服阀的图形符号

比例阀和伺服阀用于连续地控制液压油的压力和流量，伺服阀还可以实现精密的位置控制。比例阀和伺服阀的图形符号见表 13-29。

表 13-29　比例阀和伺服阀的图形符号

符号	名称	符号	名称
	先导式电液比例溢流阀（压力阀）		4 通电液伺服阀

第 14 章　自动化项目案例

14.1　变频恒压控制系统

在液体或气体输送场合，常常要求保持所送出的液体或气体为一个恒定的压力值，这就是恒压控制。以单台水泵供水系统为例，假设水泵以调速方式运行，则其恒压控制原理框图如图 14-1 所示。

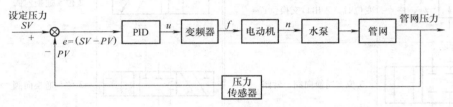

图 14-1　恒压控制原理框图

在图 14-1 中，设定压力 SV 是工艺要求值，在 PID 上用按键输入此值，它是我们希望保持的管网压力值，管网上安装的压力传感器把实际压力 PV 输送到 PID 的检测量模拟输入端，PID 比较误差 e 的正负，如 e 为正说明实际压力值 PV 小于设定值 SV，PID 的输出 u 增大，变频器的输出增加，水泵转速 n 上升，实际压力值 PV 上升，当 PV 等于 SV 时，电动机转速停止上升，管网压力 PV 维持在设定值 SV；当误差 e 为负时，说明管网实际压力 PV 高于设定值 SV，则 PID 输出 u 减小，变频器的输出频率 f 减小，水泵转速 n 降低，管网实际压力 PV 降低，当 PV 等于 SV 时，电动机转速停止降低，管网压力 PV 维持在 SV。如果积分参数 I 不起作用（$I=0$），则 PID 不能实现无差调节，因为 $PV=SV$ 时，$e_i=0$，则比例 P 和微分项 D 的输出为零，PID 输出也将变为零，不能维持一定的压力值，因此必须有误差 e 才能使输出保持为一定的值，即 $u=P\times e_i$。所以 PID 控制器的 I 参数其主要作用是为了实现无差（$e_i=0$）控制，用调速方式实现恒压控制如图 14-2 所示。

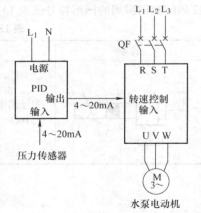

图 14-2　用调速方式实现恒压控制

当管网压力用阀门调节来实现恒压控制时，用阀门调节实现恒压控制的原理如图 14-3 所示。

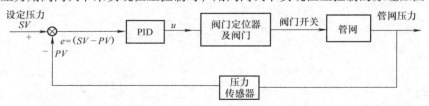

图 14-3　用阀门调节实现恒压控制的原理

在图 14-3 中，阀门定位器的作用是把 PID 输出的 4～20mA 信号转化为对应的阀门开度 0～

90°（全关～全开），其控制过程同图 14-1。

对于多台水泵的供水系统，除了上述的控制过程外，还有一个增减泵的控制，一般情况下需要增加一个 PLC（或类似的控制装置）。其控制过程为：当管网压力 PV 低于设定压力 SV 时，PID 输出增加，变频器频率增加，电动机转速增加，随着水泵的加速，PV 增加，PID 的输出一直增加到最大（20mA）时，变频器的输出频率达到最高频率（50Hz），水泵转速达到额定转速；如果 PV 仍低于 SV，则 PID 输出压力低的报警（开关量）信号，PLC 接到该压力低报警信号，延时一定的时间（一般为 30s～15min）；如果 PV 一直小于 SV，则说明一台水泵已经不够用了，应使 PLC 控制第二台水泵投入运行，一直到开泵台数满足要求为止，PV 值基本稳定在 SV 值附近。当管网压力 PV 大于设定值 SV 时，如果 PID 的输出已经最小（4mA），调速水泵停止运行，如果此时 PV 仍大于 SV，则 PID 输出压力高的报警信号，PLC 接收到此输入信号，延时一定的时间（30s～15min），PLC 控制关掉一台水泵，直到关泵台数满足要求为止，PV 值基本稳定在 SV 值附近。

以 3 台泵为例，3 台泵的恒压变频控制系统电气控制图如图 14-4 所示。目前，很多变频器本身自带 PID 和 PLC，这样造价也低，所以在选型时可以选择这样的变频器，如富士公司的 FREN-IC5000 – P11 变频器、西门子公司的 M430 变频器和爱默生公司的 TD2100 变频器等。

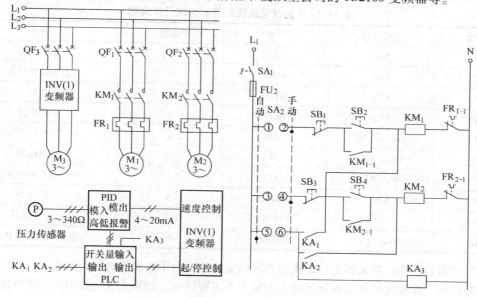

图 14-4　3 台泵的恒压变频控制系统电气控制图

在图 14-4 中，万能转换开关 SA_2 在右边"手动"位置时，①和②接通，③和④接通，⑤和⑥断开，按下起动按钮 SB_2，交流接触器 KM_1 吸合，电动机 M_1 工频起动；按下停止按钮 SB_1，交流接触器 KM_1 释放，电动机 M_1 停止运行；按下起动按钮 SB_4，交流接触器 KM_2 吸合，电动机 M_2 工频起动；按下停止按钮 SB_3，交流接触器 KM_2 释放，电动机 M_2 停止运行。

在图 14-4 中，万能转换开关 SA_2 在左边"自动"位置时，①和②断开，③和④断开，⑤和⑥接通，KA_3 吸合，PLC 控制变频器的起动，PID 的压力高报警信号和压力低报警信号接 PLC 的输入端，PLC 测量到压力高报警信号或压力低报警信号，如果一直存在该信号，延时一定时间，则 PLC 控制电动机 M_1 和电动机 M_2 起动或停止。PLC 输出控制继电器 KA_1 吸合时，交流接触器 KM_1 吸合，电动机 M_1 工频起动；PLC 输出控制继电器 KA_1 断开时，交流接触器 KM_1 失电释放，电动机 M_1 停止运行；PLC 控制继电器 KA_2 吸合时，交流接触器 KM_2 吸合，电动机 M_2 工频起动；

PLC 控制继电器 KA_2 断开时，交流接触器 KM_2 失电释放，电动机 M_2 停止运行。压力传感器 P 测量管道中水的压力，根据压力的大小输出 3～340Ω 的模拟信号到 PID 控制器，PID 根据误差 $e(=SV-PV)$，运算后输出 4～20mA 的调节信号到变频器的速度控制输入端，改变水泵电动机的转速，从而实现压力的恒定控制。注意：万能转换开关 SA_2 的②和④触头不能合并为一个触头，否则"自动"时，继电器 KA_1 或 KA_2 线圈吸合会造成手动按钮也能起动水泵电动机。

在图 14-3 中，如果不用 PID 和阀门定位器，而是利用 PLC 对阀门电动机直接进行开阀、关阀和停止 3 个动作的控制也可实现恒压控制。用 PLC 实现恒压控制如图 14-5 所示。

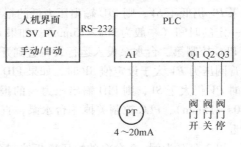

管网压力 PV 低于 SV 时，PLC 输出打开阀门控制信号，随着阀门打开角度增加管网压力 PV 升高，当 PLC 判别到 $PV=SV$ 时，PLC 输出停止阀门运行信号，阀门停在使 $PV=SV$ 的位置上。当 PV 大于 SV 时，PLC 控制阀门关，阀门打开角度减小，

图 14-5　用 PLC 实现恒压控制

当 $PV=SV$ 时，PLC 输出阀门停止运行信号。3 台泵恒压变频控制系统元件清单见表 14-1。

表 14-1　3 台泵恒压变频控制系统元件清单

序号	电气符号	型号	数量	备注
1	SA_1	LA2	1	电源开关
2	SA_2	LW5	1	万能转换开关
3	FU_1	RT14	1	3A
4	QF_1、QF_2、QF_3	DZ47	3	电动机型
5	KM_1、KM_2	CJ20	2	AC 220V 线圈电压
6	FR_1、FR_2	JR	2	热继电器
7	SB_1、SB_2、SB_3、SB_4	LA19	4	两个常开两个常闭
8	KA_1、KA_2、KA_3	HH52	3	一组触头
9	P	YTZ150	1	压力传感器
10	INV（1）	TD2100	1	带 PID 和编程 PLC

初学者需要注意：断路器有电动机型和线路型之分，由于电动机的起动电流大，所以，电动机型的断路器，在较大的电动机起动冲击电流下不出现跳闸，如果选成线路型的，则可能出现断路器在电动机起动时跳闸的问题。

目前，变频恒压供水设备在工业用水、市政输水、建筑用水及民用小区供水等领域大量应用，它避免了用阀门调节压力时造成的节流损失，使用也十分方便。两者的控制系统基本一样，只是用变频器调节电动机的转速替代了控制阀门开度的调节方法。

14.2　恒温度控制

在工业及民用领域有很多场合都需要温度保持为一个恒定值，如中央空调系统的温度控制，某些化学反应的温度控制等。同压力控制相比，因温度升降时间过程较长，一般控制的滞后较大。如果温度控制的要求不高，用一个带回差的温度开关既可实现近似的恒温控制，像电熨斗上的双金属片温度开关控制就是这类温度控制，温度高于 T_1 时，触点断开，温度低于 T_2 时，触点吸合，但如果工艺要求温度控制精度较高且快速的话，上述的简单控制方法就难以实现了。

以冷热水混合，保持输出混合水温度恒定为例，假设冷水进水量不控制，用变频器调节热水泵的热水供应量来实现混合水温度的恒定，则此恒温控制系统原理如图 14-6 所示。恒温控制的过程其实与恒压控制基本相同。

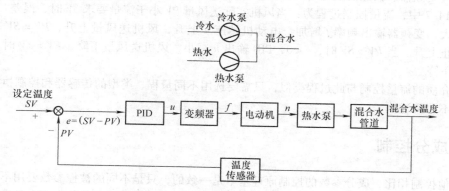

图 14-6　恒温控制系统原理图

混合管道实际温度 $PV < SV$ 时，e 大于 0，PID 输出 u 增大，变频器输出频率 f 上升，热水泵转速增高，热水输入量增加，混合水温度上升，直到 $PV = SV$ 为止。当 $PV > SV$ 时，e 小于 0，PID 输出 u 减小，变频器输出频率 f 下降，热水输入量减小，混合水温度 PV 下降，直到 $PV = SV$ 为止。

恒温控制如采用控制冷水泵输入量的方式，就会发现一个奇怪的现象，PID 输出量 u 与误差 e 的作用关系正好与上述现象相反，即 $PV > SV$ 时，$e < 0$，要求 PID 的输出 u 增大；$PV < SV$ 时，$e > 0$，要求 PID 的输出 u 减小。PID 的作用方式有热控和冷控两种模式，或者叫正作用和反作用，$e < 0$ 时，PID 输出 u 减小的叫热控模式（加热模式）；$e < 0$ 时，PID 输出 u 增大的叫冷控模式（制冷模式）。在实际使用中，要选择好 PID 的输出模式。

恒温控制系统元件清单见表 14-2。

表 14-2　恒温控制系统元件清单

序号	电气符号	型号	数量	备注
1	PID	IAO	1	
2	T（温度传感器）	JWB	1	
3	INV	P11	1	水泵风机类

14.3　恒流量控制

以控制风机的送风量恒定为例，说明恒流量控制的原理和过程。假设用变频器控制风机电动机的转速，恒流量控制的原理图如图 14-7 所示。

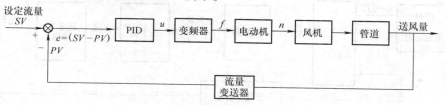

图 14-7　恒流量控制的原理图

在图 14-7 中，控制过程同恒压控制一样，只不过是传感器换成了流量传感器。其实在自动控制中，很多过程参数的控制原理基本相似，只要更换不同的传感器（温度、压力、成分等）和执行器（变频器、调速器或电动阀门等）就行。

在图 14-7 中，流量控制过程为：当风机实际送风量 PV 小于流量要求 SV 时，误差 $e > 0$，PID 输出 u 增大，变频器输出频率 f 增加，电动机转速 n 上升，风机送风量上升，$PV = SV$ 时，电动机转速停止上升。当 $PV > SV$ 时，$e < 0$，PID 输出 u 减小，风机送风量下降，$PV = SV$ 时，电动机转速停止下降。

其他介质的流量控制与此过程类似，只需要选用不同量程、类型的传感器和控制执行机构即可，在此不再赘述。

14.4 成分控制

与其他控制相比，成分参数的控制原理基本是一致的，只是不同的被控参数要用不同的传感器。成分控制与压力、流量控制的最大不同是测量信号的实时性不好，参数有很大的滞后。

对于粗略的成分配比控制，可采用简单的开环比例控制，不需要闭环控制，可以省去成分分析传感器。以 A 液体与 B 液体混合要求容积比例为 $m:1$ 为例，成分配比控制如图 14-8 所示。

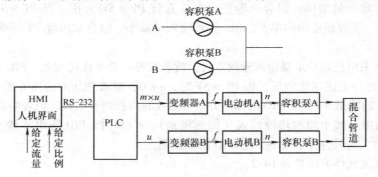

图 14-8　成分配比控制

假设 A、B 两种液体用同样的容积式计量泵输送，则容积配比 $m:1$ 也就是计量泵电动机的转速之比。如果 A 与 B 配比的精度要求不高，可以不使用成分分析传感器测量反馈信号。

如果混合后的液体可能会因某种液体内部其他成分不同或批次的变化导致最终成分浓度不合适，这时就需要在上述比例投加的基础上再增加一个闭环控制。以水厂加氯灭菌控制为例，根据进厂水流量按一定比例加氯，在清水池中，水和氯充分混合，水中的细菌被氯杀死，清水池中的水由送水泵送入千家万户。为了使出厂水从管道输送到用户终端时仍有一定的杀菌能力，一般要求出厂水仍要维持一定的余氯量。余氯自动控制原理图如图 14-9 所示。

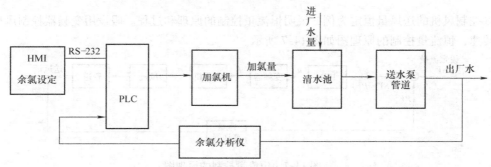

图 14-9　余氯自动控制原理图

14.5　张力控制

在造纸、印刷、不干胶模切、拉丝、轧钢等很多场合为了提高产品的质量，要求保持材料张力的恒定。以造纸和印刷为例，保持张力恒定也就是保持纸的拉力恒定。

1. 张力测量

张力可以用图 14-10 所示的方法简单测出。

在图 14-10 中，忽略纸本身的质量，图中砝码的重量就是纸的张力。

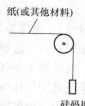

纸(或其他材料)

砝码 W

图 14-10　张力测定

张力传感器的作用是检测张力的大小，它的原理同力传感器一样。张力传感器有单臂测量、双臂测量、悬臂式测量、浮辊测量等方式。张力传感器的测量方式如图 14-11 示出，其中浮辊式测量方式可用电位器检测转动角度来推出张力的变化。

双臂测量方式测出的张力是张力轴向下的总合力，$F_1 + F_2 = F + W$，W 为轴的自重，F 是总张力，在两侧对称的情况下，$F_1 \approx F_2$。如果张力控制精度要求不太严格时，也可用单臂测量方式只测量 F_1 即可。悬臂式张力传感器测出的力要经过换算才能得出张力轴的实际张力值 F，不过悬臂式张力传感器受材料里外位置的变化可能会得到不一样的张力值，这要引起注意。

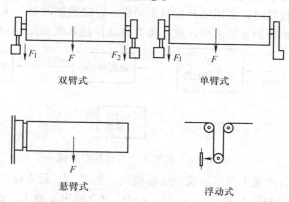

双臂式　　　　单臂式

悬臂式　　　　浮动式

图 14-11　张力传感器的测量方式

2. 用于张力控制的离合器和制动器

在介绍张力控制之前，我们先讲一下在张力控制领域被广泛使用的几种执行装置：磁粉制动器和磁粉离合器，气动刹车和气动离合器。

磁粉制动器和气动刹车的作用是提供可变的制动力，主要用于放卷控制，如图 14-12 所示。

磁粉制动器和气动刹车的一端固定，另一端可以自由转动。磁粉制动器内部有一组线圈、固定部件和运动部件，在固定部件和运动部件之间充有很细的磁粉，改变接在线圈两端的电压（一般为直流 $0 \sim 24\text{V}$），磁粉磁化程度发生变化，运动部件和固定

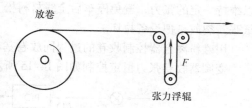

放卷

F

张力浮辊

图 14-12　放卷控制

定部件之间的摩擦力发生变化，也就改变了运动部件的转动阻力，同时也就改变了纸张放卷侧的张力。当线圈电压最高时，运动端被强行制动停止。气动刹车的内部有气囊（或气缸）、旋转盘和固定摩擦片等，摩擦片在气囊与旋转盘之间，旋转片与放卷轴连接，改变气囊内的气压就改变

了摩擦片与旋转片之间的摩擦力，同时也就改变了纸张放卷侧的张力。

磁粉离合器和气动离合器的作用是收卷，收卷控制如图 14-13 所示。

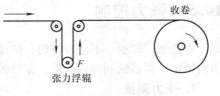

图 14-13　收卷控制

磁粉离合器和气动离合器提供可变的跟随主轴旋转的力。磁粉离合器的原理同磁粉制动器差不多，但是磁粉制动器的固定部件变为有一定转速的主运动轴，跟随主轴旋转的力和速度取决于磁粉离合器线圈上电压的大小，电压为 0V 时运动部件不随主轴转动（无负载时可能虚转），电压为最大时，运动部件跟随主轴同速运转。气动离合器的原理同气动刹车的原理基本相同，只不过原来固定的摩擦片变为可以旋转的摩擦盘。

气动刹车与气动离合器的作用和磁粉制动器与磁粉离合器的作用从原理上看差不多，只不过一个是利用气体压力的大小来调整摩擦片和旋转盘面的摩擦力，另一个是利用磁粉的电磁力来调节摩擦力。如果需要用电信号去控制气动刹车和气动离合器，则需要使用电—气转换器和气—电转换器，把 4～20mA 的信号（或其他标准信号）与气压进行转换，通过气压的变化实现转矩的不同。

3. 有张力测量的张力控制

最简单的张力控制可以用人工手动调节输出到磁粉制动器（或离合器）线圈上的电压来完成。其实多数手动张力控制器就是一个可调节输出电压的电源。

张力控制精度要求较高时，要用闭环控制来完成。以磁粉制动器、张力传感器和张力自动控制器组成的放卷张力自动控制系统为例，放卷张力自动控制系统如图 14-14 所示。

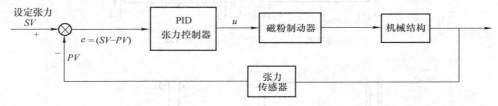

图 14-14　放卷张力自动控制系统

在图 14-14 中，将自动张力控制器设为放卷模式，把 P、I、最大输出值、停车输出值等参数设定好，张力传感器测出的张力值 $PV < SV$ 时，$e > 0$，PID 输出 u 增大，磁粉制动器制动力增加，纸的张力增大，一直到 $PV = SV$ 为止。当 $PV > SV$ 时，$e < 0$，PID 的输出 u 减小，磁粉制动器的制动力减小，实际张力 PV 减小，一直到 $PV = SV$ 为止。

自动张力控制器有放卷和收卷模式，其内部 PID 输出的增大和减小方向正好相反，这一点务必注意。PID 的停车输出主要是为了实现停止时磁粉制动器（或离合器）输出一个小的制动力，以维持一定的张力，避免停车后全线材料松下来。PID 的最大输出是为了避免 PID 输出过大造成纸张断裂或是把设备拉坏。

用磁粉离合器控制收卷的过程同放卷基本相同，在此不再阐述。

变频器收卷张力恒定控制如图 14-15 所示。

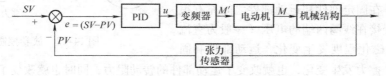

图 14-15　变频器收卷张力恒定控制

在图 14-15 中，张力传感器把张力 F 变为标准信号（4～20mA、0～10mA、0～5V 等）PV 送

入 PID 中，设定张力 SV 和实际张力 PV 相比较，当 PV < SV 时，$e > 0$，PID 输出 u 增加，变频器输出转矩 M′ 升高，电动机转矩 M 升高，张力 PV 回升，直到 PV = SV 为止。当 PV > SV 时，$e < 0$，PID 输出 u 减小，变频器输出转矩 M′ 降低，电动机转矩 M 下降，张力 PV 减小，直到 PV = SV 为止。

用伺服控制器构成张力控制的方法与此差不多，在此不再赘述。无论是变频器还是伺服控制器，最好工作在转矩控制方式，转矩控制方式比速度控制方式效果要好。

4. 无张力测量传感器的张力控制

变频器或伺服电动机进行张力控制时，电动机的转速容易取得，这时可以省掉张力传感器，利用电动机转速 n 和料带的线速度 v 来推算料卷的直径 D，进而推算出张力 F，通过控制变频器的输出转矩 T，以实现张力 F 恒定。

假设电动机与负载辊之间有一个减速比为 m 的减速机，则速度 v 与 n、m 和直径 D 的关系见式（14-1）。

$$v = \frac{n}{m60}\pi D \tag{14-1}$$

得出直径 D：

$$D = \frac{vm60}{n\pi} \tag{14-2}$$

根据转矩 T 和张力 F 的关系为

$$T = F\frac{D}{2} = \frac{Fvm30}{n\pi} \tag{14-3}$$

对于恒张力控制，只要保持 T 和推算出的 D 正比，就可以保持 F 恒定，如果车速 v 恒定，测出 n，变换式（14-4）为

$$T = \frac{Fvm30}{n\pi} = K\frac{Fv}{n} \tag{14-4}$$

式（14-4）表明，给出车速 v，保持料带的张力 F 恒定，测出转速 n，就可以计算出 T，并控制 T，则可以保持 F 恒定。F 和 v 一定，n 小时，电动机的转矩 T 要大，而转速 n 大时，电动机的转矩 T 要小。

其他几种无张力传感器的恒张力控制的方法：

1）利用多个反射式光电开关或多个电容器式接近开关在几个半径位置上检测料卷的半径 R，然后用该半径 R 与需要的张力 F 相乘并乘以一个常数作为电动机转矩 M 的设定值，即可以实现张力的分档控制。

2）利用超声波测距或激光测距传感器，精确测量料卷的半径，实现连续的恒张力控制。

3）利用带滚轮的摆臂，把滚轮放在料卷上，直径的变换变成摆臂的转动，利用角度传感器（如电位器、编码器等）测量摆臂的角度，精确推算出料卷的半径，实现连续的恒张力控制。

无张力传感器实现恒张力控制的优点：反应速度比带张力传感器的闭环控制要快，尤其是对于频繁处于停停走走的料带输送场合，效果就更明显，与闭环反馈方式比，它不需要等张力有了偏差才调节，它类似于前馈控制方式，直接计算并输出需要的电动机转矩。

14.6　负载分配控制

有些工业生产场合为了使负载受力均匀，需要用两台以上的电动机拖动同一负载，例如拖动同一条较长的传送带或拖动同一传动轴等。为了工艺稳定或设备安全，一般要求每台电动机的运行速度要均衡稳定，出力要均匀，避免转得快的电动机拖动转得慢的电动机。这时就需要用负载分配的方式进行协调控制，让主电动机仍按速度控制，与其他工位上的电动机同步运行，调节从动电动机的转矩或速度，使拖动同一负载的几个电动机按比例出力。

1. 从动电动机直接转矩跟速

让从动电动机直接按转矩控制，转矩大小跟随主电动机输出的转矩（或电流），主电动机转矩大时，从电动机的输出转矩也同比例的增大，保持两者转矩同赠同减。负载分配控制如图 14-16 所示。

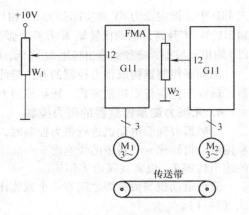

在图 14-16 中，两台电动机按相同的负载率进行工作，M_1 为主拖动电动机，富士 G11 变频器 1 驱动 M_1，变频器 1 运行在频率控制模式（F42 = 0），调节电位器 W_1 可以改变 M_1 的运行速度。M_2 为跟随电动机，变频器 2 驱动 M_2，富士 G11 变频器 2 运行在转矩控制模式（F42 = 1）。变频器 1 的运行转矩通过 FMA 端子模拟输出（F31 = 4），FMA 端模拟输出的

图 14-16　负载分配控制

电压信号作为 M_2 电动机的转矩设定值，M_2 电动机按设定转矩运行。M_1 出力大时，M_2 的输出转矩也同比增大，这种控制方式不会有 M_1 拖动 M_2 的问题发生。

2. 从动电动机用速度 + 转矩微调的运行方式

速度 + 转矩微调的运行方式如图 14-17 所示，变频器 INV_2 跟随变频器 INV_1 的速度 v_1 运行，同时变频器 2 采集变频器 1 的电流（转矩）信号与自身的电流 A_2 进行对比，用 PID 的输出值 v_0 与速度 v_1 进行叠加，输出变频器 2 的控制速度 v_2。v_1 为主设定值，A_1 为 PID 微调设定值，A_2 是 PID 反馈值。

当 A_2 小于 A_1 时，PID 的输出 v_0 增加，所以 v_2 增加，因为它们拖动同一个负载，势必使 A_2 增加；当 A_2 大于 A_1 时，PID 的输出 v_0 减小，所以 v_2 减小，因为它们拖动同一个负载，势必使 A_2 减小，这样就基本保证了 A_1 和 A_2 相等，也就是出力比例相等，负载得到了均衡的分配。MM440 的 PID 微调功能与 BIBO 功能的组合就可以实现这种负载分配运行方式。

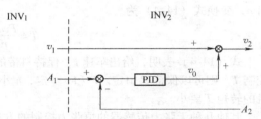

图 14-17　速度 + 转矩微调的运行方式

14.7　一种四工位套准控制系统的结构设计

在印刷、模切、包装等领域除了要求同步控制外，还要求根据产品的位置调整下一工作轴的角度，以实现准确的套印、套切和对准，这就是套准控制。以四工位印刷控制系统为例，4 个工位采用同一机械主轴驱动，每个工位用机械相位调节器微调印辊。四工位机械相位调节自动套准控制系统如图 14-18 所示。

M_1 是主轴拖动三相电动机，它由丹佛斯变频器驱动，由变频器内部扩展的同步控制卡控制位置。M_1 带动 4 个机械相位调整器，4 个机械相位调整器的输出轴带动 4 个印辊同步转动。在 4 个工位中，第 1 个印辊是基准轴，不需要

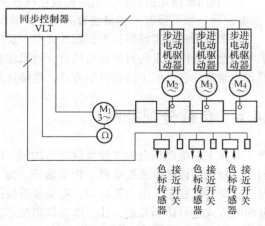

图 14-18　四工位机械相位调节自动套准控制系统

调整，为了准确印刷 4 种颜色，后面的印辊需要根据与第 1 个印辊的相位误差向前或向后调整。后面 3 个机械相位调整器的相位调节轴上安装步进电动机 M_2、M_3 和 M_4，步进电动机 M_2 的动作方向和动作幅度是根据色标传感器 2 和印辊上接近开关 2 的相位关系进行调整，由丹佛斯变频器 VLT5000 上的同步卡计算相位误差，同步卡输出信号控制步进电动机的转动角度调整印辊向前或向后移动一个相位角，以实现第 2 种颜色的套准印刷。工位 3 和工位 4 步进电动机的动作原理相同。

14.8 用 PLC 和电台组成的无线遥控遥调自动控制系统

1. 用 S7 – 300PLC 组成的无线遥控遥调网络

当多个控制点之间的距离很远，且偏僻、分散时，例如城市自来水和水利等部门的水源井、阀门和水位监控等，这些设备分散在几十甚至几百平方公里内，为了对这些分散的设备或传感器进行控制和检测，再采用总线方式或集中方式进行控制就已经是不可能的了，这时人们往往采用无线控制的方式来解决这一问题。下面给出用 S7 – 300PLC 组成的无线遥控遥调系统的方法，用 S7 – 300PLC 组成的无线遥控遥调系统如图 14-19 所示。

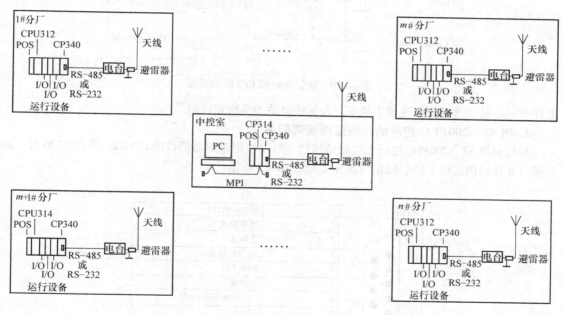

图 14-19 用 S7 – 300PLC 组成的无线遥控遥调系统

中央控制室的主站由 S7 – 300PLC 的 CP314 和 CP340 通信模块组成，CP340 通信模块的 RS – 485（或 RS – 232）口与电台的 RS – 485（或 RS – 232）口连接，电台和天线之间串接避雷器，以防雷电击毁设备。

外围的分站由 CPU312FM、若干 I/O 模块和 CP340 通信模块组成，I/O 模块的数量根据现场设备的数量和信号种类配置，CP340 通信模块的 RS – 485（或 RS – 232）口与电台的 RS – 485（或 RS – 232）口连接，电台和天线之间串接避雷器，以防雷电击毁设备。通信电台和 CP340 的连接如图 14-20 所示。

要求中控室的主站依次查询各个分站的数据，中控室 PLC 发射出去的数据中，包含被叫分站的地址和给该站的控制指令，分站收到有该地址的指令时，就向中控室发回被巡检的数据，同时按控制命令的要求开关设备和调节工艺目标设定值。中控室的 PLC 发射出去的数据地址 +1，

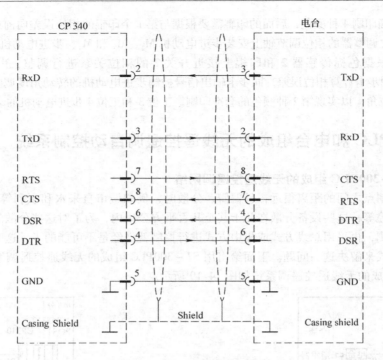

图 14-20　通信电台和 CP340 的连接

循环下一个站，这样就实现了中控室对各无线分站的巡检和控制。

2. 用 S7 – 200PLC 组成的无线遥控遥调网络

如果利用 S7 – 200PLC 进行无线通信连接，可以使用带双通信口的 CPU224 或 CPU226 等。通信端口 0 和通信端口 1 的引脚布局及含义如图 14-21 所示。

连接器	针	端口0/端口1
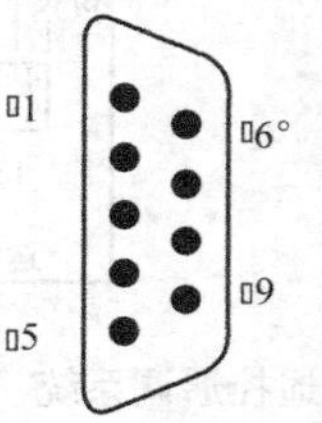	1	机壳接地
	2	逻辑地
	3	RS–485信号B
	4	RTS(TTL)
	5	逻辑地
	6	+V, 100Ω串联电阻
	7	+24V
	8	RS–485信号A
	9	10位协议选择(输入)
	连接器外壳	机壳接地

图 14-21　通信端口 0 和通信端口 1 的引脚布局及含义

将数传电台与通信口 0 连接，通信口 0 设置为自由口模式，自由口由程序编程控制，电台通信口如为 RS – 485 则可以直接连接，如果电台通信口为 RS – 232，则需要使用 RS – 232/PPI 转接电缆，将 RS – 232 转换成 RS – 485 接线方式，同时把通信电缆上的 DIP5 开关拨到 0，通过 DIP1、2、3 选择通信速率。

PLC 为 RUN 时自由口模式激活，在 PLC 为 STOP 状态时自由口恢复为 PPI 协议（点到点接口，可以与编程 PC 连接）。

特殊存储器字节 SMB30 定义通信口 0，特殊存储器字节 SMB130 定义通信口 1。自由口接收数据后产生中断事件 8，且把数据放到 SMB2。SMB3 用于对自由口接收的数据进行奇偶校验，校验错误，则 SM3.0 = 1，可以编制程序判断该位 SM3.0，进行数据取舍。通信口 0 空闲时，SM4.5 = 1。SM4.0 = 1 表示通信中断溢出，说明中断程序的处理速度低于中断发生的频率。SMB30 的意义见表 14-3，如令 SMB30 = 9（二进制 1001），则说明定义通信口 0 为自由口协议，通信速率为 9600 波特率，8 个数据位，不校验。

表 14-3　SMB30 的意义

口 0	描　　述
SMB30 的格式	自由口模式控制字节 MSB　　　　　　　　　　　　　　　　　　LSB 7　　　　　　　　　　　　　　　　　　　0 | p | p | d | b | b | b | m | m |
SM30.0 和 SM30.1	mm：协议选择　　00 = 点到点接口协议 　　　　　　　　　（PPI/从站模式） 　　　　　　　　　01 = 自由口协议 　　　　　　　　　10 = PPI/主站模式 　　　　　　　　　11 = 保留（默认是 PPI/从站模式）
SM30.2 到 SM30.4	bbb：自由口波特率　000 = 38400 波特　　　100 = 2400 波特 　　　　　　　　　　001 = 19200 波特　　　101 = 1200 波特 　　　　　　　　　　010 = 9600 波特　　　 110 = 115200 波特 　　　　　　　　　　011 = 4800 波特　　　 111 = 57600 波特
SM30.5	d：每个字符的数据位　0 = 8 位/字符 　　　　　　　　　　　1 = 7 位/字符
SM30.6 和 SM30.7	pp：校验选择　　00 = 不校验　　　　　10 = 不校验 　　　　　　　　01 = 偶校验　　　　　11 = 奇校验

SM34 产生定时中断 0，定时基准为 1ms，定时区间为 1 ~ 255ms，定时时间到，产生定时器 0 中断事件 10。

自由口发射数据完成后产生中断事件 9。

发射指令 XMT 指定通信口 0 和发射字节数的存放地址，如 VB200 指定发射个数（如 13 个），则从 VB201 开始发射。

3. 用 MD720 - 3 模块组成的 GPRS 无线数据监控网络

方案 1：多个远程站，每个远程站包括 S7 - 224XP，S7 - 224XP 的 PORT1 通过 PC/PPI 电缆与 MD720 - 3 模块连接；将专用天线安装到 MD720 - 3 模块上，MD720 - 3 模块上安装有 SIM 手机卡，SIM 手机卡开通了 GPRS 功能；中心站由 WinCC 组态监控软件、SINAUT MICRO SC 路由（OPC）软件、申请了固定 IP 地址的 ADSL 和 PC 构成，远程站通过 GSM 网络的 GPRS 服务直接向固定 IP 地址的中心站发起连接。

S7 - 200 与 MD720 - 3 模块组成 GPRS 无线数据监控如图 14-22 所示。

远程站硬件构成：

S7 - 224：6ES7 214 - 2BD23 - 0XB8（带两个通

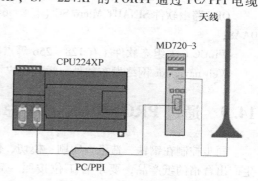

图 14-22　S7 - 200 与 MD720 - 3 模块组成 GPRS 无线数据监控

信口，方便调试，另增加必要的 I/O 模块）；

PC/PPI 电缆：6ES7901 – 3CB30 – 0XA0（一端连接 PLC 的 PORT1，一端连接 MD720 – 3 模块）；

MD720 – 3 模块：6NH9720 – 3AA00；

ANT794 – 4MR 天线：6NH9860 – 1AA00。

中心站构成：

电话线；

ADSL 上网 MODEM（一端连接电话，一端连接计算机 RJ45 网口，向电信部门申请固定 IP 地址）；

PC（带 RJ45 上网口）；

SINAUT Micro SC 路由软件（有 8、64、128、256 等数量的终端授权）：6NH9910 – 0AA10 – 0AAX；

WinCC 6.1 组态软件（有 128、256 等点数授权）：6AV6381 – 1BM06 – 0DV0。

方案 2：多个远程站包括 S7 – 314、CP340 模块，CP340 模块的 RS – 232 口与 MD720 – 3 模块（+专用天线）连接，CP340 模块与 MD720 – 3 模块的 RS – 232 口直接连接（1 – 1、2 – 2…）；MD720 – 3 模块上安装 SIM 手机卡，SIM 手机卡开通了 GPRS 功能；中心站由 WinCC 组态软件、SINAUT MICRO SC 路由软件、带有固定 IP 地址的 ADSL、PC 构成，远程站通过 GPRS 服务连接到固定 IP 地址的中心站。

S7 – 300 与 MD720 – 3 模块组成 GPRS 无线数据监控如图 14-23 所示。

远程站硬件构成：

S7 – 300：6ES7 314 – 1AE01 – 0AB0（增加其他必要的 I/O 模块）；

CP340：6ES7 340 – 1AH00 – 0AE0；

MD720 – 3 模块：6NH9720 – 3AA00；

ANT794 – 4MR 天线：6NH9860 – 1AA00。

中心站构成：

电话线；

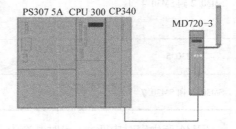

图 14-23   S7 – 300 与 MD720 – 3 模块组成 GPRS 无线数据监控

ADSL 上网 MODEM（一端连接电话，一端连接计算机 RJ45 网口，向电信部门申请固定 IP 地址）；

PC（带 RJ45 上网口）；

OPC 路由软件 SINAUT Micro SC（有 8、64、128、256 等数量的终端授权）：6NH9910 – 0AA10 – 0AA8；

WinCC 6.1 组态软件（有 128、256 等点数的授权）：6AV6381 – 1BM06 – 0DV0。

Web navigator 网络发布软件，远程客户可通过到固定 IP 地址的中心站进行数据查看。

14.9   通过 PROFIBUS – DP 总线实现多台变频器的同步运行

同步控制在钢铁、造纸、印刷、模切、包装等领域广泛应用，以造纸机为例，为了保证纸机生产出合格的纸产品，要求各工位按照一定的速度关系同步运行。造纸生产工艺如图 14-24 所示。

在图 14-24 中，1 轧、2 轧、3 轧的主要功能是把刚从网部纸浆成形来的湿纸中的水分轧出

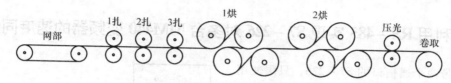

图 14-24　造纸生产工艺

来，1 烘和 2 烘的作用是继续将纸中的水分烘干，压光的作用是利用光亮的压棍将纸的密度提高以形成表面光亮的纸，卷取的作用是将纸产品卷取后存放。工艺要求保持这几道工序中纸的线速度基本恒定，并根据纸的延展性和热收缩性来形成一定的速度比例关系。一般情况下，由于前面几道工序是湿纸，由于挤压的延展作用，1 轧、2 轧、3 轧和 1 烘 4 道工位后一级要比前一级略快一些，而 1 烘以后由于纸的收缩性而使速度逐级变慢。在生产工艺中，可以用西门子 MM440 变频器和西门子 S7 – 300PLC 构成纸机多工位开环速度同步控制系统。3 工位速度同步控制系统如图 14-25 所示。

在图 14-25 中，S7 – 300PLC 与 3 台 MM440 变频器之间采用 PROFIBUS – DP 总线进行通信，用触摸屏控制各工位的起停（各工位变频器的起停）和调整工位的速度（各工位变频器频率高低）。

S7 – 300PLC 的 CPU 选用带 DP 口的，PLC 为主站，打开每个变频器的前盖，插入 1 块 PROFIBUS – DP 通信卡，使变频器成为从站，用总线连接器将 CPU 上的 DP 口和 DP 通信卡上的 DP 口连接起来，在 PLC 侧将总线连接器的终端电阻拨到"ON"，将

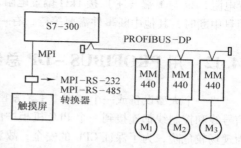

图 14-25　3 工位速度同步控制系统

电机 M_3 对应变频器 DP 通信卡上的总线连接器的终端电阻拨到"ON"，其余拨到"OFF"。触摸屏选用 MT506，通过一条转换电缆（触摸屏厂家自带）将 PLC 的 MPI 口与触摸屏的 RS – 232/485 口连接。

14.10　高速闭环同步控制系统

如果纸机的车速大于 200m/min，为了保证调速精度，每个工位的拖动电动机最好附加一个编码器同变频器形成闭环，用来提高速度特性的硬度和抗扰动能力。纸机控制系统可采用 S7 – 400PLC 和 ACS500 变频器，并通过 PROFIBUS – DP 总线调整各工位车速。ACS500 变频器和本工位电动机上的编码器组成闭环速度控制。造纸机多工位闭环速度同步控制系统如图 14-26 所示。

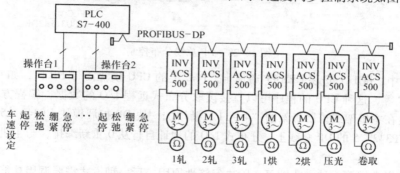

图 14-26　造纸机多工位闭环速度同步控制系统

14.11　利用 RS–485 实现 S7–226 对多台 MM440 变频器的速度同步控制

使用带两个通信口的 S7–226，只限使用 PORT0 与 32 台以内的 MM440 变频器的 RS–485 口（30 和 29 端子）连接。S7–226 对 MM440 变频器的同步控制如图 14-27 所示。S7–226 的 PORT0 作为 RS–485 总线的一端，PORT0 用 PROFIBUS（L2）连接器，其中 A1 接 30，B1 接 29，终端电阻拨到"ON"，RS–485 总线的最后一台 MM440，30 和 29 端之间接 120Ω 终端电阻，30 与 2 端（−）接 1kΩ 偏置电阻，29 与 1 端（＋）接 1kΩ 偏置电阻。这种方式为异步通信方式，采用中断驱动，在接收消息中断时，其他中断事件需要等待，有一定的延时。

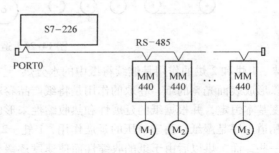

图 14-27　S7–226 对 MM440 变频器的同步控制

14.12　用 PROFIBUS–DP 总线实现单 CPU 的分布式控制

当一个大型设备或一个车间中工艺紧密关联的控制信号较分散或距离较远时，如果仍采用把信号线和控制线都连接到一个 PLC 机柜中的方法，线路成本增加，布线也不方便。也有时是因为现场较危险，为了保证 CPU 的安全，故意把 I/O 模块与 CPU 分开，这时我们可以利用 PROFIBUS–DP（简称 DP）总线和分布式 I/O 站构成分布式控制方式，现场的输入信号和现场的控制信号直接连接到最近的分布式 I/O 站。DP 总线分布控制如图 14-28 所示。

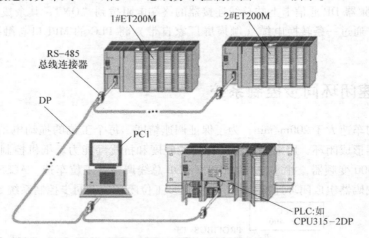

图 14-28　DP 总线分布控制

图 14-28 中，PC1 上安装 CP5611 通信卡，PLC 上的 CPU 模块需带 DP 口，如 CPU315–2DP、CPU314–2DP 等，这种 CPU 的程序可以直接读取分布式远程 I/O 的数据，编程方法简单。还有一种方式，是在主机架或扩展机架的"4~11"槽增加一块 DP 扩展模块 CP342–5，将分布式远程 I/O 挂到 CP342–5 的 DP 总线上，分布式 I/O 的地址自行从 0 重新编排，与主机架的 I/O 地址编排无关。

建议初学者掌握第一种方式即可，除去经济性原因，后一种方式需要调用功能块 FC1（DP _

SEND）和 FC2（DP_）才能读写分布式远程 I/O，CPU342-5 自动读取分布式 I/O 的数据，并放到一个指定的位置，CPU 通过读写这些指定位置的数据来实现对分布式 I/O 站的读写。

　　PC1 上安装的 CP5611 卡有 DP（MPI）口，ET200M 为分布式远程 I/O 站，1#ET200M 和 2#ET200M 上均有一块 IM153 模块，每个 IM153 上的拨码应拨到安排给它的 DP 地址。为了 PLC 和 ET200M 能够正常通信，要求 CPU 的 DP 地址和 2 个 IM153 的 DP 地址应相互不同，初学者也可以采用默认地址。CPU 带分布式 I/O 站的数量有一定的限制，例如 CPU315-2DP 最多可以带 16 个。

　　DP 总线的通信线：DP 总线的通信线与 MPI 总线一样，使用两芯屏蔽双绞线。两芯屏蔽双绞线可以直接从西门子 PLC 供货商订购，标准电缆的订货号为"6XV 830-…"。电缆内有一根红线和一根绿线，中间有金属屏蔽层，标准长度为 20m、50m、100m、200m、500m。两芯屏蔽双绞线也可以从市场上购买。

　　RS-485 总线连接器：DP 总线的 RS-485 总线连接器与 MPI 总线一样，RS-485 总线连接器有外形、接线角度和有无编程口等多种选择。带编程口的 RS-485 总线连接器主要用于连接 PLC，现场调试时，监视和修改 PLC 的程序较方便，RS-485 总线连接器的订货号为"6ES7 972-…"。

　　每个 RS-485 总线连接器有 4 个接线端，一个线缆口为 A1 和 B1，一个线缆口为 A2 和 B2，接线时遵守 A 接 A 和 B 接 B 的原则。PLC 的 DP 口、ET200M 的 DP 口和 CP5611 的 DP 口连接，每个 DP 口安装一个 RS-485 总线连接器，各个 RS-485 总线连接器之间用屏蔽双绞线电缆连接。本例中，PLC 的 RS-485 总线连接器的 A1 接 PC1 的 RS-485 总线连接器的 A1，PLC 的 RS-485 总线连接器的 B1 接 PC1 的 RS-485 总线连接器的 B1，PC1 的 RS-485 总线连接器的 A2 接 1#ET200M 的 RS-485 总线连接器的 A1，PC1 的 RS-485 总线连接器的 B2 接 1#ET200M 的 RS-485 总线连接器的 B1，1#ET200M 的 RS-485 总线连接器的 A2 接 2#ET200M 的 RS-485 总线连接器的 A1，1#ET200M 的 RS-485 总线连接器的 B2 接 2#ET200M 的 RS-485 总线连接器的 B1。

　　终端电阻：只有一根通信电缆的 RS-485 总线连接器将终端电阻拨到"ON"的位置，有两根通信电缆的 RS-485 总线连接器将终端电阻拨到"OFF"的位置。本例中，PLC 的 RS-485 总线连接器只有一根通信电缆，所以需要将终端电阻拨到"ON"的位置，2#ET200M 的 RS-485 总线连接器只有一根通信电缆，所以需要将终端电阻拨到"ON"的位置，PC1 和 1#ET200M 的 RS-485 总线连接器上的终端电阻拨到"OFF"位置。终端电阻的作用是为了防止通信信号在电缆两端产生回波，使有效信号变形失真。

　　有源 RS-485 终端组件：这种多节点的 DP（或 MPI）网络，在两端的设备（本例的 PC1 和 2#ET200M）出现故障时，有可能会导致 DP（或 MPI）网络瘫痪，如欲提高 DP（或 MPI）网络的可靠性，也可以在 DP（或 MPI）总线的两端安装有源 RS-485 终端组件——"PROFIBUS TERMINATOR"，订货号为 6ES7 972-0DA00-0AA0。该组件由直流 24V 供电，通信速率为 9.6kbit/s~12Mbit/s，使用时将通信速率拨到所接入 DP（或 MPI）网相同的速率，DP（或 MPI）线缆接到 A1 和 B1。

　　DP 总线出现通信报警故障：对于多节点的 DP（或 MPI）网络，如果 DP 总线出现通信报警故障，可以将中间的 RS-485 总线连接器的终端电阻拨到"ON"的位置，观察前后网段，故障仍未消失的那段即为故障段。再用同样的方法确定故障段，最后找到故障点。

　　一个 DP（或 MPI）网段最多 32 个站，包括中继器和有源终端在内，多于 32 个就需要增加 RS-485 中继器。

　　如果采用触摸屏监控方式，则 DP 总线分布控制如图 14-29 所示。

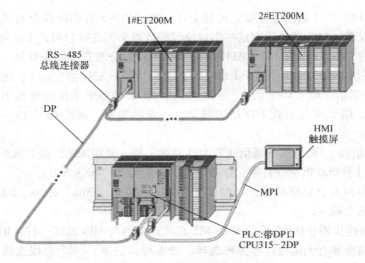

图 14-29 DP 总线分布控制

图 14-29 中，触摸屏与 PLC 的 MPI 口之间通过专用电缆连接。该电缆的型号咨询触摸屏厂商即可，如果触摸屏选用西门子的产品，则直接订购与该触摸屏对应的电缆，其他同上。

通过 DP 总线 1 个 CPU31x－2DP 主站可以扩展并管理 124 个 ET200M 分布式 I/O。分布式 I/O 扩展方法如图 14-30 所示。

案例

一个独立的水处理车间，有分散的 1#泵站和 2#泵站为其供水，每个泵站的开泵台数根据水处理车间的两个水池液位进行控制。欲实现整个生产过程的远程监控，采用 S7－300PLC 和 MT506 触摸屏，水处理车间的 PLC 采用 CPU315－2DPC，利用 DP 总线和分布式 I/O 站对远程的 2 个泵站进行控制。现场被监控信号的数量、种类即选用的模块数量如下：

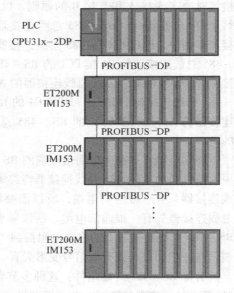

图 14-30 分布式 I/O 扩展方法

水处理车间：

1）开关量输入（DI）信号 28 个，选用 1 块 32 点 DI 模块；

2）开关量输出（DO）信号 13 个，选用 1 块 16 点 DO 模块；

3）模拟量输入（AI）信号 15 个，选用两块 8 点 AI 模块；

4）模拟量输出（AO）信号 3 个，选用 1 块 4 点 AO 模块；

5）CPU 选用带 DP 口的 CPU315－2DP；

6）触摸屏选用 MT506。

1#泵站：

1）开关量输入（DI）信号 12 个，选用 1 块 16 点 DI 模块；

2）开关量输出（DO）信号 7 个，选用 1 块 8 点 DO 模块；

3）模拟量输入（AI）信号 5 个，选用 1 块 8 点 AI 模块；

4）模拟量输出（AO）信号 1 个，选用 1 块 2 点 AO 模块；

5）采用分布式 I/O 站 ET200M，IM153 模块一块。

2#泵站：

1）开关量输入（DI）信号 16 个，选用 1 块 16 点 DI 模块；

2）开关量输出（DO）信号 6 个，选用 1 块 8 点 DO 模块；

3）模拟量输入（AI）信号 5 个，选用 1 块 8 点 AI 模块；

4）模拟量输出（AO）信号 2 个，选用 1 块 2 点 AO 模块；

5）采用分布式 I/O 站 ET200M，IM153 模块一块。

14.13　利用 MPI 总线实现多 PLC 的低成本联网监控

对于有多个车间、多台大型设备或多个工位需要监控的厂矿企业，如果车间、设备或工位之间有一定的距离，且通信速度要求不高，就可以利用 MPI 总线实现低成本的多 PLC 联网监控。

MPI 为西门子 S7 - 300/400 系列 PLC 中 CPU 模块自带的标准编程和通信口，即使是最基本的 CPU 也带有 MPI 口，所以造价较低。对于快速性要求不高的通信场合，这是一种较经济的总线监控方案。3 台 PLC 通过 MPI 连接成低成本总线网如图 14-31 所示。MPI 总线通信电缆为 2 芯的屏蔽双绞线。

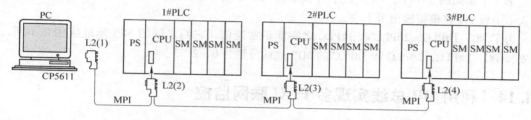

图 14-31　3 台 PLC 通过 MPI 连接成低成本总线网

图 14-31 中，PC 中安装一块西门子的 CP5611 通信卡，该通信卡有一个 MPI（DP）口，S7 - 300 系列 PLC 中的 MPI 口通过屏蔽双绞线和 CP5611 的 MPI（DP）口连接。

PC 机内 CP5611 通信卡的 MPI 口上接一个 DP（MPI）连接器，在每个 PLC 的 MPI 口上接一个 DP（MPI）连接器，用屏蔽双绞通信电缆将各个 MPI（DP）连接器连接起来，就形成了一个公共的 MPI 总线网。总线连接器 L2（1）为一个带编程口的总线连接器，可以方便 STEP7 编程计算机下载和调试 PLC 程序。

图 14-31 中，只有一根通信电缆的总线连接器 L2 将其上的终端电阻拨到“ON”的位置，有两根通信电缆的总线连接器 L2 将其上的终端电阻拨到“OFF”的位置。PC 和 3#PLC 的总线连接器 L2（1）和 L2（4）只有一根通信电缆，所以需要将终端电阻拨到“ON”的位置，1#PLC 和 2#PLC 的总线连接器 L2（2）和 L2（3）的终端电阻拨到“OFF”的位置。终端电阻的作用是为了防止通信信号在电缆两端产生回波，使有效信号变形失真。MPI 总线最两端的设备故障时，PC 和 2#PLC 在最两端，可能会导致 MPI 网瘫痪，为了避免这种情况发生，可以在 MPI 总线的两端采用有源终端电阻模块“PROFIBUS TERMINATOR”，+24V 供电，通信速率为 9.6kbit/s ~ 12Mbit/s。

1. 案例

某企业，生产无危险性质的产品，共有 3 个车间，其中第 1 个车间为成品车间，第 2 个车间为配料车间，第 3 个车间为动力车间，欲用自动化系统对其实现监控。

第 1 个车间，需要监测动力车间的冷却水和加热蒸汽，监测配料车间的原料储量，以便提前准备，采取相应地安全停产措施。有开关量传感器和触点 43 个需要检测，设备的起停和开闭控制点有 15 个，模拟量传感器有 14 个，变频器和调节阀模拟控制点有 7 个。

第 2 个车间，需要监测动力车间的电力负荷，监测成品车间的生产状况，以便调整设备的生产状况。有开关量传感器和触点 21 个需要检测，设备的起停和开闭控制点有 7 个，模拟量传感器有 6 个，变频器和调节阀模拟控制点有 3 个。

第 3 个车间，需要监测成品车间的生产状况，监测配料车间的设备运行情况，以便调整冷却水和蒸汽生产设备的生产状况。有开关量传感器和触点 10 个需要检测，设备的起停和开闭控制点有 4 个，模拟量传感器有 5 个，变频器和调节阀模拟控制点有 3 个。

2. 方案

由于企业无特殊要求，3 台 PLC 选用最经济的 CPU312，用 PLC 上自带的 MPI 口组成 MPI 总线，将各个车间连接起来，PC 上位机上插入 1 块 CP5611 通信卡。各 PLC 的配置如下：

第 1 个车间的 1#PLC，32 点数字开关量输入卡 1 块，16 点数字开关量输入卡 1 块，16 点数字开关量输出卡 1 块，8 点模拟输入卡 2 块，8 点模拟输出卡 1 块。

第 2 个车间的 2#PLC，32 点数字开关量输入卡 1 块，8 点数字开关量输出卡 1 块，8 点模拟输入卡 1 块，4 点模拟输出卡 1 块。

第 3 个车间的 3#PLC，16 点数字开关量输入卡 1 块，8 点数字开关量输出卡 1 块，8 点模拟输入卡 1 块，4 点模拟输出卡 1 块。

为了 PC、1#PLC、2#PLC 和 3#PLC 之间能正常通信，它们之间的 MPI 地址应相互不同，可以安排 PC、1#PLC、2#PLC 和 3#PLC 的 MPI 地址分别为 0、2、3、4。

14.14 利用 DP 总线实现多 PLC 联网监控

对于有多个车间、多台大型设备或多个工位需要监控的厂矿企业，如果车间、设备或工位之间有一定的距离，可以利用 DP 总线实现多 PLC 联网监控。

DP 通信是主站依次轮询各从站进行数据交换，该方式称为 MS（Master – Slave）模式——主从模式，所以在 DP 总线上，所有的 PLC 或者选为主站或是选为从站，这一点同 MPI 总线不一样。

基于 DP 协议的 DX（Direct date exchange）模式——直接数据交换模式，在实现从站向主站发送数据的同时也向其他从站或主站发送数据。

需要注意的是：无论是通过 MS 模式进行数据交换，还是通过 DX 模式进行数据交换，都是利用 PLC 系统中没有用到的 IB、IW、QB、QW 字节进行数据交换，IB、IW、QB、QW 为 PLC 的输入和输出数据映射区，DI 和 DO 模块卡的地址占据一部分输入和输出数据映射区，其余未用的输入和输出数据映射区可以用于数据交换。

图 14-32 所示为 3 套 PLC 和 1 台 PC 组成的 DP 总线结构。DP 总线通信电缆为 2 芯的屏蔽双绞线。

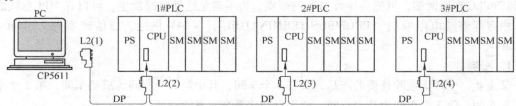

图 14-32　3 套 PLC 和 1 台 PC 组成的 DP 总线结构

图 14-32 中，PC 中安装一块西门子的 CP5611 通信卡，该通信卡有一个 DP（MPI）口，S7 - 300 系列 PLC 中的 DP 口通过屏蔽双绞线和 CP5611 的 DP（MPI）口连接。

PC 内 CP5611 通信卡的 DP 口上接一个 DP（MPI）连接器，在每个 PLC 的 DP 口上接一个总线连接器，用屏蔽双绞线通信电缆将各个总线连接器连接起来，就形成了一个公共的 DP 总线网。

图 14-32 中，总线连接器 L2（1）为一个带编程口的总线连接器，用于 STEP7 编程计算机下载和调试 PLC 程序用，只有一根通信电缆的总线连接器将其上的终端电阻拨到 "ON" 的位置，有两根通信电缆的总线连接器将其上的终端电阻拨到 "OFF" 的位置。PC 和 3#PLC 的总线连接器 L2（1）和 L2（4）只有一根通信电缆，所以需要将终端电阻拨到 "ON" 的位置，1#PLC 和 2#PLC 的总线连接器 L2（2）和 L2（3）的终端电阻拨到 "OFF" 的位置。终端电阻的作用是为了防止通信信号在电缆两端产生回波，使有效信号变形失真。DP 总线最两端的设备故障时，PC 和 2#PLC 在最两端，可能会导致 DP 网瘫痪，为了避免这种情况发生，可以在 DP 总线的两端采用有源终端电阻模块 "PROFIBUS TERMINATOR"。

1. 案例

某企业，生产无危险性质的产品，共有 3 个车间，其中第 1 个车间为成品车间，第 2 个车间为配料车间，第 3 个车间为动力车间，欲用自动化系统对其实现监控。

第 1 个车间，需要监测动力车间的冷却水和加热蒸汽，监测配料车间的原料储量，以便提前准备，采取相应地安全停产措施。有开关量传感器和触点 43 个需要检测，设备的起停和开闭控制点有 15 个，模拟量传感器有 14 个，变频器和调节阀模拟控制点有 7 个。

第 2 个车间，需要监测动力车间的电力负荷，监测成品车间的生产状况，以便调整设备的生产状况。有开关量传感器和触点 21 个需要检测，设备的起停和开闭控制点有 7 个，模拟量传感器有 6 个，变频器和调节阀模拟控制点有 3 个。

第 3 个车间，需要监测成品车间的生产状况，监测配料车间的设备运行情况，以便调整冷却水和蒸汽生产设备的生产状况。有开关量传感器和触点 10 个需要检测，设备的起停和开闭控制点有 4 个，模拟量传感器有 5 个，变频器和调节阀模拟控制点有 3 个。

2. 方案

由于企业无特殊要求，3 台 PLC 选用带 DP 口的 CPU315 - 2DP，用 PLC 上自带的 DP 口组成 DP 总线，将各个车间连接起来，PC 上位机上插入 1 块 CP5611 通信卡。各 PLC 的配置如下：

第 1 个车间的 1#PLC，32 点数字开关量输入卡 1 块，16 点数字开关量输入卡 1 块，16 点数字开关量输出卡 1 块，8 点模拟输入卡 2 块，8 点模拟输出卡 1 块。

第 2 个车间的 2#PLC，32 点数字开关量输入卡 1 块，8 点数字开关量输出卡 1 块，8 点模拟输入卡 1 块，4 点模拟输出卡 1 块。

第 3 个车间的 3#PLC，16 点数字开关量输入卡 1 块，8 点数字开关量输出卡 1 块，8 点模拟输入卡 1 块，4 点模拟输出卡 1 块。

为了 PC、1#PLC、2#PLC 和 3#PLC 之间能正常通信，它们之间的 MPI 地址应相互不同，可以安排 PC、1#PLC、2#PLC 和 3#PLC 的 MPI 地址分别为 0、2、3、4。

14.15　利用工业以太网实现多 PLC 的监测与控制

对于一台大型设备与多个相关工位（如机械手和输送带）配合的场合，或是有多个车间、多个工位需要监控的厂矿企业，如果车间、设备或工位之间有一定的距离，也可以利用工业以太网（Industrial Ethernet）实现多 PLC 联网监控。

CPU 选用 V2.5 以上版本并带有 PN 口的 CPU，如 CPU315 – 2PN/DP、CPU317 – 2PN/DP 等，利用 CPU 上的 PN 口和交换机 PN 口组成星形网络结构，如图 14-33 所示。

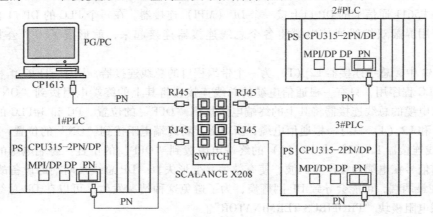

图 14-33　星形网络结构

图 14-33 中，PLC 上的 CPU 模块需带 PROFINET – IO 接口（简记为 PN），如 CPU315 – 2PN/DP、CPU317 – 2PN/DP 等，它们都有两个 PN 口，一个 15 针的 AUI/ITP 口和一个 RJ45 口。各个 CPU 上的 PN 口都接到交换机的 PN 口上。

PC1 上安装 CP1613 以太网卡或利用计算机上自带的 RJ45 以太网口，CP1613 卡上有一个 15 针的 AUI/ITP 口和一个 RJ45 口，将 CP1613 插入计算机内部的 PCI 总线槽上。

如果是笔记本电脑，则用 CP1512 卡或利用计算机上自带的 RJ45 以太网口，CP1512 卡插入 PCMCIA 槽内，CP1512 卡上有一个 RJ45 口。

工业以太网 RJ45 连接器的引脚和功能如表 14-4。

表 14-4　工业以太网 RJ45 连接器的引脚和功能

RJ45 插座的视图	端子	分配
	1	RD（接收数据 +）
	2	RD_ N（接收数据 –）
	3	TD（发送数据 +）
屏蔽	4	接地
	5	接地
	6	TD_ N（发送数据 –）
	7	接地
	8	接地

由于 PC、PLC 和交换机的 RJ45 口有主从区别，非同类设备如 PC 与交换机、PLC 与交换机之间连接时，采用端子号对应 1 – 1、2 – 2、3 – 3、6 – 6 直接连接；同类设备如 PC 与 PC、PLC 与 PLC、交换机与交换机之间连接时，端子号对应 1 – 3、2 – 6、3 – 1、6 – 2 交叉连接。

RJ45 端子所接网线的线序与颜色的对应关系为：1 – 白橙，2 – 橙，3 – 白蓝，4 – 蓝，5 – 白绿，6 – 绿，7 – 白棕，14 – 棕。

1. 案例

一个独立的电子产品生产车间，整条生产线由 3 个工作区组成，每个区域集中了一些模拟量和数字开关信号，欲采用 PLC 和 PC 对整个生产过程进行监控，PC 放在 1#工作区。

我们采用工业以太网 PN 和分布式 I/O 站，对 3 个工作区进行控制。

2. 方案

三个 PLC 均采用 CPU315 – 2PN/DP，利用 CPU 的 PN 口和交换机组成星形结构的工业以太网。现场被监控信号的数量、种类即选用的模块数量如下：

1#工作区：

1）一台交换机，采用经济性的 SCALANCE X205 交换机，它有 5 个 PN 口；

2）CPU 选用带 PN 口的 CPU315 – 2PN/DP，V2.5 及以上版本，PN 口连接到交换机的一个 PN 口；

3）PC 上安装 CP1613 卡，PN 口连接到交换机的一个 PN 口；

4）开关量输入（DI）信号 28 个，选用 1 块 32 点 DI 模块；

5）开关量输出（DO）信号 13 个，选用 1 块 16 点 DO 模块；

6）模拟量输入（AI）信号 15 个，选用两块 8 点 AI 模块；

7）模拟量输出（AO）信号 3 个，选用 1 块 4 点 AO 模块。

2#工作区：

1）CPU 选用带 PN 口的 CPU315 – 2PN/DP，V2.5 及以上版本，PN 口连接到交换机的一个 PN 口；

2）开关量输入（DI）信号 12 个，选用 1 块 16 点 DI 模块；

3）开关量输出（DO）信号 7 个，选用 1 块 8 点 DO 模块；

4）模拟量输入（AI）信号 5 个，选用 1 块 8 点 AI 模块；

5）模拟量输出（AO）信号 1 个，选用 1 块 2 点 AO 模块。

3#工作区：

1）CPU 选用带 PN 口的 CPU315 – 2PN/DP，V2.5 及以上版本，PN 口连接到交换机的一个 PN 口；

2）开关量输入（DI）信号 16 个，选用 1 块 16 点 DI 模块；

3）开关量输出（DO）信号 6 个，选用 1 块 8 点 DO 模块；

4）模拟量输入（AI）信号 5 个，选用 1 块 8 点 AI 模块；

5）模拟量输出（AO）信号 2 个，选用 1 块 2 点 AO 模块。

第15章 自动化系统的抗干扰

15.1 共模干扰

在自动化工程实际应用中，经常出现传感器信号需要送入几个地方的问题，如就地显示仪表需要现场显示重要的压力信号，而 PLC 也需要采集该压力信号，这样就会出现传感器信号的共用问题。当现场一路以上的 $4 \sim 20\text{mA}$、$0 \sim 10\text{mA}$、$1 \sim 5\text{V}$ 测量信号需要同时送入多个控制器时，如果不采取恰当的措施，可能会因共模干扰而使控制器检测不到正确的输入信号，出现信号溢出或不正常的现象。传感器信号同时送入 PLC 和 RTU 如图 15-1 所示，这是两路 $4 \sim 20\text{mA}$ 传感器信号，同时送入 PLC_1 和 RTU_1。

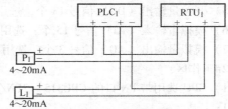

图 15-1 传感器信号同时送入 PLC_1 和 RTU_1

对于传感器输出的电流信号，只要 PLC_1 和 RTU_1 的输入阻抗之和不大于压力传感器要求的输出负载阻抗即可。压力传感器 P_1 的信号可以同时串联输入 PLC_1 和 RTU_1，如果只有 P_1 信号，则 PLC_1 和 RTU_1 也都可以正常接收 P_1 的信号。而当液位传感器的 $4 \sim 20\text{mA}$ 信号也同时送入 PLC_1 和 RTU_1 时，问题可能就来了，因为 PLC_1 接收信号的（-）端都是在 RTU_1 的（+）端，当 P_1 和 L_1 的信号电流不一样时，就很可能使得 PLC_1 两个（-）端的电位有较大的差异，这就形成了共模干扰电压，如果 PLC_1 的输入端互相又不是隔离的，则会造成 PLC_1 的模拟信号输入端接收不正常。RTU_1 的两个接收信号都是在 PLC_1 的后面，其（-）端电位可以保持在 RTU_1 内部电路设定的状态，问题不大。

以上问题可以通过在 PLC_1 一侧加装隔离变送模块的方法来解决，隔离变送模块按图 15-2 所示接线。隔离变送模块的输入和输出之间的电位是隔离的，也有的隔离模块输入、输出及电源三方都是隔离的。

接上隔离变送模块后，PLC_1 的两个（-）端中，由于有一个是处于隔离状态的，所以不会出现两个（-）端一高一低而导致 PLC 内部电路基准电位错乱的现象。隔离模块的供电电压多数是 DC 24V，也有的是 AC220V。

常见隔离模块的外形如图 15-3 所示，生产厂家有河北省自动化技术开发公司、北京金易奥科技发展有限公司等。

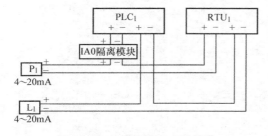

图 15-2 一侧接隔离变送模块

图 15-3 常见隔离模块的外形

　　由于隔离模块的输入和输出是隔离的，隔离的方式有光电方式，也有用隔离变压器进行隔离的方式。从现场来的金属信号线，由于电磁感应作用或是电路间耦合作用，使电路夹带电磁干扰，同样我们也可以通过隔离的方法，使这些干扰信号被挡在控制系统之外。不过，光电隔离方式对于已经在电路上产生了电流反映的干扰的限制作用就有限，这是因为干扰在输入侧产生的电流已经成为信号的一部分，隔离模块无法区分是干扰信号还是有用信号，对于高频干扰，可以通过滤波方式解决，但对于低频干扰，隔离模块就不好处理了。

　　如果资金允许，可以在每个信号输入端接上一个隔离变送模块。隔离模块有 1～5V 输入、4～20mA 输出，4～20mA 输入、1～5V 输出，1～5V 输入、1～5V 输出，4～20mA 输入、4～20mA 输出等多种形式。也有很多信号变送模块本身带有光电隔离功能，对于这样的电路，就不再需要增加隔离模块了。单路隔离模块的接法如图 15-4 所示，隔离模块电源有 DC 12V、DC 24V 和 AC 220V 等规格。实际使用中，一般对于一套控制系统，只使用一种电源形式的隔离模块会比较方便。隔离模块的输出信号输送到 PLC，一般情况下也是转换成相同的信号。

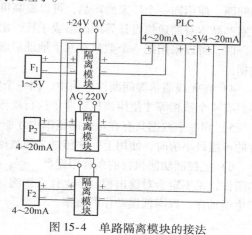

图 15-4　单路隔离模块的接法

15.2　隔离模块的电源隔离及共用问题

　　加入隔离模块以后，传感器上的电源就不能再随便接了，否则，隔离模块就一点也不起作用，这是因为隔离模块的信号输入和信号输出是必须要隔离的。但是隔离模块上的电源有三种可能，视不同厂家的产品而定，电源与输入信号隔离，电源与输出信号隔离，电源与输入信号和输出信号都隔离。

　　1）如果传感器的电源与隔离模块上的电源共用一个电源，则信号输入隔离模块后，隔离模块的信号输入侧就与电源有了电的连接，隔离模块的输入信号与自身电源就不再有隔离效果：①如果隔离模块选的是输出信号和电源又不隔离的那一种，则这样的隔离模块使用就没有任何作用，只是增加了一个可能的故障点而已；②如果隔离模块选的是信号输入和电源不隔离的那一种，则这样的隔离模块使用没问题；③如果隔离模块选的是输入、输出和电源都隔离的那一种，则这样的隔离模块使用就更没问题，只是输入和电源不再隔离了。

　　2）如果传感器的电源与 PLC 上的电源共用一个电源，则隔离模块无任何隔离意义，因为现场传感器的信号通过 PLC 的电源已经连接到信号接收侧 PLC 的模拟输入模块。这是最应该引起注意的。一些企业的技术人员发现过这样的问题，发现增加了隔离模块无任何作用。在干扰不强，又不需要隔离的地方，可以不使用隔离模块。

　　3）如果使用了隔离模块，在可能的情况下，所有隔离模块的电源可以共用 1 个电源，所有现场传感器共用 1 个或多个电源（视传感器远近、现场干扰强弱等情况而定），PLC 侧用 1 个或多个电源（视安全性和电流负荷情况而定）。三方的电源最好不做电连接。

15.3　通信干扰

　　1）PLC、触摸屏等控制器之间的通信口 RS-232、RS-485 等，采用光隔离模块进行隔离后连接，以避免多个设备之间的接地电位差异造成系统信号不能正常传输。

2）把各个设备的 0V 直接就近接地，可以解决因感应引起的各设备 0V 对地有较大的电压的问题，但是，这一方法的应用要求系统的所有模拟信号类型允许 0V 接地，否则需要把有关信号隔离后再 0V 接地。也可以采用将各个电源的 0V 通过一个 $0.47\mu F$ 和一个 $100\mu F$ 并联的电容接到地端，以减小 0V 之间的电压浮动过高。

3）多个 PLC、触摸屏、计算机、同步器等设备之间进行通信时，往往容易出现通信不可靠的问题。使用同一个厂家的产品，可以提高可靠程度。各控制设备间因 0V 不同、屏蔽不良或因厂家产品本身的通信设计等原因形成干扰，出现传输的数据受干扰有缺陷造成数据不可靠、数据乱蹦时，可以采用把一个数放在两个地址里面，两个地址里面的数相等才使用的方法剔除不可靠数据。

4）在无线通信等间断性通信中，同一个数都传输两次，每次数又都放在两个地址里面，这样只有 4 个数相等才使用该控制命令执行动作，可以避免误动作。

5）同一个数据只有在可信的范围内才能使用，大于工艺允许的可能最大值，或小于工艺允许的可能最小值时，使用上一次传过来的数值。

6）把控制功能执行的条件限定严一点，只有充分满足条件时，程序才执行。因为有些无关的条件，说不定会对输出控制产生什么影响。条件不满足时，控制不被执行，即使有干扰也不会产生误动作，以降低误动作的概率。

15.4　变频器干扰

变频器输出的正弦波是由很多的高频方波叠加而成的，其中含有大量的谐波分量。这些谐波分量通过电源线、耦合、感应等方式传播，严重时会使很多传感器或电子设备不能正常工作，有时还会使变频器自身经常出现接地故障导致不能正常工作。变频器的高频谐波干扰，已经成为公害。

如果变频器到被控电动机的电路较长，即便电缆的绝缘再好，由于电缆内的金属线与电缆处的大地构成一分布电容，变频器的高频谐波仍会形成位移电流进入大地，从而导致进入变频器的三相电流矢量之和不为零。变频器输出干扰如图 15-5 所示，这可能会使漏电保护开关跳闸发生误动作或使变频器出现电动机接地故障而停机，同时其他与该电路连接的电器设备也会通过接地端引入干扰。

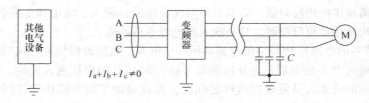

图 15-5　变频器输出干扰

降低变频器干扰，可采取的措施有：

1）变频器要按说明书正确可靠地接地。

2）把变频器的载波频率尽量设低一些，降低谐波辐射强度，减少变频器输出与大地之间形成的位移电流，避免漏电开关跳闸，减少变频器输出通过辐射对其他接地端形成的电位干扰和由此引入系统的干扰，同时也降低了变频器对视频信号（如闭路电视）的干扰。

3）变频器输出侧接输出电抗器，以减小电缆的电磁辐射，减少变频器输出与大地之间形成

的位移电流，避免漏电开关跳闸，减少变频器
输出通过辐射对其他接地端形成的电位干扰和
由此引入系统的干扰，同时也降低了变频器对
视频信号的干扰。减少变频器对电网的谐波污
染，如图 15-6 所示。

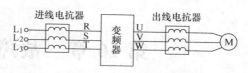

图 15-6　减少变频器对电网的谐波污染

4）与变频器连接的模拟输入/输出信号用隔离模块隔离，开关信号用中间继电器隔离开。

5）变频器电源输入侧增加输入电抗器和无线电干扰抑制器，减少变频器对电网侧的谐波污染。在多台变频器共用一个电网时，输入电抗器也可以减少它们互相的影响和误动作。

6）变频器的输入侧动力电缆采用铠装电缆，金属铠变频器侧接地，以减低电磁辐射，同时也降低了变频器对视频信号的干扰。

15.5　电源干扰

很多干扰信号是通过电源线传播的，对于控制电路和控制装置，可以采用如下的措施来减小干扰对系统的影响。

1）其电源可以采用 1∶1 的隔离变压器供电并将隔离
变压器的屏蔽可靠接地。注意隔离后输出的 AC220V 因为
没有接地端，不再有火零之分，所以触摸其中任意一根电
线都不会触电。隔离变压器如图 15-7 所示。

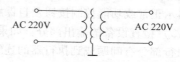

图 15-7　隔离变压器

2）对于一个较为复杂的系统，如果内部有几个 PLC
等控制器或有很多来自不同现场的信号，为了增加抗干扰能力，各部分最好都使用自己的独立电源供电，且尽量避免各部分进行电连接。因为不论是 0V 还是 +24V，任何的电连接都会使干扰信号互相窜入。如需要使用 5 个 1A 电源可以使各部分电连接分开，则最好不用 1 个 5A 电源让各个控制器公用。

3）使用单相或三相电源滤波器把干扰阻隔在电源系统以外。

15.6　信号线的选择与屏蔽接地问题

对于弱信号的传输，如能形成一对电流相等、方向相反的回路，最好采用双绞线，这样导线本身就具有一定的抗干扰能力。因为两个相近的对绞线形成的感应电压正好相反，本身就把外界耦合进来的干扰信号给抵消掉了，如果再加上良好的屏蔽，其抗干扰的能力就更强了。

多数弱电信号线的屏蔽层可以在接收信号侧（如 PLC 侧）一点集中接地，或是两边都不接地，视实际现场的抗干扰效果而定。多数介绍抗干扰的书籍和资料，都强调屏蔽的一点接地原则，但我们在实际中也发现过屏蔽线两边都接地的效果更好的案例。如果一端接地不行，屏蔽的另一端还可以采取用一个 0.1μF 的电容再接地的方法。

第 16 章　故障分析和检修方法

16.1　电气电路的故障分析

电气电路的故障分析顺序一般是这样的：

1）首先是分析供电电源部分：测量电源看有没有电或缺相，如果电源不正常，看一下供电电源的断路器是否跳闸，二次控制电路的熔断器或熔丝是否烧断，电源开关的触点是否良好。在实际工作中，很多人往往忽略了这一步。如果设备的供电部分正常，这一步可以跳过。

2）检查设备的输入部分：在闭环的自动控制系统中，如果没有输入信号或输入信号不正常，则系统是无法正常工作的。检查输入传感器是否故障或断线，在电气控制中，如果功能输入按钮触点不正常或是继电器的自保触点接触不良，电控系统也不能正常工作。如果所有的输入信号显示正常或功能控制按钮及自保触点正常则此步跳过。

3）检查设备的输出部分：如果控制器的输出信号有，但执行器（如变频器）不动作，说明是执行部分有问题或到执行器的连线有问题。在电气控制中，检查输出到电动机等用电设备去的电源是否正常，有无缺相问题，如果正常，说明是用电设备（或电动机）自身有问题。如果控制器的输出信号正常，则跳过此步。

4）检查中间电路及主控制器：由电源开始按从上向下的顺序检查中间电路，看到底是哪个部件出现的断电或缺相，然后解决之。对于主控制器（如 PLC），先单点检查输出口的动作和输出信号是否正常，如果正常再重点检查程序看是哪里有问题。

16.2　远距离开关控制失灵的原因分析

用按钮或 PLC 的开关输出，控制远处交流电机（或设备）的起停。远端开关控制失效电路如图 16-1 所示。

经常会发现，想关断远方的交流接触器时，却关不了，原因分析如下：

由于开关 K 离交流接触器 KM 距离较远，两根电线很长导致其分布电容 C 将变得较大。在交流电路中，这个分布电容中将有位移电流流过，即使开关 K 断开也可能因 KM 维持能量

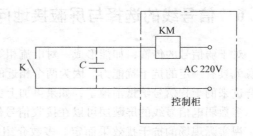

图 16-1　远端开关控制失效电路

不需要太大而导致 KM 不能释放，设备停不下来，这种情况可以采用如下解决方法：

1）可以用直流信号远控。

2）在交流接触器 KM 的线圈上并一个电灯或是电阻，使分布电容流过的电流不足以再维持线圈的吸合。

16.3　现场仪表的故障分析

如果显示屏、触摸屏和 PC 屏幕上显示的工艺参数超出了正常范围，我们需要先确定故障的位置：

1）测量控制器或 PLC 的输入端，看现场仪表或传感器输入的信号是否正常，如正常，则说明是 PLC 或控制器的输入端（卡）出现了问题。

2）现场仪表或传感器输入的信号如不正常，可以采用以下方法判别故障位置：拆除传感器输入信号线，用标准信号发生器接入 PLC 或控制器的输入端，发出标准信号，如果屏幕显示依然不正常，可以断定为 PLC 或控制器的输入端（卡）出现了问题；如屏幕显示变得正常，则可以初步判定为现场仪表或传感器的故障。

3）如果现场没有标准信号发生器，也可以先把工作正常的仪表接过来试一下，看屏幕显示是否正常，如仍不正常，则可以断定为现场仪表或传感器故障。

4）观察现场仪表或传感器的接线是否有脱落，如没有脱落，则用万用表测量仪表的电源端子，看是否有电压信号，如果没有电压信号，可以初步判定为现场仪表或传感器的电源方面出现了问题，进一步测量供电电源，如电源正常，则可能为电源线断线。

5）如果现场仪表或传感器有电源信号，且生产过程的工艺参数也正常，而现场仪表或传感器的输出信号不正常，则可以判定为现场仪表或传感器有故障，更换或拆下来维修。

16.4　传感器输出信号紊乱

传感器到 PLC（或其他控制器）的弱电信号，可采用阻容滤波的方式来减少干扰的影响。阻容滤波如图 16-2 所示。

传感器的输出信号，不论是电压还是电流，经过 R、C 阻容滤波，信号中的高频干扰信号被滤掉，输出的信号就平滑了。如果传感器是电压信号，电阻 R 可以大一些，$1k\Omega$ 至几百千欧均可，电容 C 从 $0.1 \sim 10\mu F$。如果传感器输出的是电流信号，则电阻 R 及 PLC 侧的输入电阻之和不能大于传感器的最大负载电阻值，多数情况下 $R \leqslant 500\Omega$，电容 C 的值为 $0.11 \sim 10\mu F$。加入阻容滤波后，信号的反应速度会变慢，对于反应速度要求较高的场合（如快速精密传动），不能这样处理。

16.5　四线制传感器与两线制传感器的连接与转换

四线制传感器是指传感器的 2 根电源线和 2 根信号线是分开的，如果电源线的（-）端和信号线的（-）端共用（如 0V），则四线制传感器也可以是 3 根线。四线制传感器如图 16-3 所示。

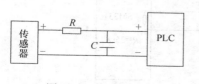

图 16-2　阻容滤波

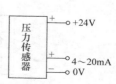

图 16-3　四线制传感器

两线制传感器是指传感器上的 2 根线即向传感器提供电源，同时 2 根线又提供 4~20mA 的信号输出。两线制传感器如图 16-4 所示。

如果两线制压力传感器与 S7－300 的模拟输入模块连接，则必须将模拟输入模块上的信号输入选择块撬起转到两线制位置。如果四线制压力传感器与 S7－300 的模拟输入模块连接，则必须将模拟输入模块上的信号输入选择块撬起转到四线制位置。

对于两线制传感器，（－）端其实也是信号输出端，信号电流 4~20mA 通过该端输出。两线制传感器的（＋）端，相当于电源的（＋）端，那么电源的（－）端和信号的（－）端到哪里去了？其实，电源的（－）端和信号的（－）端都挪到信号接收侧的 PLC 中去了。

以两线制传感器与 S7－300 模拟输入块的连接为例进行说明。两线制传感器信号的连接如图 16-5 所示。

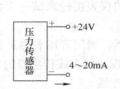

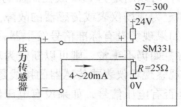

图 16-4 两线制传感器　　　　　　　　图 16-5 两线制传感器信号的连接

图 16-5 中，两线制传感器的（＋）端与 S7－300 上 SM331 模块的（＋）连接，该（＋）端电压与内部电源 +24V 接近。SM331 的（－）端通过一个电阻 R 与内部电源 0V 连接，压力传感器输出的电流信号流过电阻 R，信号在电阻 R 上进行采集测量。电源的 0V 和信号的（－）端都挪到 PLC 里面去了。

如果用隔离模块接收两线制信号，传感器与隔离模块共用一个电源，把 S7－300 的 SM331 模块拨到四线制接收位置。两线制传感器与隔离模块的连接图如图 16-6 所示。

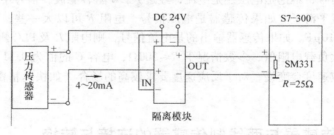

图 16-6 两线制传感器与隔离模块的连接（一）

如果用隔离模块接收两线制信号，传感器与隔离模块不共用一个电源，把 S7－300 的 SM331 模块拨到四线制接收位置，接线图如图 16-7 所示。

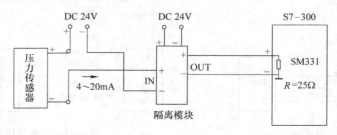

图 16-7 两线制传感器与隔离模块的连接（二）

16.6 PLC 控制柜的故障分析

由于集成电路的功能日益强大,目前 PLC 内部板卡的集成化程度都已很高,分立元件已经很少,并且分立元件也多为微封器件,所以现在的 PLC 或控制器的维修方法也主要是以更换故障板卡为主。其故障分析方法如下:

1)如果用万用表测量现场仪表或传感器送来 PLC 的模拟输入信号正常,而此信号在显示屏上的数据显示不正常,其他模拟输入信号显示正常,则可能是 PLC 或控制器的输入有故障。

2)现场仪表或传感器送来 PLC 的模拟输入信号,在显示屏上的数据显示不正常,用标准信号发生器替换模拟输入信号连接到 PLC,信号在显示屏上的数据显示也不正常,则可以判定该输入端已烧毁或该卡已损坏,需更换输入卡。

3)如果 PLC 或控制器的程序中可以断定应该有模拟输出,例如某个输入模拟信号变小(或变大)时,一个模拟输出信号应该增大,而输出端却没有模拟信号输出,则可能是该输出卡有故障,该输出端已烧毁或该卡已损坏,需更换输出卡。

4)PLC 或控制器的模拟输出不正常,利用显示屏的数据输入功能给该模拟输出端输出一个固定的模拟信号,如果该模拟输出端依然输出异常,则可以初步判定该输出卡有故障。

5)开关量输入信号输入 PLC,但是 PLC 没有反应或显示器没有显示,可先用万用表测量输入端,如果外面来的开关量输入信号正常,则可初步判定 PLC 的开关量输入卡有故障。

6)外部开关量输入信号输入到 PLC,PLC 没有反应或显示器没有显示,可将该输入端接线拆下,人为输入一个高电平或低电平,如果开关量输入信号依然没有正常显示,则可初步判定 PLC 的开关量输入卡有故障。

7)PLC 开关量信号没有输出,可以在显示屏上用按钮人工触发该开关量,如果该开关量输出信号依然没有输出,则可以初步判定该数字量输出卡有故障。

8)如果 PLC 中的程序丢失(出现此故障的概率较低),一般会出现所有信号都不能正常输入和输出的现象,这时需要重新灌入程序。

16.7 PLC 开关量输入信号紊乱

有时 PLC 或其他控制器的开关量输入由于受外界干扰影响,而瞬间输入错误,导致 PLC 产生误动作,这时就在 PLC 的输入端上并上一个 $0.1\mu F$ 的小电容和一个 $1M\Omega$ 的电阻来消除静电感应或电场耦合等干扰。消除开关量输入的干扰如图 16-8 所示。对于接 +24V 有效的输入,电容和电阻是接地,对于接 0V 有效的输入,则用电阻和电容并联后接 +24V。

利用软件延时方法,也是不错的抗干扰方法。例如,I0.0 信号易受干扰,用 I0.0 控制 Q12.0 复位的程序,可采用如下抗干扰程序。开关量输入的软件抗干扰程序如图 16-9 所示。

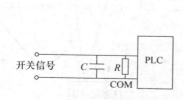

图 16-8　消除开关量输入的干扰

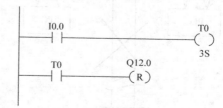

图 16-9　开关量输入的软件抗干扰程序

此程序中，只有 I0.0 在连续 3s 内合上，Q12.0 才复位，I0.0 上的干扰不可能维持这么长时间，所以也就不对 Q12.0 产生作用了。实际使用时，T0 的时间可以更短一些。

16.8　变频器的故障分析

1）在变频控制柜中，如果电动机在变频和工频两种运行方式时，电动机转动方向相反，则可能是进线电源侧 L_1、L_2、L_3 的接线顺序变化了，这多为变压器或配电室侧故障维修人员粗心大意所致，对调变频柜进线侧任意两根电源线即可。变频后，只有改变变频器到电动机的接线顺序才会改变电动机的旋转方向，进线电源侧接线顺序变化不影响电动机变频后的运行方向。

2）经常出现变频器漏电停机报警故障，则可能是因为电动机到变频器的电缆过长，或电缆进入井下较潮湿的区域，由于电缆内的金属线与电缆处的大地构成一分布电容，变频器的高频谐波仍会形成位移电流进入大地，即使绝缘再好的电缆也无济于事。这时可以采取以下措施：减低变频器的载波频率以减小位移电流值，在变频器输出侧增加输出电抗器以降低变频器输出电路中的高频分量，在高压电动机上使用无谐波变频器。

3）经常出现过电流故障时，先检查电动机所带的负载是否过重，增加加速时间。

4）经常出现过电压故障时，增加减速时间。

5）经常出现电动机起动不起来，可以试着改变变频器转矩提升参数，在静态起动阻力较大的情况下，采用自动转矩提升，水泵风机则可采用二次方转矩提升方式。

6）变频器柜经常出现温度过高报警信号，一个原因是室温环境温度过高，需要增加空调设备或通风设备，另一个原因是变频器的散热片上灰尘或飞絮过多，需要定期清扫。

16.9　通信故障分析

1）如果现场的 PLC 都工作正常，而显示器中的工艺参数有部分信号异常，则可以根据这些信号在通信总线上的位置大概判断通信故障的位置，再进一步判断是通信模块故障，还是通信总线故障。

2）以 RS-485 硬件协议为总线结构的很多总线，如 MPI、PROFIBUS、CAN 等，它的通信距离通过光纤或电缆可以延伸很长距离。需要引起大家注意的是，每个接入总线的 PLC、计算机等设备的连接线不允许采用从总线上直接并联引出很长距离的方式。通信总线不允许分叉连接如图 16-10 所示。

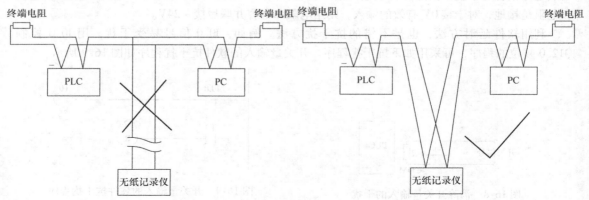

图 16-10　通信总线不允许分叉连接

3）对于有中继器的情况，不允许相邻两个中继器的分叉线有很长的连接，否则都将会出现通信不正常的问题。通信总线的中继器连接如图 16-11 所示。

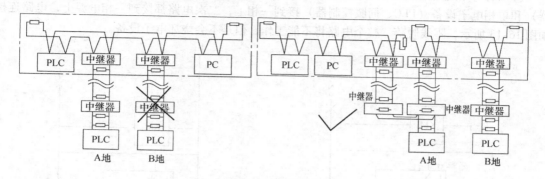

图 16-11 通信总线的中继器连接

4）对于 MPI 总线，西门子说明书中并没有限定运行组态软件 PC 的数量，但是根据笔者很久以前实验的结果：在同一个 MPI 总线网络中，不能有 3 台以上的组态软件 PC 运行，最多 3 台，否则会出现后开机的 PC 不能进入网络。

16.10　现场的视频信号异常

变频器的大量使用，对于工业现场的闭路电视监控信号干扰十分严重，负责闭路电视工程的技术人员应该考虑采取以下措施：

1）增加抗干扰的频率变换装置，把现场的视频信号调制到变频器的干扰波段之外，使其远远高于干扰信号频率，然后再在接收端增加解调器把高频信号再还原回正常的视频信号。

2）减低变频器的载波频率，以降低变频器的干扰分量。

16.11　电子控制设备大面积损坏的原因分析

1）零线脱落或漏接往往造成大面积的 PLC、PID、DCS、单相输入伺服驱动器、计算机等电子设备损坏，这比雷电损坏更容易发生。一般这些电子设备均使用单相电源 AC220V 供电，一根线接零线，一根线接相线，设计者为了三相电源电流的均衡，往往把多个电子设备分接在 L_1、L_2、L_3 不同的相线上。当这些电子设备与其他电力器件（如中间继电器、交流接触器）接在一个电路中时，中间继电器、交流接触器的线圈阻抗较低，如果中间继电器、交流接触器与电子设备又不是同一相相线供电，所有单相供电电子设备的零线和中间继电器、交流接触器的零线又都接在一起，以 PLC 和伺服驱动器为例说明。单相电源脱落的严重性分析如图 16-12 所示。交流接触器 KM 和第一伺服驱动器 SF_1 的相线接 L_1，零线接 N；PLC_1 的相线接 L_2，零线接 N；第二伺服驱动器 SF_2 的相线接 L_3，零线接 N。外接三相电源的零线 N 脱落后，电子设备的相线 L_1、L_2 和 L_3 仍接通，PLC_1 和 SF_2 的零线 N 通过交流接触器 KM 的线圈与另一相相线 L_1 接通。由于交流接触器 KM 的线圈阻抗较低，SF_1 与其并接就不会损坏。PLC 和伺服驱动器的电源侧输入阻抗较高，所以接近 AC380V 的电压就将进入 PLC_1 或 SF_2 中阻抗较高的那个电源侧，电容等低耐压的电力器件因承受太高的电压而损坏。

如果图 16-12 中没有 KM_1，PLC_1 也是与 SF_1 和 SF_2 相同型号的伺服驱动器 SF_3，则可能就都不会损坏，因为三者的阻抗基本相等，3 个伺服驱动器上的电源输入就不会超过工作电压。

避免此类状况出现的方法可以是：

① 如果单相电流值允许，可以将一个电控柜中的所有单相电力元件（如继电器、交流接触器）和单相电子设备（PLC、伺服控制器）接到一相上，二次电路都接到一相电源上，电路连接如图 16-13 所示，零线脱落，整个电路将不能工作，但是不会烧坏电子设备。

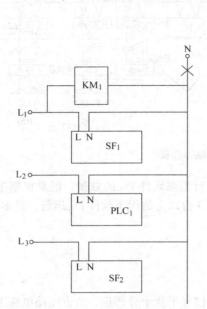

图 16-12 单相电源脱落的严重性分析

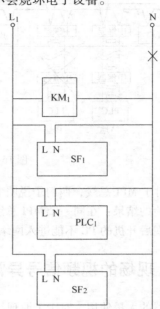

图 16-13 电路连接

② 在每一相相线和零线之间并联一个动作电压在 AC250V 左右的压敏电阻，当零线脱落，某一路压敏电阻上的电压超过动作电压 AC250V 时，压敏电阻击穿短路，大电流使断路器动作跳闸，电路断电，起到保护作用。压敏电阻保护电子设备如图 16-14 所示。L_1、L_2、L_3 相线与零线 N 之间并联压敏电阻 RV_1、RV_2、RV_3，任何一相的电压超过动作电压，压敏电阻 RV 将击穿短路，大电流使断路器 QF_1 跳闸，从而保护电子设备不被烧毁或击穿。

2) 零线和一相相线接反也是造成 PLC、PID、DCS、单相输入伺服驱动器、计算机等电子设备大面积损坏的原因，它比雷电损坏更容易发生。一般这些电子设备均使用单相电源 AC220V 供电，一根线接零线，一根线接相线，当零线与相线接反后，AC380V 的电压直接进入这些电子设备的电源侧，电容等低耐压的电力器件因承受太高的电压而损坏，所以会造成接到该相上的电子设备大面积的损坏。零线、相线接反的严重性分析如图 16-15 所示。L_1 与 N 接反，第 1 个伺服驱动器 SF_1 的工作电压仍为 AC220V，

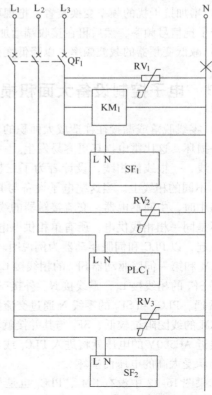

图 16-14 压敏电阻保护电子设备

仍可以正常工作，而第 2 个伺服驱动器 SF$_2$ 和第 3 个伺服驱动器 SF$_3$ 则承受 AC380V 的电压，所以都会烧坏。在 L$_2$ 和 L$_3$ 上接的所有工作电压为 AC220V 的 PLC、伺服驱动器、PID、计算机等电子设备将大面积烧毁。

　　避免此类状况出现的方法是：在每一相相线和零线之间并联一个动作电压在 AC250V 左右的压敏电阻，当压敏电阻上的电压超过动作电压 AC250V 时，压敏电阻击穿短路，大电流使断路器动作跳闸，起到保护作用。压敏电阻保护零线、相线反接如图 16-16 所示。L$_1$、L$_2$、L$_3$ 相线与零线 N 之间并联压敏电阻 RV$_1$、RV$_2$、RV$_3$，当零线 N 和一相相线 L$_3$ 接反时，RV$_2$ 和 RV$_3$ 上的电压超过动作电压，压敏电阻 RV$_2$ 和 RV$_3$ 将击穿短路，大电流使断路器 QF$_1$ 跳闸，从而保护电子设备不被烧毁或击穿。

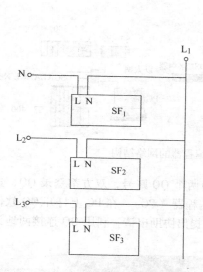

图 16-15　零线、相线接反的严重性分析

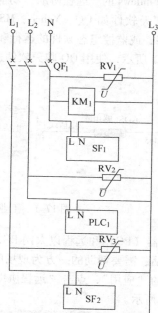

图 16-16　压敏电阻保护零线、相线反接

第 17 章　自动化系统的远程维护与软件加密

17.1　利用"远程协助"功能实现远程监控、编程与诊断的方法

利用 Windows 的"远程协助"功能，"开始"→"所有程序"→"远程协助"，或是利用一些通用的聊天软件如 QQ、Yahoo、MSN 等，也可以实现远程协助，帮助远程客户检查和改写 STEP7 程序，或监控组态软件的运行和控制画面。例如，工业以太网现场和远程编程器的网络结构如图 17-1 所示，使用 QQ 聊天软件进行远程协助。

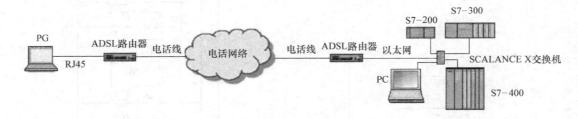

图 17-1　工业以太网现场和远程编程器的网络结构

编程器（PG）和远程以太网 PC，两台计算机申请两个 QQ 账号，双方都登录 QQ，选择对方建立对话，需要帮助的一方为现场的 PC，帮助方为编程器（PG），在 PC 上打开 QQ 软件聊天画面上方的"应用"，点击"远程协助"，向帮助方 PG 提出协助申请。利用 QQ 连接两地计算机如图 17-2 所示。

图 17-2　利用 QQ 连接两地计算机

　　帮助方 PG 点击"接收"，请求方"申请控制"，帮助方 PG 再点击"接收"，在帮助方的 PG 上就显示出需要协助方 PC 的画面，帮助方 PG 用本机的鼠标和键盘就可以直接操作和监视请求方 PC 上的所有程序，实现 STEP7 或 WinCC 等所有软件的程序修改、下载、监控等功能。利用 QQ 进行远程操控如图 17-3 所示。该方法可以实现远程"组态画面"的监视和控制，并完成远程 STEP7 编程和程序下载等任务。

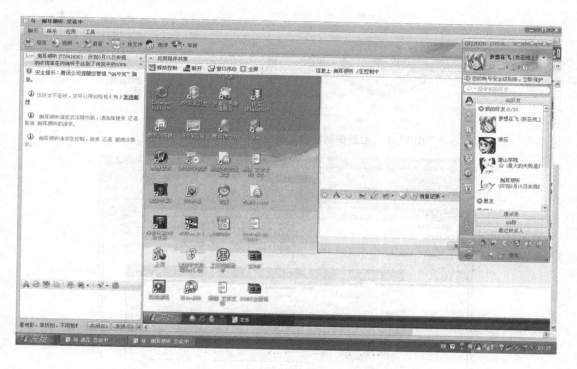

图 17-3　利用 QQ 进行远程操控

17.2　通过调制解调器拨号方式实现远程监控、编程与诊断的方法

　　用 TS – Adapter Ⅱ（订货号为 6ES7 972 – 0CB35 – 0XA0）实现对 MPI 和 DP 总线上设备的远程访问编程和诊断，网络结构如图 17-4a 所示。用 TS – Adapter IE（订货号为 6ES7 972 – 0EM00 – 0XA0）实现对工业以太网上设备的远程访问编程和诊断，网络结构如图 17-4b 所示。远程编程器（PG）（或 PC）需要安装 STEP7（或 WinCC）和 Teleservice 软件（订货号为 6ES7 842 – 0CE00 – 0YE0），两边都需要有固定电话线和调制解调器。

　　在 Teleservice 软件上，选择"Adapter 型号"，并填写远方 TS – Adapter 所在的"地区"和"电话号码及区号"，Teleservice 软件如图 17-5 所示。Teleservice 软件拨号，建立与远方 TS – Adapter的连接。Teleservice 软件上可以有多个拨号点，这种连接方式是西门子远程方式的标准配置，利用现有的电话网络 PSTN，优点是使用方法简单，缺点是如为长途电话，则访问费用较高。

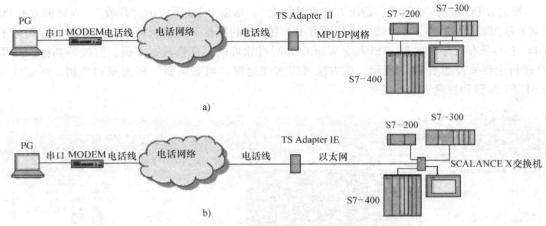

图 17-4　通过调制解调器连接远程 PLC 总线和网络

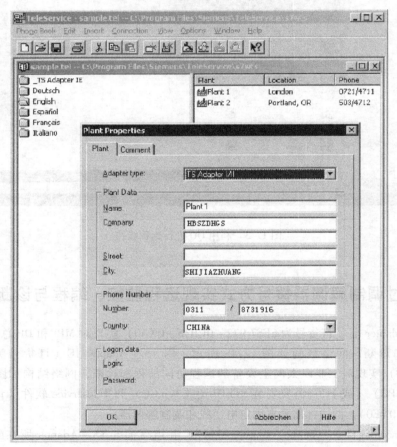

图 17-5　Teleservice 软件

17.3　通过以太网 ADSL 方式实现远程监控、编程与诊断的方法

用以太网连接的方法：在编程器（PG）和以太网的两端使用 ADSL 路由器（含 MODEM），
ADSL 路由器支持 VPN 和宽带功能，如 Linksys 路由器、TP-link 宽带 VPN 路由器，ADSL 路由器

分别接入两端的电话网，建立起一个虚拟专用网络 VPN（Virtual Private Network），使得编程器（PG）和远程站点相当于在一个局域网内，从而实现两端通信。

网络服务供应商（ISP）提供 ADSL 路由器，并提供 ADSL 信息，包含用户名和密码。为了双发能确定对方的位置，两端需要固定的 IP 地址，固定 IP 地址需要向网络服务供应商申请，费用较高。但是如果需要实时的远程监控，则费用就可以接受。

如果不向网络服务供应商申请固定的 IP 地址，路由器的外网（WAN 口）IP 地址不固定，每次重新登录都不一样，不过这种方式费用较低。这时可以在编程器（PG）侧，通过配置 ADSL 路由器，使用动态域名服务（DDNS）来获得远方以太网的 WAN 口地址，建立连接。

以使用 Linksys 路由器为例，使用方法如下：

1）为编程器（PG）申请并安装一个 ADSL，路由器应该支持 VPN 和宽带功能，如 Linksys 的路由器，电信网络服务商（ISP）给您一个"用户名"如"ip111"，一个"密码"如"222"。

2）为编程器侧 ADSL 申请一个动态域名，例如 PeanutHull 动态域名服务器 –"花生壳"，申请域名如 www. biancheng. cn，记住域名申请的"用户名"如"yao1"，"密码"如"123"。

3）为现场侧申请并安装一个 ADSL，路由器应该支持 VPN 和宽带功能，如 Linksys 的路由器，电信网络服务商（ISP）给您一个"用户名"如"ip333"，一个"密码"如"444"。

4）为现场 ADSL 侧申请一个动态域名，如 www. xianchang. cn，并记住注册域名申请的"用户名"如"yao2"，"密码"如"456"。

编程器（PG）侧的路由器设定方法：

1）将计算机接到 ADSL 的 RJ45 口，打开浏览器，在地址栏输入 ADSL 路由器说明书中给出的出厂 IP，如 192. 168. 1. 1，输入出厂默认的"用户名"如"admin"和"密码"如"admin"，打开路由器的设置画面。

2）在基本设置画面，选择以太网连接类型为"PPPoE"，在"PPPoE"设定项输入您申请 ADSL 时电信网络服务商（ISP）给您的"用户名"–"ip111"和"密码"–"222"，并选择"激活"或"开机拨号"状态，这样就可以保证每次 ADSL 路由器开机后自动登录 internet 外网。

3）修改本地路由器的 IP 地址，输入路由器内网的 IP 地址，如 196. 168. 2. 1，子网掩码不变，为 255. 255. 255. 0，激活本地 DHCP 服务器，设定本地网络中计算机和设备的 IP 地址范围，要求与路由器内网的 IP 地址在一个网段，如 196. 168. 2. 10 – 196. 168. 2. 19。

4）设置 DDNS，选择 DDNS 服务商，如"Peanuthull"，填写"用户名"为"yao1"，"密码"为"123"。

5）设置 VPN 连接，"VPN Passthrough"选择使能，"VPN"通道启用，选择 VPN 通道 1"Tunnel1"，本机网段输入"192. 168. 2. 0"，子网掩码为 255. 255. 255. 0；远程网段输入"192. 168. 3. 0"，子网掩码为 255. 255. 255. 0。远程网关"FQDN"表示编程器侧为客户端，远程域名为"www. xianchang. cn"。在数据加密管理项，"Pre – shared key"、加密方式（Encryption）和认证方式（Authentication）等加密设置与现场侧选择要相同，选择连接"Connect"和激活"Keep Alive"。

现场侧的路由器设定方法：

1）将计算机接到 ADSL 的 RJ45 口，打开浏览器，在地址栏输入 ADSL 路由器说明书中给出的出厂 IP，如 192. 168. 1. 1，输入出厂默认的"用户名"如"admin"和"密码"如"admin"，打开路由器的设置画面。

2）在基本设置画面，选择以太网连接类型为"PPPoE"，在"PPPoE"设定项输入您申请 ADSL 时电信网络服务商（ISP）给您的"用户名"–"ip333"和"密码"–"444"，并选择"激活"或"开机拨号"状态，这样就可以保证每次 ADSL 路由器开机后自动登录 internet 外网。

3）修改本地路由器的 IP 地址，输入路由器内网的 IP 地址，如 196.168.3.1，子网掩码不变，为 255.255.255.0，激活本地 DHCP 服务器，设定本地网络中计算机和设备的 IP 地址范围，要求与路由器内网的 IP 地址在一个网段，如 196.168.3.10 – 196.168.3.19。

4）设置 DDNS，选择 DDNS 服务商，如"Peanuthull"，填写"用户名"为"yao2"，"密码"为"456"。

5）设置 VPN 连接，"VPN Passthrough"选择使能，"VPN"通道启用，选择 VPN 通道 1 "Tunnel1"，本机网段输入"192.168.3.0"，子网掩码为 255.255.255.0；远程网段输入 "192.168.2.0"，子网掩码为 255.255.255.0。远程网关"Any"表示现场侧为服务器端，远程域名为"www.biancheng.cn"，在数据加密管理项，"Pre – shared key"、加密方式（Encryption）和认证方式（Authentication）等加密设置与编程器侧选择要相同，选择连接"Connect"和激活 "Keep Alive"。

设置完毕，上电启动后，编程器侧的 ADSL 和现场侧的 ADSL 自动用各自的账号连接到互联网，编程器侧的 ADSL 会自动连接现场侧的 ADSL，然后可以进行远程的访问、编程和维护。

有些网站提供动态 IP 查询功能，用 ADSL 路由器连接的计算机直接登录这类网站，这类网站根据接入信息可给出当前所在 ADSL 路由器的动态 IP 地址，这类网站如 www.ip138.com 等。如果想查询自己所在 ADSL 路由器外网的动态 IP，将 ADSL 路由器的 RJ45 插头直接插到自己的计算机上，在"开始"→"所有程序"→"附件"中的"C：\ 命令提示符"，用 ipconfig 指令直接查询外网的动态 IP 地址。记住：ADSL 每次登录外网，IP 地址是变化的。

路由器的内网 IP 地址是固定的，可以通过以下方法获得：打开"开始"→"所有程序"→"附件"中的"C：\ 命令提示符"，输入"ipconfig"，回车即可。查询本计算机的 IP 地址和 AD-SL 路由器的 IP 地址如图 17-6 所示。本计算机 RJ45 插口的 IP 地址为 192.168.1.14，子网掩码为 255.255.255.0，路由器的内网（LAN）IP 地址为 192.168.1.1。

图 17-6　查询本计算机的 IP 地址和 ADSL 路由器的 IP 地址

或是在"开始"→"运行"，输入"cmd"回车，在光标处输入"ipconfig"，IP 的查询结果一样，如图 17-7 所示。

图 17-7　查询 IP 地址

用"ping xxx. xxx. xxx. xxx"命令可以检查连接，用"ping www. xxx. com"命令可以查询网站的 IP 地址。

两端使用 ADSL 路由器建立虚拟专用网络（VPN）的方式是即方便又快速的远程服务方式，把 ADSL 路由器设置好，编程器（PG）中只需要 STEP7 软件即可。其缺点是：两端都需要申请 ADSL 开户，有固定费用。但是，长时间运行费用或实现在线监控的费用低。两端使用 ADSL 路由器建立虚拟专用网络（VPN）如图 17-8 所示。

图 17-8　两端使用 ADSL 路由器建立虚拟专用网络（VPN）

在 PLC 的"属性 – Ethernet 接口"画面，在"网关"选择"使用路由器"并填写路由器的内网 IP 地址。两端使用 ADSL 路由器建立虚拟专用网络（VPN）的设置如图 17-9 所示。

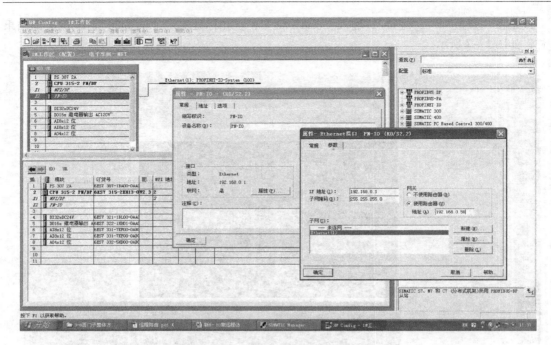

图 17-9　两端使用 ADSL 路由器建立虚拟专用网络（VPN）的设置

17.4　通过无线上网卡方式实现远程监控、编程与诊断的方法

　　工程人员利用移动笔记本和无线网卡（无线调制解调器）与远程的 ADSL 路由器实现虚拟专用网络（VPN）连接，无线网卡可以使用 CDMA 无线网卡或 GPRS 无线网卡等。在编程器上安装 VPN 客户端软件，利用 VPN 客户端软件拨号连接远程的 ADSL 路由器，远程的 ADSL 需要固定 IP 或使用动态域名服务。无线上网卡方式的网络结构如图 17-10 所示。

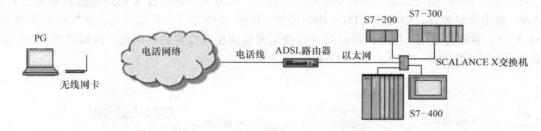

图 17-10　无线上网卡方式的网络结构

17.5　通过 GPRS 无线路由卡方式实现远程监控、编程与诊断的方法

　　利用 ADSL 方式和无线 GPRS 路由器建立虚拟专用网络（VPN），实现对远程 PROFIBUS 总线的访问。GPRS 无线路由卡方式的网络结构如图 17-11 所示。图 17-11 中，SCALANCE S612（订货号为 6GK5 612 - 0BA00 - 2AA3）为数据安全模块，GPRS 路由器型号为 MD741 - 1（订货号为 6NH9 74 - 1AA00），内部插入一块 SIM 卡并激活 EGPRS 功能。ADSL 路由器包含 MODEM 并具有 VPN 穿越功能（端口转发），IE/PB 连接器（订货号为 6GK1411 - 5AB00）用于将 DP 总线

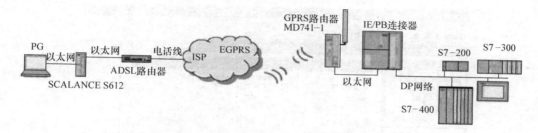

图 17-11 GPRS 无线路由卡方式的网络结构

同以太网数据转发，MD741 – 1 的天线为 ANT 794 – 4MR（订货号为 6NH9 860 – 1AA00）。

利用 ADSL 方式和无线 GPRS 路由器建立虚拟专用网络（VPN），实现对远程以太网的访问，网络结构如图 17-12 所示。

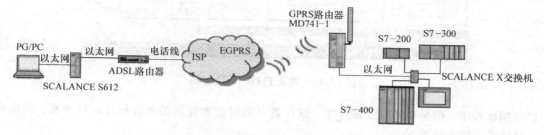

图 17-12 利用 ADSL 和无线 GPRS 路由器建立的网络结构

17.6 通过 Windows 的虚拟专用网络方式实现远程监控、编程与诊断的方法

通过 Windows 建立 VPN 的方法："网上邻居" → "新建连接向导" → "连到我的工作场所的网络" → "虚拟专用网络连接" → "网络名称，如取"#分厂" → "不拨初始连接"（如果您的计算机是在一个公司网络中）→ "输入网址或 IP 地址"，这样的连接可以建立多个"#分厂"，需要连接时，点击对应的连接。

17.7 程序的加密和保护

如果作为程序的设计或拥有者，不希望其他未经授权的人或组织读取他编制的程序，作为知识产权的保护，可以对程序进行加密。下面以西门子 S7 – 200 和 S7 – 300 为例给出程序保护方法。

1. S7 – 300 禁止进入程序的保护

在 PLC 硬件组态时，左击"CPU"，在弹出的"属性 – CPU 314 – 2DP"画面，在"保护"选项卡，"保护级别"项，选择"3：读/写保护"，填写 PLC 读取程序的密码"xxxxxx"和确认密码"xxxxxx"，点击"确定"。程序下载到 PLC 中去后，再次读取则需要输入这个设定的密码，也就起到了保护程序避免被读取的作用。定义 PLC 的读取密码如图 17-13 所示。

2. S7 – 300 部分程序加密

允许进入 PLC，但对 PLC 中的程序（如用户编制的 OB 或 FC 块）进行加密，PLC 的使用者

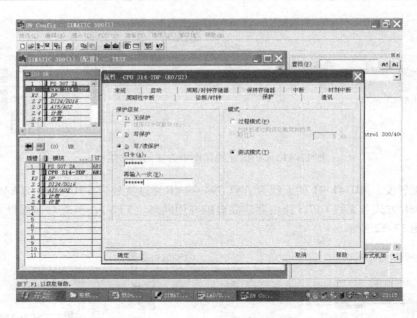

图 17-13　定义 PLC 的读取密码

可以使用该程序，但是不能打开该程序，这样就可以对需要保密的部分程序进行加密，实施保护。具体的实施方法如下：

1）在需要加密文件的编程画面，点击"文件"菜单的"生成源文件"，如图 17-14 所示。

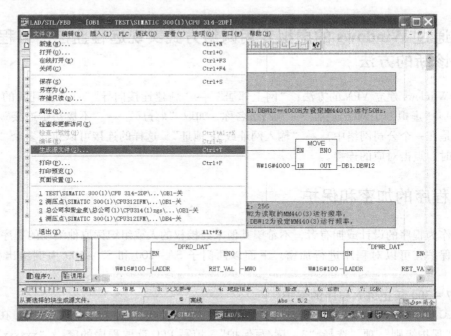

图 17-14　生成源文件

2）在打开的"新建"对话框，在"对象名称"栏写入一个自己容易记住的名字，如"ob1"，如图 17-15 所示。

3）在弹出的"生成源文件 ob1"对话框，从"未选择的块"中选中需要加密的块。本例

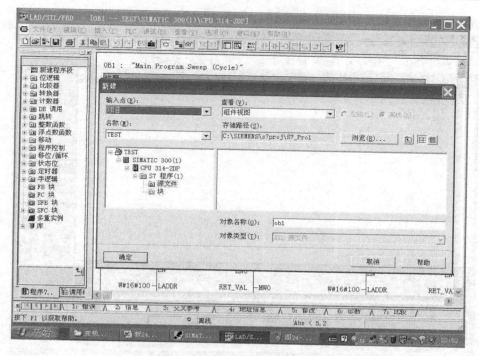

图 17-15 输入对象名称

中，选择"OB1"点击向右的箭头，将 OB1 选入"选择的块"中，点击"确定"，如图 17-16 所示。

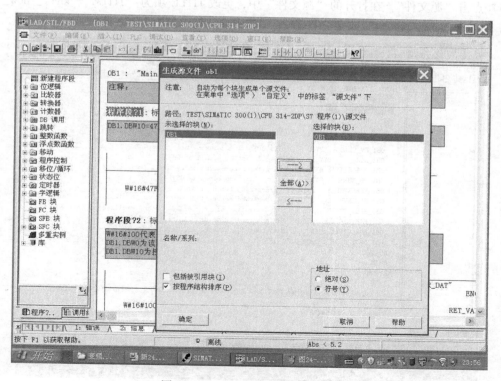

图 17-16 选择需要加密的程序块

4）在"S7 程序（1）"中生成"源文件"，如图 17-17 所示。

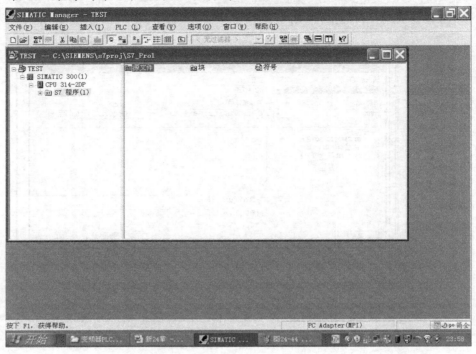

图 17-17　生成源文件

5）点击"源文件"，在打开的"源文件"中，更改 TITLE 项为"TITLE = know_ how_ protect"，"know_ how_ protect"放在"TITLE = "的下面一行，如图 17-18 所示。

图 17-18　更改 TITLE 项

　　6）点击"文件"菜单，选择"编译"，重新编译后，把"OB1"程序下载到 PLC 中去以后，使用者就只可以使用，而打不开该程序，如图 17-19 所示。只要没有"源文件"，就打不开程序，所以使用者需要好好保存"源文件"。

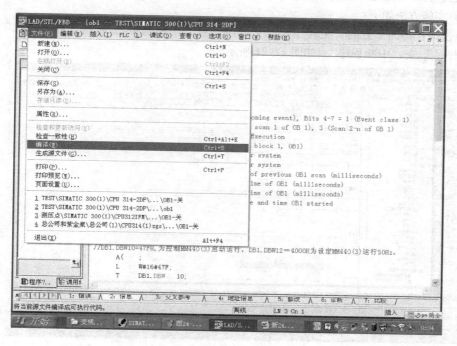

图 17-19　编译

3. S7 – 200 禁止进入程序的保护

　　点击画面右侧的"系统块"，打开"系统块"画面，点击"密码"，选择"最小权限（3级）"，填写密码"xxxxxx"和验证密码"xxxxxx"，两者相同，点击"确认"。程序下载到 PLC 中去后，再次读取程序则需要输入这个设定的密码，这就起到了保护程序避免被读取的作用。设定 PLC 的读取密码如图 17-20 所示。

图 17-20　设定 PLC 的读取密码

4. S7-200 部分程序加密

对 PLC 中的程序（如主程序、子程序或中断程序）进行加密，允许进入 PLC，PLC 的使用者可以使用这些程序，但是不能打开该程序，这样就可以对需要保密的部分程序进行加密，实施保护。具体的实施方法如下：

1）点击编程画面下方的"主程序"、"子程序"或"中断程序"，右击选择"插入"一个或几个"子程序"或"中断程序"，如图 17-21 所示。

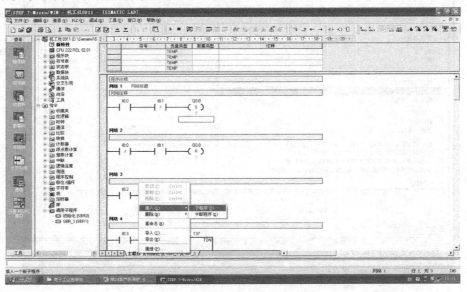

图 17-21　插入子程序或中断程序

2）在程序画面下方，右击对应的"子程序"或"中断程序"，例如子程序"初始化"，点击"属性"，如图 17-22 所示。

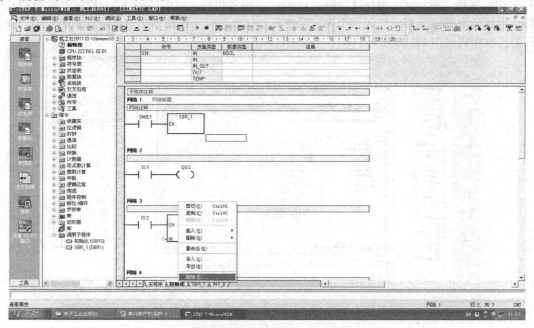

图 17-22　选择"子程序"或"中断程序"

3）在弹出的"初始化"子程序对话框，可以修改子程序的"名称"和"作者"，点击"保护"选项卡，如图 17-23 所示。

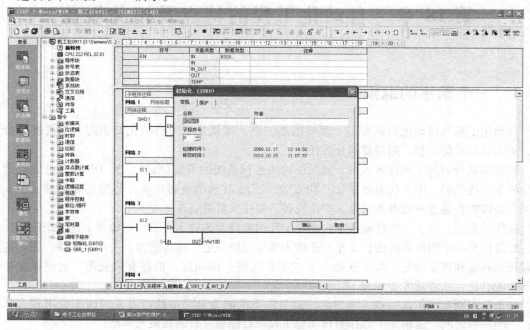

图 17-23　"保护"选项卡

4）在"保护"选项卡中，选择"用密码保护 POU"，并填写"密码"和"验证"，两者相同，点击"确认"，即完成了对子程序"初始化"的保护，如图 17-24 所示。

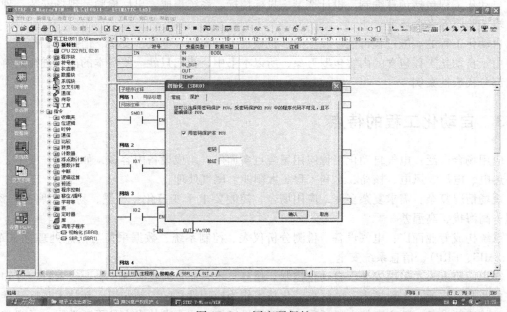

图 17-24　用密码保护

没有该密码，将无法打开"初始化"子程序，只可以使用，其他未加密的程序还可以正常的打开和修改。

第18章 自动化工程的特点及相关规范

18.1 一个新手的麻烦

自动化工程与自动化知识有一个重要的不同点，那就是学习自动化知识时，不需要分清责任，而完成自动化工程，则需要划分责任。

假如你是公司的工程技术人员，被派往现场进行系统的安装调试，3 台 DN1800 电磁流量计是你的单位提供的，甲方代表要求你尽快安装。面对 2t 重的电磁流量计传感器和配套法兰，你该怎么处理呢？是否开始准备起重、焊接设备，安排人员进场施工呢？

这样的问题，对于一个经常从事自动化工程的有经验的技术人员，可能并不是一个问题，但是，如果你是一个初出茅庐的自动化专业的大学生或研究生，这可能就是一个大问题，因为这涉及责任、利益和资金问题。其实这是一个"不是问题"的问题，根据有关规范，电磁流量计传感器和配套法兰归管道专业安装。

如果你刚刚知道了这一点，祝贺你，因为你下次能为公司节约近万元的施工费用和大量时间；一问一答之间，也树立了你作为自动化工程项目经理应有的权威与尊严！

18.2 自动化工程

自动化工程包括预算编制、设计选型、投标招标、系统集成、出厂检验、现场安装、现场调试、竣工验收等多个环节。

自动化工程的实施过程可能涉及土建、机械加工、安装、电气、安全、信息等工作。

由于自动化工程包含的内容包罗万象，所以本书中，我们只就一些基本的内容进行讲解，并给出部分代表性案例。

18.3 自动化工程的特点

应用场合广泛：电气自动化工程应用场合点多面广，组成设备内容多，如热网、楼宇、水处理、热电、电厂、风电、核岛、水利工程、太阳能、尾气处理。

现场情况复杂：需求复杂多变，应用场合、控制要求千变万化：易燃、易爆、腐蚀、深冷、高温、高海拔、高温差。

系统构成专业面广：电气设备、检测分析仪表、控制系统、数据采集与信息处理（SCADA、HMI、MIS、ERP）、信息系统安全。

知识面跨度大：机电安装、自动化控制、信息技术、业务流程管理、企业经营管理等知识。

更新升级快速：一般说来，电气自动化技术作为应用性科学，新知识、新技术是逐渐推广开来的。随着新设备、新方案的大量涌现，更新明显加快，这要求技术人员不断学习，了解掌握其他行业的先进经验。

18.4　自动化工程的相关国内规范

不了解施工规范和行业标准，在现场可以说寸步难行，比如消防、高压容器、吊装、高低压电工、焊接、特殊工种、信息安全，都有相关的国内规范。

18.5　自动化工程相关的标准及规范

1）自动化仪表选型设计规定（HG/T 2050—2000）　中国化工勘察设计协会
2）控制室设计规定（HG/T 20508—2000）　中国化工勘察设计协会
3）仪表供电设计规定（HG/T 20509—2000）　中国化工勘察设计协会
4）仪表供气设计规定（HG/T 20510—2000）　中国化工勘察设计协会
5）信号报警、安全连锁系统设计规定（HG/T 20511—2000）　中国化工勘察设计协会
6）仪表配管配线设计规定（HG/T 20512—2000）　中国化工勘察设计协会
7）仪表系统接地设计规定（HG/T 20513—2000）　中国化工勘察设计协会
8）仪表及管线伴热和绝热保温设计规定（HG/T 20514—2000）　中国化工勘察设计协会
9）仪表隔离和吹洗设计规定（HG/T 20515—2000）　中国化工勘察设计协会
10）自动分析器室设计规定（HG/T 20516—2000）　中国化工勘察设计协会
11）自动化仪表工程施工及验收规范（GB 50093—2002）
12）导体和电器选择设计技术规定（DL/T 5222—2005）
13）高压直流架空送电线路技术导则（DL/T 436—2005）
14）电力系统调度自动化设计技术规程（DL/T 5003—2005）
15）地区电网调度自动化设计技术规程（DL/T 5002—2005）
16）建筑照明设计标准（GB 50034—2004）
17）高层民用建筑设计防火规范（GB 50045—1995）
18）建筑物电气装置（GB 16895—2004）
19）人民防空地下室设计规范（GB 50038—2005）
20）全国统一安装工程预算工程量计算规则
21）全国统一安装工程预算定额（第一册：机械设备安装工程）
22）全国统一安装工程预算定额（第二册：电气设备安装工程）
23）全国统一安装工程预算定额（第十册：自动化控制仪表安装工程）
24）全国统一安装工程施工仪器仪表台班费用定额
25）城市污水处理厂工程质量验收规范（GB 50334—2002）
26）电子设备机柜通用技术条件（GB/T 15395—1994）
27）高度进制为20mm的面板、架和柜的基本尺寸系列（GB/T 3047.1—1995）
28）工业自动化仪表盘、柜、台、箱（GB/T 7353—1999）
29）电力系统二次回路控制、保护屏及柜基本尺寸系列（GB/T 7267—2003）
30）电子设备控制台的布局、形式和基本尺寸（GB/T 7269—2008）
31）电力系统二次回路控制、保护装置用插箱及插件面板基本尺寸系列（GB/T 7268—2005）
32）电气装置安装工程盘、柜及二次回路结线施工及验收规范（GB 50171—1992）
33）国家重大建设项目文件归档要求与档案整理规范（DA/T 28—2002）

34）中华人民共和国合同法

35）中华人民共和国劳动法

36）中华人民共和国民法通则

37）中华人民共和国招标投标法

38）政府采购法

39）知识产权保护法

40）中华人民共和国物权法

41）中华人民共和国建筑法

42）中华人民共和国安全生产法

43）中华人民共和国标准化法

44）中华人民共和国环境保护法

45）中华人民共和国水污染防治法（节选）

46）中华人民共和国固体废物污染环境防治法

47）中华人民共和国环境噪声污染防治法

48）中华人民共和国环境影响评价法

49）中华人民共和国节约能源法

50）中华人民共和国消防法（节选）

51）中华人民共和国档案法

52）中华人民共和国土地管理法

53）中华人民共和国保险法

18.6　自动化工程有关的外国标准与国际标准缩写

ISO 国标标准

API 美国石油学会标准

ANSI 美国国家标准

MSS 美国阀门和管件制造厂标准化协会标准

BS 英国国家标准

AWS 美国焊接协会标准

DIN 德国国家标准

AWWA 美国水道工作协会标准

JIS 日本工业标准

JPI 日本石油学会标准

ASME 美国机械工程师学会标准

IEC 国际电工委员会

ASTM 美国材料试验协会标准

NF 法国标准

UNI 意大利标准

SNV 瑞士标准协会标准

SIS 瑞典标准

S.I 以色列标准

KS 韩国标准

DS 丹麦标准

18.7 自动化工程中常用的缩略词汇

在实际工作中，为了便于交流，准确沟通，提高工作效率，工程技术人员应该熟练，掌握大量的常用缩略词汇。除了本专业的词汇外，还要掌握相关行业的缩略词汇。相比其他工程语言，缩略词应用范围越来越小，但应用频率更高。行业专用缩略词能大大提高项目干系人之间的沟通能力，能快速建立起彼此之间的默契，甚至能立即拉近互相之间的感情，从而保证项目的顺利进行。

其实缩略词汇每天都挂在大家嘴边，一点也不陌生。缩略词汇不仅有外语的，也有中文的。外语的比如 XP、CPU、IPC 等，中文的比如内存、硬盘、可研、设联、初设、施设、主设、评审、联调、风电等。随着新技术、新工艺的不断涌现，这些词汇是动态的，应该随时的跟踪、更新。

工程技术方面：DCS、DAS、EMC、PLC、SCADA、SOE、MTBF、MCC。

相关行业方面：DEH、BMS、CCS、FSSS、ORP、CIS、PID、IGBT、UPS。

工程模式方面：BOT。

商务应用方面：亚行、世行、国债、减免退税。

项目管理方面：CPM、PERT、WBS、PMO、CBB、CMMI。

经营管理方面：ISO、MIS、ERP、MRP2、CEO、CFO、CIO（信息）、CSO（安全）。

公司名称方面：AB、ABB、GE。

18.8 要求的相关资质与认证

项目投标/招标管理是企业重要的市场行为，这个环节除了要评审企业的营业执照、税务登记证、工程业绩清单外，还特别注意审核企业的认证证书。

常用的资质证书主要有：

质量保证体系 ISO9001；

设计资质；

安装资质；

集成资质；

工程总包资质；

信息系统集成资质；

保密工程安全资质；

双软认证；

高新企业认证；

信用等级/纳税等级认证；

专利权软件著作权等。

18.9 工业现场的防爆要求

了解危险区域划分，我们在实际工作中才知道我们所处位置的危险性，而且针对不同的危险区域，我们就能选择不同的防爆电器和采取不同的防护措施，达到最佳的预防效果。

1）爆炸性气体环境分为 3 个危险区：

　　0 区：连续出现或长期出现爆炸性气体混合物的环境；

　　1 区：在正常运行时可能出现爆炸性气体混合物的环境；

　　2 区：在正常运行时可能出现爆炸性气体混合物的环境，或即使出现也仅是短时存在的爆炸性气体混合物的环境。

　　2）粉尘防爆区域的划分：

　　20 区：在正常运行过程中可燃粉尘连续出现或经常出现，其数量足以形成可燃性粉尘与空气混合物或可能形成无法控制和极厚的粉尘层的场所。

　　21 区：在正常运行过程中，可能出现粉尘数量足以形成可燃性粉尘与空气混合物但未划入 20 区的场所。

　　22 区：在异常条件下，可燃性粉尘云偶尔出现并且只是短时间存在，或可燃性粉尘偶尔出现堆积或可能存在粉尘层并且产生可燃性粉尘空气混合物的场所。

　　在有防爆要求的场合，现场仪表尽量选取本质安全型仪表，否则需要采取防爆隔爆措施，并在控制柜 PLC 与现场仪表之间增加安全栅；如果自动化装置和电气部件必须要求现场放置，则需要将自动化装置和电气部件放入防爆柜内。

18.10　自动化设备的防尘和防水要求

　　自动化设备所放置的环境不同，就需要采取不同的防护措施。

　　IP X X 代表产品防尘防水等级，数值越高，防护等级越高。

　　第 1 个 X 表示防尘等级：0：无特殊保护；1：防止直径 >50mm 的固体进入；2：防止直径 >12mm 的固体进入；3：防止直径 >2.5mm 的固体进入；4：防止直径 >18.0mm 的固体进入；5：只有细小粉尘进入；6：完全防止粉尘进入。

　　第 2 个 X 表示防水等级：0：无特殊保护；1：防止垂直落下的水进入；2：防止成 15° 的滴水进入；3：防止成 60° 的喷水进入；4：防止任意方向飞溅与喷射的水进入；5：防止低压喷射的水进入 ；6：防止猛烈海浪和强喷水。

18.11　自动化系统安全运行的其他指标

　　为保证自控系统安全运行，外部环境至关重要，需要注意以下重要指标：MTBF、防雷、接地、电磁兼容、电磁干扰、隔离、静电、冗余、温度、湿度、振动、腐蚀性（气体/液体）、有毒气体、防水防溅、易燃易爆、供电品质。

18.12　自动化系统的防雷要求

　　雷电有时会对自动控制系统造成毁灭性的破坏，雷击多是通过室外电源线、控制线和传感器线传入系统，尤其是较高的架空线更容易遭受雷击。位于大面积液面附近的传感器，由于液面感应的电荷没有良好的泄放通道，也容易损坏，不过多数的雷击是通过电源线导入的。

　　自动控制系统的电源防雷器和信号防雷器如图 18-1 所示。防雷器的接地端子必须有良好的接地连接，图 18-1 中防雷器 1 为三相电源避雷器，防雷器 2 为信号防雷模块。

　　在雷电高发区，引入自动化系统的电源最容易引入感应雷电，这时应在控制柜入口处安装电源防雷器。电源防雷器的原理如图 18-2 所示。

　　以 DXH09 – F（S）型防雷器为例，图 18-2 中，K_1 为热感断路器，K_2 为过电流保护器，SK

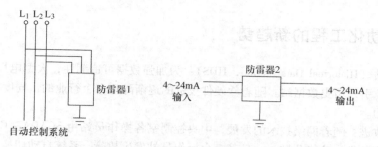

图 18-1　自动控制系统的电源防雷器和信号防雷器

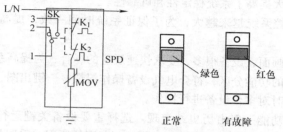

图 18-2　电源防雷器的原理

为遥信告警开关，MOV 为压敏电阻。如果电源线上有密度较大的电压毛刺，K_1 会动作，有大的雷电感应电流时，K_2 动作，由 SK 将开关信号发送出去。

信号电路的防雷原理如图 18-3 所示。

该电路由放电管、电阻 R 或电感 L、二极管 VD 和 TVS 管构成，是一个两级保护电路。第一级放电管主要用于泄能，将大电流泄放入地，为粗保护；第二级 TVS 管主要用于钳位，将过电压、过电流钳制在电子设备的耐压范围内，为细保护。电阻 R 主要起改善放电管的动作特性和促进两线保护特性配合的作用。当暂态过电压波沿

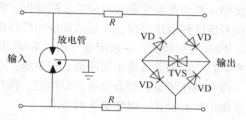

图 18-3　信号电路的防雷原理

电路到达保护电路后，由于放电管的放电电压较高和响应时间较慢，它并不能很快导通放电，这时 TVS 管将首先击穿，随着暂态电流的增大，电路中电阻 R 两端的电压也随之增大，再加上 TVS 管两端的压降，将促使放电管尽早动作放电。当放电管导通后，它将提供一条旁路泄放暂态大电流的通道，同时它也起限制过电压的作用，并实施对电阻和 TVS 管的保护。

生产避雷器的厂家有：北京先研公司、德国 OBO 公司、PHOENIX（南京）公司、SUM（上海深凯）公司、杭州易龙公司、安徽金力公司等。

几种防雷器的外形如图 18-4 所示。

交流电源防雷器　　直流电源防雷器　　RS-485 和弱电信号　　视频信号防雷器　　计算机网络防雷器
　　　　　　　　信号电涌防雷器　　　防雷器

图 18-4　几种防雷器的外形

18.13 自动化工程的新趋势

历史数据站（Historical Data Station，HDS）：为加强数据可追溯性，大型电厂、石化、冶金、制药、食品企业引入历史数据站。随着软硬件投资的逐渐降低和个行业的认同度提高，历史数据站得到广泛应用。

网络结构改进：随着网络技术的发展，中央控制室各操作员站由 SCADA - CLIENT 结构改为对等结构，互为备份，功能分散。一旦某一台操作员站发生故障，系统自动切换，有效降低了每台操作员站的负荷，大大提高了系统稳定性和可靠性。

GPS 系统校时：自控系统越来越大，为了保证系统时间一致，提高操作准确度，引入系统 GPS 自动校时功能。

专用键盘：在系统画面、设备很多，要求快速反应的场合，为提高系统操作性能，采用专用键盘。专用键盘有不同的功能分区，符合电气设备操作习惯；一键出图，可以快速切换画面；可快速切换操作设备，同时对多台设备进行操作。

事故追忆功能：该功能一般由历史站实现。选择重要设备关键运行参数，当系统发生故障时，事故追忆功能自动记录相关设备的状态，便于判断事故原因，采取相应的措施。

SOE（Sequence Of Event）功能：即事件顺序记录，是分析故障的主要记录手段。SOE 系统的输入信号全部为开关量信号，它以毫秒级的分辨率获取时间信息，记录各个信号状态变化的先后次序，帮助在发生事故时分析故障原因。简单说来，SOE 的功能相当于飞机的"黑匣子"，一般由专用硬件模块完成，在复杂系统中广泛应用。

WEB 发布功能：一般配备专用"WEB 发布服务器"，将操作员画面进行远程发布，使远方客户可以远程浏览系统主要画面、报表等。

设备操作记录：配合分级控制功能，操作员登录系统后，系统自动记录每个操作员对任何设备所做的所有操作，以便必要时查看。

通信接口站（Communication Interface Station，CIS）：大型控制系统往往由多家控制设备构成，第三方系统众多，设备来源广泛，通信协议不一致，但最终都要与中央控制系统联网运行。这时需要通信接口站与之联系。通信接口站有独立的组态界面，具有自诊断、通信数据实时监控、通信状态及异常报告功能。通信接口站具备多种协议、多个通道的通信功能。比如常用的 Modbus RTU（支持 RS - 232、RS - 422/RS - 485 接口方式）、Modbus TCP（Server 和 Client）、IEC60870 协议等，并可根据实际需求开发支持的协议。

其他特殊功能与应用：除了普通报警、报表、实时曲线、历史曲线、操作提示、语音提示、故障判断、权限分配/分级管理、屏幕硬拷贝功能等常用功能外，还有一些特殊应用，比如：

1）网络负荷测试功能；

2）制药生产企业数字签名功能；

3）污水处理厂视频识别系统：通过鱼类活动情况视频判断出水水质；

4）自来水厂供水预测控制：系统根据节气、天气、社会活动、偶发事件、时间做出自动预测控制；

5）风电场设计专用软件：分析、设计、优化风力发电场，考虑地形和尾流效应来计算风力发电场电能产量、风机优化布置。如丹麦 RISO 国家实验室的 WASP 软件、英国 Resoft 公司的 windfarm 软件。

多地操作控制方式：现场设备的几种操作方式：就地控制箱（本地/远程、开/关/停（起动/停止）操作）、MCC 柜（开/关（起动/停止）操作）、PLC 编程软件操作（分手动、自动)、触摸屏操作、SCADA 界面操作(手自动切换、手动起停、自动起停)。

18.14 自动化工程实例

图 18-5 所示是某大型水厂自控项目网络结构,该图只是弱电部分,不包括高低压设备、MCC、现场电气设备。如果你是项目经理,应该怎么组织项目实施呢?

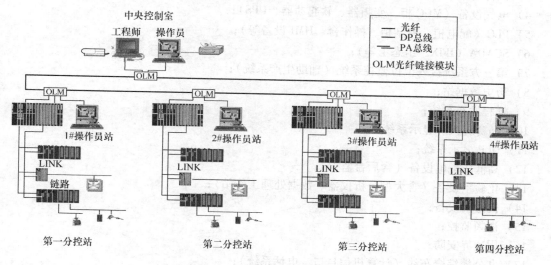

图 18-5 某大型水厂自控项目网络结构

图 18-6 所示为某项目实际控制柜布置图。考虑到工厂制作、运输、现场安装、接线、调试环节,你能发现不足,提出几点改进意见吗?

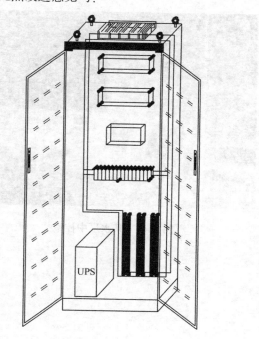

图 18-6 某项目实际控制柜布置图

18.15　一个自动化总包项目可能包含的内容

1) 现场仪表（多家，含不同通信协议）；
2) 在线分析仪表（多家，含不同通信协议）；
3) 执行机构（电动阀门、气动阀门、电磁阀、液压泵站）；
4) 电气设备（MCC 柜、变频器、软起动器、UPS）；
5) PLC（配电柜、控制柜、操作台、HMI 设备等）；
6) SCADA（IFIX、组态王等）；
7) 第三方系统接入上位监控系统（辅助生产系统）；
8) 历史数据站；
9) 远程发布系统；
10) 马赛克大屏显示系统；
11) DLP 显示系统；
12) 高低压配电设备（含后台监控）；
13) 化验室设备（含大型分析仪器、数据处理工作站）；
14) 机修间设备；
15) 视频监控；
16) 周边界安防；
17) 办公楼综合布线（计算机信息口、电话系统）；
18) 会议系统/投影、音响、话筒、表决、灯光；
19) 中央控制室装修：静电地板、防火等级划分、绝缘等级分类。
某水厂中控室如图 18-7 所示。

图 18-7　某水厂中控室

第19章　自动化工程的软、硬件选型与设计

19.1　中控常用硬件设备选型设计

控制室主要设备有控制柜、供电柜、计算机控制系统、大屏幕显示系统等。

1. 机柜选型设计

机柜主要包括供电柜、控制柜、操作台等。设计出图主要包括：制作图、布置图、配线表、安装图等，一般用 CAD、VISIO、E - DRAWING、SOLIDWORKS 等工具软件绘制。

机柜选型设计主要内容包括：外形尺寸、结构、材料、功能区划分、配线、密封、防腐蚀、防电磁干扰措施、主要部件布置、端子排布置、微型短路器、保险、转换模块、防雷模块等的安装位置、安装方式、配线、机柜进出线方式等。除了考虑外形尺寸、结构、颜色等主要因素外，还要考虑钢板厚度、密封、温升、接地母线、除湿、通风、照明、UPS 供电、检修插座、门锁、标签等。

机柜生产厂家及产品系列：①德国：威图；②Schneider 梅兰日兰：BLOKSET（MW6300A 以下抽屉式电动机控制中心、MS 变频/软起动柜、C 型 630A 以下配电箱、D6300A 以下配电箱、Mf6300A 以下固定式电动机控制中心）；③ABB：MNS；④国产 GCE 抽出式低压开关柜；⑤GGD 交流低压开关柜；⑥XRJ 交流电动机软起动柜。

2. PLC 选型设计

PLC 选型原则：

技术因素：开放性、易用性、稳定性、冗余、智能（自诊断）、升级、兼容、培训力度、技术支持、资料完备性等。

市场因素：占有率、备品备件保证、售后服务、性价比、口碑等。

重点考虑技术指标：系统结构、通信距离、系统最大容量、开发语言、通信协议、时钟周期/扫描周期、AI/AO 分辨率、DI/DO 容量、开关/操作频率、是否与上位 SCADA 软件为一家产品。

3. 计算机及相关设备

包括计算机、打印机、UPS、网络设备、投影仪器等。计算机：型号升级快，尽量推迟订货，以买到高性价比的机器，订货时注意硬件配置、软件配置的融合。

4. 配套低压电气

配套低压电气主要有 UPS 电源、微型断路器、防雷模块、接线端子、保险装置、接地母线、走线槽、按钮、指示灯、声/光报警设备、接近开关、照明设备、冷却风扇、加热除湿器等。常见的生产企业有：ABB、Fuji、Schneider、Siemens、台湾明伟电源、上海华通端子等。

5. 其他辅助系统

显示系统：DLP 屏、LED 屏、马赛克屏等；安防系统：视频监控、周边界安防、广播、消防等。

19.2　变配电间（电动机控制中心）

变配电间主要设备有：计量柜、进线柜、高压柜、变压器、电容柜、联络柜、低压柜、直流

屏、后台监控系统等。

1. 变压器及配电设备

变压器一般选用干式。高、低压配电设备需要有资质的企业设计、安装、成套。根据现场经验，高压侧往往交由当地电力系统工程部安装、调试。

2. MCC 电气设备

变频器、软起动器、电动机保护装置。

3. 后台监控系统

后台监控系统负责监控配电系统的运行情况，有数据采集、设备远控、自动保护、连锁报警、历史记录等功能。硬件设备主要有计算机、通信模块、打印机、UPS 电源等。

19.3　现场设备

1. 执行机构（电动阀、气动阀、液压阀、电磁阀）

注意各种阀门的本体结构、口径、材质、流量特征、执行机构类型/特性、管道连接方式、安装方式、接线等，并需要考虑总线类执行机构目前已经大量应用。

2. 现场电气设备（风机、水泵、电动机）

现场电气设备常用的有风机、水泵、电动机等。除此之外，还有自成系统的大型设备，它们往往有自己的控制系统，比如大型鼓风机、加热炉、垃圾焚烧炉、污泥压缩机等。

3. 自动化仪表

随着计算机控制系统的大量推广，大量仪表逐步被计算机系统替代，比如调节器、记录仪、显示仪表、报警器等。

4. 仪器仪表的分类

企业仪器仪表根据应用场合一般分为控制室仪表、化验室仪器仪表、现场仪表等几大类。

控制室仪表：主要有智能控制单元、调节仪表、记录仪、计算仪、显示仪表等。

化验室仪器仪表：主要有天平、气相色谱、液相色谱、质谱、光谱、分光光度计等。大型仪器除配备专用的维护工具外，一般还都有自己的计算机工作站、打印设备等。

现场仪表：主要有压力、液位、流量、温度、在线分析仪表等。无人值守的在线分析仪表造价昂贵，需要配备相应的预处理系统、信号传输设备等。

5. 仪表的选型原则

应全面掌握各类仪表分类方法、工作原理、典型应用，熟悉同类仪表的应用差别。仪表选型主要考虑以下因素和技术指标：量程、精度、分辨率、供电方式、安装方式、接线方式、应用场合（是否需要防腐、防爆、防雷击）、信号制式（类型、协议、物理接口、数量等）、保护箱（是否需要加热、保温、制冷、除湿、防雨、防晒、观察窗形式等）。

6. 仪表主要生产地及生产厂家

仪表四大生产基地：上海、重庆、西安、天津。分析仪表：HP、岛津、安捷伦、HACH、E + H、德菲。

7. 流量仪表选型

（1）Alpha 2000（德菲）**外夹式超声波多普勒流量计**

1）产品描述：Alpha 2000 外夹式超声波多普勒流量计由发射/接收传感器、信号处理和变送电子单元组成。发射传感器发射 1MHz 超声波能量，由流体中固相物或气泡反射，由接收传感器感应到。发射与接收信号的频率差与液体的流速成正比。液体需含有至少 50ppm，粒度大于 30μm 的固体悬浮物。管道口径适用范围广，从 DN25 ~ DN2200。典型现场 ±2% 的精度。

2）温度说明：低温传感器指 $-40 \sim 70℃$，高温传感器指 $-40 \sim 185℃$。

3）调试主要参数：管道外径设置、管道壁厚、管道衬里厚度、管道材质代码、衬里材质代码、流体代码、最大量程、满量程输出、小信号切除。

4）典型安装方式：传感器安装简便，无须开孔或截断管道，装拆均可以不中断工艺流程。应满足直管段要求（前 >10DN，后 >5DN），上游侧 30DN 内最好没有扰动流速的因素（泵、调节阀、节流件等）。传感器安装还要避开管道凹凸不平及有焊缝处。变送器根据现场情况，可采用立柱安装、护栏安装、墙壁挂安装，一般安装在仪表保护箱内。室外还要考虑安装防雷模块。

5）外形及安装如图 19-1 所示。

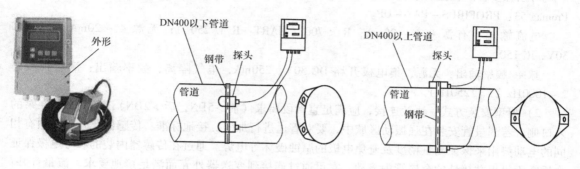

图 19-1　外形及安装

（2）德菲 Alpha 3000 超声波时差式流量计

1）产品描述：Alpha 3000 系列超声波时差式流量计可以测量干净或脏的液体，纯净或多相混合介质，包括原油或水的混合液。该系列流量计有单通道或多通道测量方式，传感器有外夹式或插入式可选择。管道口径适用范围广，从 DN8 ~ DN3000。两个传感器完全一样，可以互换；且水平、垂直管道都可以安装。典型现场 $±0.5\%$ 的精度。

2）安装方式：传感器外夹式无须开孔或截断管道，管道材质适用范围广，匀质材料即可，如钢材、PVC 等。非匀质材质如钢筋水泥、玻璃钢等可采用插入式传感器。典型安装方式如图19-2 所示。

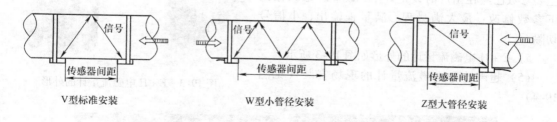

图 19-2　典型安装方式

3）德菲超声波流量计维护说明：设备使用时间久后探头处的黄油可能会挥发掉，影响测量效果，此时应该重新安装探头。将探头摘下（不要拆固定线缆），将探头与管道的接触面擦净，抹上黄油使探头与管道充分耦合，再将探头重新装上。

（3）水处理常用的电磁流量计生产商

E + H、SIEMENS、上海肯特、威尔泰、瑞普三元、上海光华等。

（4）E + H 电磁流量计

1）产品描述：测量系统由变送器和传感器组成，公称直径 DN25 ~ 2000，有一体化型、分离型两种型号可选。一体化型：变送器和传感器组成一个整体的机械单元；分离型：变送器和传感器被分开安装。

变送器：Promag50（用按钮操作，两行显示）；Promag53（光敏键操作无须打开外壳，四行显示）。

传感器：Promag W（DN25～2000）。

电磁流量计的主要特点：硬橡胶或聚氨酯衬里；测量精度高，Promag 50：±0.5%；Promag 53：±0.2%；服务及维护简单，现场标定无须拆下传感器，设备维护最优化。

可以和多种过程控制系统相连的通信接口：标准 HART 接口；Promag 50：PROFIBUS – PA；Promag 53：PROFIBUS – PA/ – DP。

电流输出：有源 0/4～20mA，R＜700（HART：R L 250）；无源 4～20mA，max. DC 30V，Ri 150。

脉冲/频率输出：无源，集电极开路 DC 30V，250mA，电气隔离；频率输出：满量程频率 2～1000Hz（f = 1250Hz）。

2）典型安装方式：法兰连接，应满足直管段要求（前 ＞5DN，后 ＞2DN），避免安装在泵的入口侧。若测量管安装在强振动区域中，要对管道进行加固。接地标准：传感器及介质必须有相同的电动势来保证测量精度及避免电极的腐蚀破坏等电势。通过在传感器内装的参考电极保证介质在无衬里并接地的金属管中流动，它可通过连接到变送器外壳而满足接地要求。流量计井：若管道在地下敷设，要制作流量计井以方便传感器安装。流量计井可做成圆形或长方形。仪表井的大小、深浅要与所安装的仪表传感器相适应，流量计井上面有活动盖扳以方便仪表安装、检修。人孔要配备防水封盖和爬梯。井内有积水坑。分体式变送器安装：根据现场情况，可采用立柱安装、护栏安装、墙壁挂安装，一般安装在仪表保护箱内。室外还要考虑安装防雷模块。

3）说明：所有最小电导率 ≥5μs/cm 的液体都能被测量（饮用水、污水、废水污泥等），测量去离子水的最小电导率需要 ≥20μs/cm。

4）调试主要参数：与通常的仪表一样，电磁流量计在安装、接线完毕后，正式投入运行之前，应该检查安装、接线是否正确，仪表是否能正常工作。主要参数已经在出厂时设定好了，现场一般只做以下参数修改：最大满量程、满量程输出、小信号切除。

5）E + H 电磁流量计的外形如图 19-3 所示。

（5）超声波和电磁流量计的现场安装（见图 19-4）

图 19-3　E + H 电磁流量计的外形

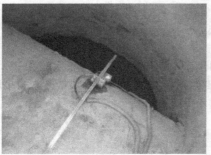

超声波

保证满管的溢流口

图 19-4　超声波和电磁流量计的现场安装

图 19-4　超声波和电磁流量计的现场安装（续）

19.4　系统网络结构分析、设计与设备选型

某自动化工程的网络结构如图 19-5 所示。

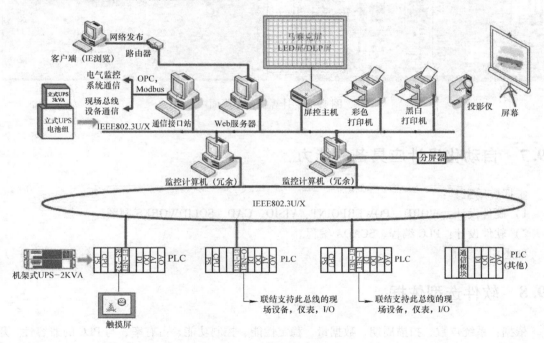

图 19-5　某自动化工程的网络结构

设计系统的网络结构时，需要注意现场设备的就地、远程、远控和自动等几种操作方式，并注意和第三方设备的接口连接方式。

网络设备设计选型时，需要注意各种不同的通信结构，比如可以使用工业以太网交换机、无线通信设备、第三方通信。

19.5　电缆用途

动力电缆：拖动设备供电；电源电缆：仪表供电；通信电缆：双绞线；信号电缆：屏蔽电

缆；控制电缆；开关、起停控制，开度控制 KVV KVVP KVVRP；专用电缆：超声波流量计/液位计、电磁流量计、在线分析仪表等传感器 – 变送器之间的接线；视频电缆、同轴电缆：SYV – 75 – 3 – 1；PROFIBUS 150 欧专用电缆（符合欧洲标准）：6XV1 830 – OEH10；光缆：系统控制器之间（单模、多模、芯数、波长、铠装层、外被层）。

19.6　常用的几种显示方式

显示方式选择：监视器、触摸屏、投影仪、马赛克大屏、LED 屏、DLP 屏/墙、监视墙、通过无线通信如 GPRS 远传到手机等。计算机监控画面如图 19-6 所示。

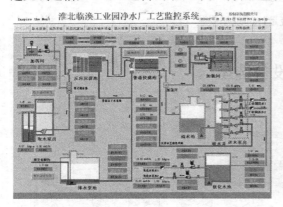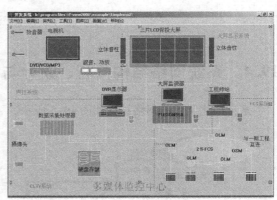

图 19-6　计算机监控画面

19.7　自动化设计应具备的能力

掌握应用工具：
1）硬件设计：WORD、POWERPOINT、VISIO、CAD、SOLIDWORKS 制图。
2）软件设计：PLC 编程、SCADA 编程。
熟悉相关规范。

19.8　软件选型依据

依据：系统点数、扫描周期、数据量、稳定性能、控制功能、占有率、与 PLC 的兼容性、开放性、易用性。

修改一个软件错误的开销比率见表 19-1。

表 19-1　修改一个软件错误的开销比率

编号	发现错误时的开发阶段	开销比率
1	需求	1
2	设计	3 ~ 6
3	编码	10
4	开发测试	15 ~ 40
5	验收	30 ~ 70
6	运行	40 ~ 1000

19.9   PLC 常用的组态软件

使用 PLC 厂家提供的相应组态软件，如西门子的 STEP7 等，具有顺序控制、逻辑控制、记数（操作次数、运行时间、流量累计、热量累积等）、PID 控制（流量、温度、压力、溶解氧等）等功能。

19.10   SCADA 监控软件

常用 SCADA 监控软件有：组态王、WinCC、IFIX 4.5 中文版 + 驱动、RSLogix 500、RSLogix 5000、RSLINK CLASSIC GASEWAY/FACTORY TALK ACTIVATION SERVER、Proficy HMI/SCADA IFIX 5.0、Proficy Real – Time Information Portal。

常用功能实现：上位 SCADA 系统具有报警、报表、曲线、历史数据、操作提示；控制泵阀的 PID 功能，可视监控、记录、打印。

19.11   历史站与其他设备编程

历史站：随着数据量的增大和计算机硬件设备价格的大幅降低，自控系统开始广泛应用历史站。

其他设备编程：

1）智能仪表；

2）变频器、软起动器：生产厂商有 ABB、Emerson（艾默生）、Fuji（富士）；Mitsubishi（三菱）、Rockwell（罗克韦尔）、Sanken、Schneider（施耐德）、Siemens（西门子）；Yaskawa（安川）、烟台惠丰、希望森兰。

3）触摸屏：生产厂商有 Advantach、eView、Fuji、Hakko、Hitech、MCGS、Mitsubishi、Omron、Pro – face、Schneider、Siemens。

4）工业以太网交换机和工业无线网络设备。

19.12   设计阶段的变更管理

系统软、硬件的选型在设计阶段应该慎重，一旦确定后要了解到，变更是更为严肃的。变更太多需要深刻分析具体原因。企业一般设有变更管理委员会（CCB），专门审核变更的必要性。变更越早越好。软件错误包括：计费、算法、卫星失控。

19.13   软件开发

软件开发的配置管理：需求分析；开发流程；建立基线、版本管理、配置审核、配置状态报告。

上位软件与 ERP 管理集成：热网、供水的收费管理系统

注意事项：工具软件、灾难备份、系统备份/恢复、查毒/杀毒。

第 20 章　自动化工程的项目管理

20.1　常用仪表的几种安装方式

仪表安装方式多种多样，同一种仪表在不同场合也有不同的安装方式。安装附件一定要齐全，不能因此影响工期。可以在仪表到货后，及时清点验收，如果有条件，最好是现场预装，这样可以发现很多问题。

下面以 E + H 公司的浊度仪表为例，介绍几种常用安装方式。

1）池边沉入式安装如图 20-1 所示，有两种安装支架可供选择。这种安装方式除浊度外，还适用于 ph/orp、DO、电导率等安装。

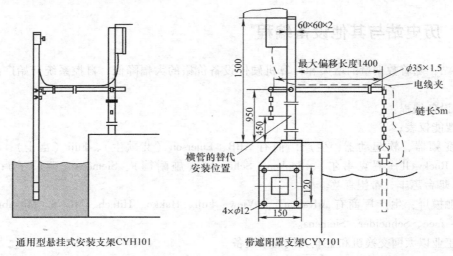

通用型悬挂式安装支架 CYH101　　　　带遮阳罩支架 CYY101

图 20-1　池边沉入式安装

2）管道安装方式如图 20-2 所示，有两种安装支架可供选择。

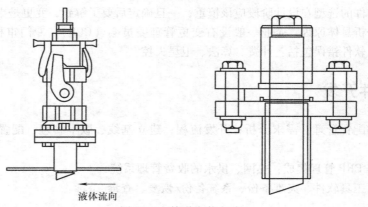

液体流向

图 20-2　管道安装方式

3）流通安装方式如图 20-3 所示，有两种安装支架可供选择。

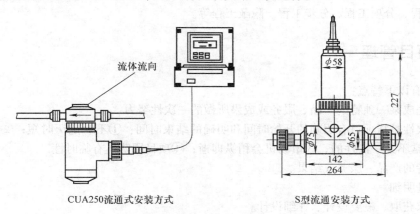

　　CUA250流通式安装方式　　　　　　　　　　S型流通安装方式

图 20-3　流通安装方式

20.2　项目图纸内容

一个实际自控项目的图纸内容见表 20-1。

表 20-1　一个实际自控项目的图纸内容

序号	折合 1#图数	页数	档案号	图纸名称
1	0.125	1	9240I – 84 – 050 – 0	图纸目录
2	0.5	4	9240I – 84 – 050 – 1	说明书
3	7.875	63	9240I – 84 – 050 – 2	仪表索引
4	10.75	86	9240I – 84 – 050 – 3	仪表规格数据表
5	0.375	3	9240I – 84 – 050 – 4	仪表安装材料表
6	0.125	1	9240I – 84 – 050 – 5	电气设备材料表
7	4.375	18	9240I – 84 – 050 – 6	电缆表
8	4.375	35	9240I – 84 – 050 – 7	FCS I/O 表
9	4.625	37	9240I – 84 – 050 – 8	接线箱接线图
10	0.5	1	9240I – 84 – 050 – 9	FCS 系统配置图
11	9	36	9240I – 84 – 050 – 10	仪表供电图
12	0.75	3	9240I – 84 – 050 – 11	供电系统图
13	0.625	5	9240I – 84 – 050 – 12	控制室平面布置图
14	3	3	9240I – 84 – 050 – 13	现场总线仪表连接系统图
15	6.5	13	9240I – 84 – 050 – 14	端子排外部接线图
16	6.875	55	9240I – 84 – 050 – 15	仪表安装图
17	20.25	21	9240I – 84 – 050 – 16	仪表平面布置图
18	9	9	9240I – 84 – 050 – 17	电缆槽板平面敷设图
19	4	1	9240I – 84 – 050 – 18	主槽板走向图
20	0.25	1	9240I – 84 – 050 – 19	仪表接地系统图
21	0.25	1	9240I – 84 – 050 – 20	仪表接地极安装图
22	0.25	1	9240I – 84 – 050 – 21	直埋电缆的地沟图
23	3	1	9240I – 84 – 080 – 22	带控制点工艺流程图

如果您想顺利完成图纸中所涉及的工作，就需要学习项目管理所涉及的诸多知识：单项工程、单位工程、分项工程、分步工程、隐蔽工程等。

20.3 项目管理

项目具有以下特点：

1）为完成某一独特的产品、服务或成果所做的一次性努力。

2）一次性是指项目有明确的开始时间和明确的结束时间：①不一定历时短；②所提供的产品或服务通常不是一次性的；③市场机会稍纵即逝；④项目团队具有临时性。

3）独特的产品、服务或结果。

4）渐进明细。

5）需求获取、概要设计、详细设计。

6）资源约束。

大项目、项目、子项目和工作包：

1）大项目：通常由若干个有联系的或类似的项目组成，以相互协调的方式对其进行管理，以获得单独管理每个项目所不能取得的预期收益。有时也指规模特别大、时间特别长的项目。

2）项目：是大项目的组成部分。

3）子项目：是项目或大型项目中相互独立的一部分，可以在一定程度上对其进行独立管理。

4）工作包：是工作分解结构中最底层次的可交付成果。

项目管理：

1）在项目活动中运用各种知识、技能、工具和技术，以实现项目的需求。

2）通过项目经理和项目组织的努力，运用系统理论和方法对项目及其资源进行计划、组织、协调、控制，旨在实现项目的特定目标的管理方法体系。

项目管理过程组和项目管理知识域的关系见表20-2。横向为5个过程组，纵向为9个知识领域，总共44个过程。该表是项目管理的基石，国际标准化组织以该文件为框架，制订了ISO 10006关于项目管理的标准。

表 20-2 项目管理过程组和项目管理知识域的关系

	启动过程组	计划过程组	执行过程组	控制过程组	收尾过程组
项目整体管理	制定项目章程 制定项目范围说明书（初步）	编制项目管理计划	指导和管理项目实施	监控项目工作 综合变更控制	项目收尾
项目范围管理		范围规划 范围定义 创建 WBS		范围核实 范围控制	
项目时间管理		活动定义、排序、资源估算、历时估算 进度计划编制		进度控制	
项目成本管理		成本估算 成本预算		成本控制	
项目质量管理		质量计划	执行质量保证	执行质量控制	
人力资源管理		人力资源计划	获取项目团队 项目团队建设	管理项目团队	

（续）

	启动过程组	计划过程组	执行过程组	控制过程组	收尾过程组
项目沟通管理		沟通计划	信息发布	绩效报告 管理项目干系人	
项目风险管理		风险管理计划 风险识别、定性分析、 定量分析 风险应对计划		风险监控	
项目采购管理		采购和获取计划、 合同计划	请求供应商响应、 供方选择	合同管理	合同收尾

1. 项目管理概述

项目管理包括：1）项目；2）五大管理职能；3）项目管理三约束，如何相互影响；4）项目和日常运作；5）按项目方式管理、目标管理；6）项目管理过程、项目生命周期、产品生命周期；7）组织理论；8）项目经理；9）项目办公室：PO，PMO，PSO 项目支持办公室（Project-Support Office，PSO）。

2. 项目整体管理

项目整体管理包括：1）七个主要过程；2）项目章程、初步范围说明书、项目管理计划；3）项目选择方法；4）项目管理计划：定义和内容；5）谁制订项目计划；6）事业环境因素、组织过程资产；7）权衡；8）整体变更控制：范围、进度、成本、质量、风险；9）项目收尾。

3. 项目范围管理

项目范围管理包括：1）范围：项目范围、产品范围，区别与联系；2）范围管理；3）主要过程：5 个；4）可交付成果；5）范围计划编制和范围说明书；6）工作分解结构：定义、如何制定、好处和应用；7）范围核实：正确性；8）德尔菲法；9）范围变更控制。

20.4　项目管理经常出现的几个问题

1）客户的需求经常变动怎么办？

2）人手不够怎么办？

3）项目成员跳槽怎么办？

4）进度拖延怎么办？

5）项目的进程如何监控？

6）实际成本低于预算就一定好？

7）项目的风险如何防范？

8）项目成员的经验如何共享？

20.5　设计变更管理

如何应对用户的变更要求？

工程范围是严格依据合同界定的，如果发生变更，特别是甲方追加合同范围，就涉及合同成本，进而影响到工期，若是准备不足的变更还有可能影响到质量。所以，对于客户提出的工程变更，一定要高度重视，全面衡量，不能草率行事。成立变更管理委员会（BBC），确定软硬件实施方案，采购管理，外包管理，合同管理。

20.6　项目时间管理

项目时间管理包括：1）网络图；2）PDM、ADM、条件图法、甘特图；3）基本术语：活动、事件、里程碑、关系；4）关键路径、浮动时间、工期（计算）；5）活动资源估算；6）PERT，概率；7）资源分配（资源平衡）；8）受资源约束的进度计划和受时间约束的进度计划；9）Monte Carlo Analysis；10）制定进度计划：赶工、快速跟进；11）进度计划及其编制工具；12）进度变更控制。

20.7　项目人力资源管理

项目人力资源管理包括：1）项目人力资源管理过程；2）项目经理角色与职责；3）三种典型的项目组织类型；4）权力（5个来源）；5）冲突；6）激励理论；7）人员获取（知识地图）；8）团队开发；9）有效的团队：影响团队有效性的一般障碍；10）项目团队管理，行政。

由于员工对行业的忠诚度远高于对企业的忠诚度，为了实现自己的职业规划，待遇不能满足要求，心情不舒畅等原因，员工就会离职。作为项目经理，要有所准备，否则，一旦人手不够，就会手忙脚乱，所以要有预防措施和后备人员。

20.8　项目成本管理

项目成本管理包括：1）成本管理定义；2）会计体系、项目选择与经济术语；3）成本估算：三种方法；4）净值分析（公式、计算）；5）AC、PV、EV、CV、SV、CPI、SPI、EAC、ETC定义、计算公式、含义、结果分析与解释；6）成本管理计划；7）成本预算；8）成本与风险：应急储备、管理储备；9）成本控制。

20.9　项目质量管理

项目质量管理包括：1）质量；2）质量管理；3）质量成本；4）质量计划编制；5）质量保证；6）质量控制；7）质量管理中用到的术语与工具。

20.10　项目沟通管理

项目沟通管理包括：1）沟通管理定义；2）沟通模型；3）什么阻碍了沟通：过滤器和障碍；4）项目经理在沟通中的作用（90%时间）；5）沟通方法；6）管理风格与管理技能；7）沟通渠道；8）绩效报告；9）管理项目干系人。

20.11　项目采购管理

项目采购管理包括：1）采购管理过程；2）采购计划编制；3）采购资源（集中、分散订立合同）；4）询价；5）评估标准；6）合同、合同类型与谈判；7）供方选择的工具与技术；8）合同管理；9）变更与合同变更；10）合同收尾；11）合同相关的问题。

20.12　项目风险管理

　　项目风险管理包括：1）风险、风险函数表达式；2）风险管理定义；3）风险管理过程；4）风险识别；5）风险量化；6）风险应对措施开发、风险应对方法；7）风险应对控制；8）TOP N 风险管理。

　　项目风险管理案例

　　风险无处不在，在项目管理中，任何活动都不可避免地存在不确定性，因而也就存在着各种各样的风险。所以，项目管理的理论研究和社会实践者们甚至认为：项目管理其实就是风险管理，项目经理的目标和任务就是与各种各样的风险做斗争。

　　风险是遭受损失、伤害、破坏的可能性，风险的定义是具有不确定性的事件或情况，一旦发生，会对项目目标产生积极或消极的影响。对项目风险进行管理，在国际上已经成为项目管理的重要方面。项目风险既包括对项目的威胁，也包括促进项目的机会。要避免和减少损失，将威胁化为机会，项目主体就必须了解和掌握项目风险的来源、性质和发生规律，进而施行有效的管理。

　　2007 年 10 月，我公司承揽了安徽淮北经济开发区中水处理厂"中央监控信息系统集成"项目。该水厂由淮北矿务集团公司投资建设，是为开发区建设的基础配套设施。处理规模 10 万 t/天，建设总工期 18 个月，主要流程是湖水经提升泵房输送到厂内，湖水经加药反应沉淀、D 型过滤池过滤、加氯消毒处理，合格的中水送开发区电厂、洗煤厂、焦化厂及其他工业用户使用。配套还有纯水车间，经过多级反渗透处理的纯水送电厂锅炉补水。

　　我公司承担的整套信息系统集成项目，建设周期 11 个月，合同额度为 1500 万元。由于该工程为开发区内几个国家级重点项目供水，因此工期限制严格，要求系统稳定性高。

　　我公司进入水处理行业比较晚，为此我公司专门引进了 S10、R600 系列控制系统。考虑到引进成本和国内操作习惯，我公司没有引进上位实时监控系统软件，计划自己开发。根据招标文件，要求上位系统监控现场多个不同的控制系统（DLP 大屏系统、西门子 PLC、美国 AB 公司 PLC、施耐德变频器、PROFACE 触摸屏等），涉及多家设备的协议（RS－485TCP、MODBUS、PROFIBUS－DP、Control－NET、OPC 等），并和高低压配电监控系统、软化水车间 PLC 系统进行通信，最终在监控中心与全厂视频监控系统、DLP 大屏幕（10×50in）进行集成，具有历史站功能、网络发布功能，并为将来的 MIS 系统预留通信接口。据统计，共有 12 家主要协作单位，有 5 家还是初次合作。加上设计方、客户技术要求不明确，不断提出技术变更，这些不确定性因素增加了项目范围管理、进度管理、成本管理、沟通管理的难度，也大大增加了项目风险。

　　到该项目启动，由于我在 S10、R600 系统引进时全程参加了引进协议编制、谈判和技术培训，并在公司多个部门和岗位参与过项目管理工作。特别是我曾担任过大型水处理自控系统项目经理（绍兴污水处理厂二期，30 万 t/天，2003 年完工，合同额 2200 万元，亚洲最大的印染水处理厂），经综合考核，我被管理层任命为该项目经理。

　　鉴于公司是平衡型矩阵组织结构，我争取管理层支持，提高了项目优先级别，在挑选项目组成员、决策、分配资源等方面得到了充分的授权，在接下来的工作中创造了组织保证。在该项目中，我充分重视风险管理，按照项目风险管理理论，结合自己的项目实际经验，顺利地完成了该项目。具体来说，我是按照以下几个基本管理过程来进行风险管理的。

1. 风险管理计划编制

　　项目风险管理就是指对项目风险从识别到分析、评价乃至采取应对措施等一系列过程，它包括将积极因素所产生的影响最大化和使消极因素产生的影响最小化两方面的内容。

项目不同阶段会有不同的风险，风险大多数随着项目的进展而变化，不确定性会随之逐渐减少。项目最大的不确定性在项目的早期，为减少损失而在早期阶段主动付出必要的代价要比拖到后期阶段迫不得已采取措施要好得多。

在项目初期，我召集有关人员参加计划会议，编制了《风险管理计划》，具体描述如何为该项目处理和执行风险管理活动。我们采用会议的方法来制定风险管理计划。

我们确定了基本的风险管理活动（如承认风险无处不在，奖励阻止风险发生的人，每周召开一次风险评估会议，定期更新风险登记表），根据项目管理理论和我公司的项目实践，定义了项目中的风险管理过程，估计了风险管理的时间表和费用，把风险管理活动纳入了项目计划，把风险管理费用纳入了成本费用管理。工作分解结构图如图 20-4 所示。

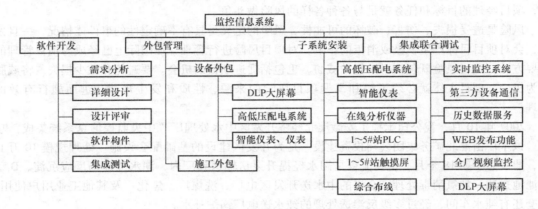

图 20-4　工作分解结构图

2. 风险识别

风险识别是确定何种风险可能会对项目产生影响，并将这些风险的特征形成文档。

根据项目实际情况，我们通过开会的方式，采用头脑风暴法、假设分析和因果分析图技术，把项目中的风险划分为技术风险、组织内部风险、组织外部风险三大类。采用风险分解结构（RBS）形式列举了已知的风险，监控信息系统集成项目 RBS 图如图 20-5 所示。

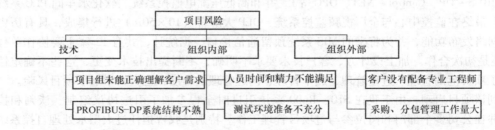

图 20-5　监控信息系统集成项目 RBS 图

在识别了上述风险后，我们还确定了这些风险的基本特征，引起这些风险的主要因素，以及可能会影响项目的方面，形成了详细的风险列表记录。监控信息系统集成项目风险列表记录见表 20-3。

3. 风险定性分析

风险定性分析包括对已识别风险进行优先级排序，以便采取进一步措施，如进行风险量化分析或风险应对。

表 20-3　监控信息系统集成项目风险列表记录

风险名称	引起风险的主要因素
项目组未能正确理解客户需求	用户以前没有类似工程经验，需求不明确
PROFIBUS – DP 系统结构不熟	现场总线没有应用过
测试环境准备不充分	涉及第三方设备、系统多
人员时间和精力不能满足	有的开发人员还负责其他项目
客户没有配备专业工程师	客户项目部刚成立，技术人员不到位
采购、分包管理工作量大	有 12 家主要协作单位，有 5 家初次合作

我们还是采取会议的方式，通过风险概率及影响评估、概率及影响矩阵、风险数据质量评估等技术，分析了风险发生的可能性，以及该风险对项目范围、时间、成本等方面的影响，不仅考虑了负面影响，也分析了风险带来的机会。

在确定了风险的可能性和影响后，接下来通过风险紧急度评估确定风险优先级。结果是"项目组未能正确理解客户需求"风险排在第一位，处理不好会影响很大，需要尽快采取措施。

4. 风险定量分析

通过对已经知道的风险进行定性分析后我们还进行了定量分析。风险定量分析过程定量地分析了风险对项目目标的影响。它为我们在面对很多不确定因素时提供了一种量化的方法，以作出尽可能恰当的决策。整个风险定量分析过程，我们主要采用了德尔菲专家判断（风险调查表）的方法，决策树分析，组织有关人员运用三点预测法对项目工期进行乐观、中性和悲观估计。

根据定量分析结果，明确已量化风险的优先级列表，立即更新了风险列表记录。

5. 风险应对计划编制

风险应对计划是这样一系列过程，它通过开发备用的方法，制定某些措施以提高项目成功的机会，同时降低失败的威胁。根据定性分析和定量分析的结果，我们对已经识别的风险制定了应对计划，对不同的风险采取了不同的措施。对负面风险（威胁）的应对策略：回避、转移、减轻。对正向风险（机会）的应对策略：开拓、分享、强大。

更新风险登记表、更新项目管理计划与风险相关的合同协议。风险应对措施见表 20-4。

表 20-4　风险应对措施

风险名称	风险应对措施
项目组未能正确理解客户需求	专家判断，加强客户沟通管理
PROFIBUS – DP 系统结构不熟	人员培训
测试环境准备不充分	采购必要设备，采用软件仿真测试方法
人员时间和精力不能满足	争取管理层支持，尽快完成工作交接投入到本项目
客户没有配备专业工程师	建议客户技术人员尽快到位
采购、分包管理工作量大	加强采购管理、进度管理、卖方绩效评估

6. 风险监控

经过以上 5 个过程后，该项目中的风险已经比较清晰，这时就要进入风险跟踪与监控过程。在这个过程中，我们主要更新了以下文件：风险登记表、请求的变更、推荐的纠正措施、推荐的预防措施、推荐的缺陷补救、组织过程资产、项目管理计划，并对已经识别的风险的状态进行跟踪，监控风险发生标志，更深入地分析已经识别出的风险，继续识别项目中新出现的风险，复审风险应对策略的执行情况和效果。根据目前风险监控的结果修改风险应对策略，根据新识别出来的风险进行分析并制定新的风险应对措施。

在整个风险监控过程中，我们主要采用风险评估、差异和趋势分析、项目绩效分析和监控会议的方式来进行的。

结尾：该项目是我公司在水处理行业完成的第一个大型项目。通过这个项目，我公司在大型水处理行业积累了丰富的组织过程资产。

在整个风险管理过程中，我注意带领团队采用12条良好实践和PDCA循环监控每一个风险，并特别注意提高有利于实现项目目标的事件发生概率并增强其结果（开拓、分享、增强），降低不利于实现项目目标事件发生的概率并减轻其后果（回避、转移、减轻）。还运用2/8定律，重点控制高风险事件。比如在项目后期，我们提前预知到建设方管理层要变动的风险，加强了合同管理，对各种调试资料进行签字存档，为顺利验收打好了基础。

总之，由于项目初期需求不明确，总包范围涉及采购、分包、软件开发、系统集成等多个环节十几个协作单位，再加上异地安装调试，用户管理层频繁变动，现场变更多，项目不确定性因素多，风险很大。但由于我们充分重视了项目的风险管理，辅助良好的配置管理、变更管理，保证了项目按期顺利竣工验收。

经过近半年的运行，目前系统稳定可靠，得到了用户的肯定。

20.13　执业资格

任何行业都有入职门槛，项目管理更是这样。与自动化项目经理有关的执业资格一般有以下几种：

1）PLC编程设计师考试：理论学习、上机操作。

2）工程师/高级工程师考试：计算机应用（3或4个模块）、外语。

3）注册电气工程师执业资格专业考试。

4）一级建造师（机电安装专业）考试：《建设工程经济》、《建设工程项目管理》、《建设工程法规和相关知识》、《机电安装工程管理与实务》。

5）二级建造师（机电安装专业）考试：《建设工程项目管理》、《建设工程法规和相关知识》、《机电安装工程管理与实务》。

6）监理工程师（机电安装专业）。

7）信息系统项目管理工程师。

8）信息系统项目管理师。

20.14　项目经理应具备的理论知识和能力

1. 项目经理应具备的理论知识

1）应用领域的知识、标准和规定：控制理论、计算机知识、网络知识、常用设计、安装、测试、调试规范等；计算机应用包括绘图、设计软件、编程、组态软件等；网络知识：协议转换、数据通信、信息安全。

2）管理知识：项目管理知识体系、一般的管理知识和技能、处理人际关系技能、法律法规、经济财务等。经济财务方面包括项目的可行性分析、经济可行性分析。

2. 项目经理应具备的能力

项目经理应善于总结工程经验，不断强化以下几种能力：

1）广博的知识，运用项目管理知识与技能的能力。

2）丰富的经历，良好的职业道德，优秀的领导能力。

3）良好的协调能力。

4）良好的沟通与表达能力。

5）快速的应变能力。

6）高效的激励能力。

20.15　项目经理应具备的素质特征和性格特征

项目经理应具备的素质特征包括：1）有管理经验；2）拥有成熟的个性，具有个性魅力；3）与高层领导有良好的关系；4）有较强的技术背景；5）有丰富的工作经验，曾经在不同岗位、不同部门工作过；6）具有创造性思维；7）灵活性、组织性、纪律性。

项目经理应具备的性格特征包括：1）诚实、正直、热情；2）遇事沉着、冷静、果断；3）善于沟通；4）敏感、反应敏捷；5）多面手；6）精力充沛、坚韧不拔；7）自信、具有进取心；8）善解人意。

项目分析：图 20-6 所示是某电厂脱硫项目控制系统开发项目，找出项目的关键路径，试问该项目能否在 30 周内完成？

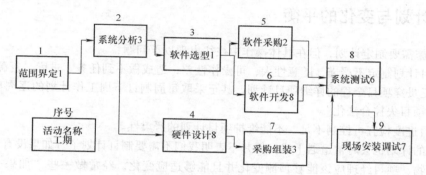

图 20-6　某电厂脱硫项目控制系统开发项目

20.16　如何成为优秀的项目经理

项目经理要具备相关知识；职业道德；责任心；专业知识；绘图能力；外语知识；计算机知识；网络知识；数据/信息处理能力；管理 ERP 能力；分包管理能力。

项目经理要进入角色：快速掌握新知识、新工具；具有专业技能、管理才能、沟通能力；流程管理：工艺流程、管理流程；同行交流；工程设计软件；项目管理软件；项目管理协会组织；会展；发表论文；项目管理论坛；自己整理的案例集、项目库、图纸资料。

一个优秀的项目经理能够使项目完成的出色，把握项目计划包括成本、进度、范围、质量等，把客户的满意度提到最高。以下是一些建议：

1）真正理解项目经理的角色。项目经理应有类似本项目的项目实施经验，对项目有一个清醒的认识，同时对该行业的相关知识有扎实的基础；能指导项目团队做出一个科学的、切合实际的实施方案，在必要的时候帮助组员解决问题。但并不是说项目经理必须是任何技术问题的专家。

2）重视项目团队的管理，奖罚分明。

3）制订计划。

4）真正理解"一把手工程"，争取高层支持。

5）注重用户参与。

6）立言立信，无信不立，牢记"信"字当头，长久下去必然会争取到各方的理解和支持。

20.17　项目经理的辨证法

管理哲学如图 20-7 所示。

技术和交际/管理两方面的能力，揭示了职员、经理、董事长之间的差异。由此可见，项目经理不能过分强调任何一方面而忽略另一方面。

项目经理的辨证法：1）既要计划，又要变化；2）既要见林，又要见木；3）既要冷静分析，又要相信直觉；4）既要有原则性，又要有灵活性；5）绵里藏针。

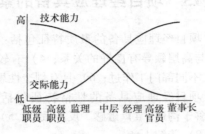

图 20-7　管理哲学

20.18　计划与变化的平衡

项目实施需要制定计划，但在具体操作中往往出现以下问题：

1）项目计划制定不严谨，随意性大，可操作性差，造成做不到任务、进度、资源三落实。

2）缺乏贯穿项目全程的详细项目计划，甚至采取每周制订下周工作计划的逐周项目计划方式，发生"项目失控合法化"。

3）项目进度检查可控制不足，不能维护项目计划的严肃性。

再完美的计划也会时常遭遇干扰，但并不表明我们不需要制订计划了。如果没有计划我们就失去了参照物，项目经理应该能够预测变化并且能够适应变化，经常做一些"如果…那么"的假设，不能安于现状。

计划总在变化，计划没有变化快，关键是计划能够跟上变化。在项目实施过程中，经常会将整个项目分成若干个小项目、子项目，项目经理应有效地利用好时间，做到各个项目之间的有效、合理衔接，保证整体计划的合理性和连贯性。

20.19　高效会议

1）事先制定例会制度。

2）放弃可开可不开的会议。

3）明确会议目的和期望结果。

4）发布会议通知。

5）会议前资料发到参会人员。

6）可借助视频设备。

7）明确会议的规则。

8）会议后总结，提炼结论。

9）会议要有纪要。

10）做好会议的后勤保障。

20.20　良好的习惯——时间管理

1）提高效率。

2）提高时间利用率。

3）每个周末，找出几个下周要完成的目标。

4）每天结束时，列出第二天要做的事情。

5）早晨的第一件事是看看这个作业表，一整天都要看到这个表。

6）控制干扰（电话、Email、随意的来访者）。

7）学会说"不"。

8）有效利用等待时间。

9）尽量一次处理大部分文件工作。

10）周末，如果完成了全部目标，就奖赏自己。

20.21　谈判与谈判技巧

谈判是会议的高级形式，是体力和智力的综合考验。所谓知彼知己，百战不殆！谈判需要精心准备，避免干扰，从容上场。

1. 谈判原则

1）努力将谈判放在己方所在地举行。

2）让供应商或分包商在会上多发言。

3）发言时不要杂乱无章。

4）争论时说话不要激动。

5）双方要相互顾全体面。

6）避免过早摊牌。

7）满足谈判对手感情上的需求。

2. 谈判技巧

1）谈判能力和技巧是在平时练成的。

2）谈判是可以预演的。应该经常进行这种演练。

3）提前准备好谈判提纲，按照自己的主线，一条条落实关键内容。不管对方走多远，你最终都要把话题拉回到自己的谈判提纲上来。

4）谈判团队要目标明确，意见一致，并形成默契。对于关键承诺，主谈要征询全体成员的意见。对于严重影响谈判结果的关键因素，不能确认时可联系场外团队、顾问专家支持。

5）主谈开题，再由副谈逐步切入主题。主谈随时察言观色，试探对方的底线。

6）重要文件要亲自过目，如果专业性很强要请自己的专业顾问确认。

7）不要相信任何口头承诺，争取把对方重要的口头承诺写进谈判纪要。

8）时刻清楚自己的权限，对方坚持而自己不能确定的条款，可写进谈判纪要，下次谈判给出答复。

9）要有耐心，不要指望一次谈判能解决所有问题。

10）控制谈判节奏，感觉处于下风、局面失控或力不从心时，应尽快借机暂停或停止谈判，不要顾及面子硬撑下去，特别注意此刻不能做出任何实质性承诺，包括书面的、口头的、暗示性的或意向性的。

11) 双方同意，可对过程录音备查。

12) 任何谈判结果谨慎签字。

20.22　有关项目管理的 16 条至理名言

1) 接受项目管理理论，并持续地使用它。

2) 采用促使公司向着成熟的项目管理发展的管理哲学，并将其传达给每一个人。

3) 在每一个项目开始时，制定有效的计划。

4) 在付诸实施时，尽可能小地变动范围。

5) 要认识到成本和进度管理是紧密相连的。

6) 选择合适的人做项目经理。

7) 向高层管理者提供项目发起人的信息，而不是项目管理的信息。

8) 加强直线管理层的参与和支持。

9) 关注可交付成果而不是资源。

10) 培育有效的沟通、合作及相互信任，以实现项目管理的快速成熟。

11) 与全部的项目团队成员和直线管理层分享项目的成功。

12) 消除非生产性会议。

13) 应尽可能早而快地以有效的成本识别并解决问题。

14) 定期测评项目进展。

15) 将项目管理软件作为一种工具，而不是作为一种计划或人际关系技巧的替代品来使用。

16) 制定全员培训计划，让员工学习正规的、定期更新的课程。

20.23　高效的项目沟通管理案例分析

　　工程项目沟通就是项目干系人间的问题交流和项目进展等信息共享。工程项目，尤其是大型工程项目，参加单位多，交流内容广，涉及设计方案、工程进度、安全质量、变更索赔等，所以项目团队的交流沟通不仅信息数量大，而且信息处理复杂。如何实现项目科学高效的沟通管理呢？为了探讨问题方便，我们把沟通分为正式沟通、会议、非正式沟通和报告报表。

　　正式沟通：按照合同规定的程序或格式进行的具有一定合同约束效力的沟通，包括信函、传真。现在很多信函、传真拟写完毕后，经过合同授权人签字或盖章扫描后，利用合同指定的项目邮箱进行传送，当对方收到后，通过邮箱发送回执确认，而不必要送达原件到对方。

　　会议：包括按照合同规定召开正式例会和不定期的专项会议，并形成会议纪要备查，参加会议的人员应具有所讨论问题的决策权力。由于信函、传真、会议纪要具有相应的约束力，双方交流时都比较慎重，导致沟通过程中很多真实的信息不愿意透露。

　　非正式沟通：口头交流、电话联系、私人间邮件往来。这种沟通方式更方便快捷。由于沟通的信息或结果没有合同的约束力，所以交流时彼此警惕性不高，表达的信息有些比较真实，对方的某位人士可能会透漏目前项目存在的一些问题。

　　报告报表：按照合同规定定期提交的日报、周报、月报，或者按照合同提交的各种审批表单，如材料审批单、加班许可申请表等。

　　根据沟通对象的不同，沟通可以分为对外沟通和内部沟通。凡是以经济合同为基础进行合作的项目团队叫外部单位，与外部单位进行的交流沟通叫对外沟通，比如业主和各级专业分包商。内部沟通指团队内部各个职能部门间的交流讨论。

如何正确的与外部进行交流沟通？

对外沟通尽量采用正式沟通和会议的方式进行。由于参与商业项目各承包商的根本经济利益不同，在利益的驱动下，各个承包商在必要的时候都有可能歪曲真相，否认事实，置口头承诺而不顾，如果采取非正式沟通，往往会出现交流的结果不能兑现的情况，笔者本人就遇到过该类事情。A 公司移交给我公司的某些铁路路基标高不够，但是 A 公司的人员、机具已经撤离现场，没有办法再填筑路基，希望我公司多填些道渣来弥补，于是安排 B 工程师关于多填道渣的费用与我进行交流。我和 B 交涉时都本着各自单位的利益出发，最终谈定了 A 公司要支付的道渣费用。由于我俩私人关系不错，又都担任各自单位的一定职务，当时就没有留下书面的谈判纪要，B 也告诉我，付款时只要他签个字就行。等我公司完工付款时，A 公司的大领导怀疑 B 和我之间有猫腻，坚决不同意付全款，最后只付了 70%。

对外沟通要以合同条款为依据。合同是双方交流的基础，也是判断双方对错的唯一标准，所以首先我们要深入学习合同，不论是商务条款还是技术标准，与交流问题相关的都要清楚知晓，否则就会显得我们很不专业。在一个印尼电站项目上，业主工程师检查锅炉本体时告诉中国工程师防腐漆厚度不够，我国的工程师振振有理，拿出中国的规范和他们讨论，但是业主工程师说，防腐漆的厚度，合同上有明确规定，等翻开合同，我们只有老老实实的再补刷油漆。后来那位工程师说，合同都是英文的，谁也没有仔细的去阅读。

注意交流沟通的时效。一般国际工程项目都规定某类问题提出和答复的期限，比如，一般的国际项目发生索赔时，索赔方要在问题发生 28 天内提出索赔申请，超过 28 天，索赔无效。对方提出的变更申请单一般要在 7 个工作日内答复，超过期限不答复就等于同意对方的变更申请。我曾经在一个国际项目上担任计划经理，在项目启动不久就给业主正式提交了项目实施性三级项目总控计划，但是业主工程师没给任何反馈意见。后来由于业主征地拆迁不能及时完成，我们向业主提出了增加工期的索赔。我们的理由是：1）业主在收到我们提交的计划后，到现在都没有给任何答复，说明业主同意我们的项目工作安排；2）按照计划的安排，由于受业主征地拆迁的影响，修建便道的工作被迫推后了 1 个月，导致整个项目的所有工作都被迫推后，所以要求索赔工期 1 个月，最后业主同意了我们的工期索赔。

在对外交流沟通中，正式沟通的形式很重要，但是非正式交流也不能轻视。很多正式交流沟通前都要先做大量的非正式交流，以增进双方的理解和共识，为正式沟通排除障碍，铺平道路，这样正式沟通中才能比较容易地达成结果，提高正式交流的效率。因此，对外沟通中要把握以下原则：以合同为依据，以非正式交流为铺垫，以正式交流为准绳，以双方签字的书面材料为结果，履行好合同义务和权利，建立维护良好的客户关系。

如何建立项目团队高效的交流沟通机制？

提倡非正式交流，发挥主管领导的协调作用。有一家国际工程公司，设置了采购部和项目部两大部门，采购部负责工程项目大型设备的招标采购，项目部负责工程的设计与实施。采购部采购设备时需要项目部提供完整的设备技术规范书，于是就向项目部写函正式索取。但是项目部由于没有设备技术资料，设计工作的开展也受到影响，再加上技术力量不足，提供不了采购部要求的技术资料，于是采购工作被迫停滞。两个部门就这样僵持下来，最终影响了项目的整体进展，于是主管该两部门的领导亲自抓这件事情，要求两个部门联合办公，务必想办法克服困难，推进采购工作。这样两个部门就加强了合作，省去了过去的信函往来，增加了广泛的口头交流讨论，在他们充分的交流中，彼此了解了对方的工作程序、工作进展现状和后续工作安排，制定了一个采购、设计工作交叉进行的方案，解决了采购、设计两者互相制约不能推进的现状。

由此可见，在一个团队内，过多的正式交流会导致大家过分的责任分明，阻碍了双方充分交流的渠道，影响了部门间协同配合的深度，导致一些工作推动无力。工程项目实施本来就是在问题中寻找办法，逐步推进的过程，只有大家集思广益、密切配合、精诚合作，才能把项目完成。同时也看到，领导在项目团队中的重要作用，不但要善于安排协调，还要有担当，敢于拍板，勇于承担责任。

建立开放的交流沟通团队文化。每个人都有这样的感觉，如果到了一个论资排辈、工作岗位级别鲜明的团队里，表达观点时就会谨小慎微，不敢轻易发言。如果每个人都不能充分表达自己的观点，就很难谈团队能够集思广益、协同配合了。但是如果到了一个开放的团队里，讨论问题时大家都踊跃发言，各抒己见，任何人都可能被感染，不自觉的表达意见。要想发挥每个人的聪明才智，首先要形成一个开放的、活泼的团队交流沟通氛围。

项目团队文化其实就是项目经理文化。项目经理作为团队文化的缔造者，首先要以身作则，由衷的做一个愿意、乐意、能够和员工进行充分交流讨论问题的人；作为团队文化的维护者，当遇到不符合开放交流文化的做法时，要坚决制止，不要放纵。在员工看来，不制止就等于提倡。

掌握技巧，开好专题讨论会。开会讨论是团队交流沟通的一个有效手段。团队内部的会议，不同于对外沟通的会议，一般不需要签到，也不需要做会议纪要，其目的是把多人召集起来集思广益，寻找问题的最佳解决方案。会议讨论，参加人员较多，难免有人表达的观点不恰当，进行反驳时，要注意讲话的方式，要做到对事不对人，不要给人造成有人身攻击的感觉，影响发言人的热情，伤害同事间的感情。多人交流，话题容易跑偏，作为会议的组织者，要及时纠正讨论的话题。多人讨论，有时候会形成不同解决方案的争论，对探讨解决方案效果不大，作为部门领导，要在适当的时候进行总结发言，确定解决问题的最佳方案。

综上所述，团队内部沟通要坚持发挥领导的协调带头作用，以非正式交流为主导，建立开放的团队交流文化。

20.24　项目的国际交流

项目的设计和实施，如果需要经常和国外的技术专家交流项目进展，项目资料较大，直接发送电子邮件不方便，一般是打印出图纸，同时刻制光盘邮寄对方，但是光盘邮寄需要向海关特别申请和审核，需要花费很长时间。这时，我们可以把文件转换格式，比如 PDF 格式，转换后，几十兆的文件能压缩到几兆，并且不影响阅读，这样就能直接发送电子邮件了。

请注意，转换的方式有很多种，比如可以扫描文档后保存，也可以用专用软件转换。但有的软件可以直接保存为 PDF 格式，省时省力。

第 21 章 招投标管理

招投标管理有一套科学的评判体系，并且在实际操作中不断改进。细节决定成败，避免一切可能发生的错误。招标与投标是相对应的。招投标文件一般由"商务标书"、"技术标书"构成。在实际运作过程中，即使作为投标方，也可能重新发包对外招标，进行项目的分包管理。

21.1 招投标准备

1. 几种招标形式
业主招标一般有以下几种形式：
1）公开招标。
2）邀请招标。
3）两段招标。
4）协商议标。
5）国际招标。
针对不同的招标形式，采取不同的投标策略。编制技术方案、商务条款一定要有针对性。

2. 有关法律解读
《招投标法》、《政府采购法》。

21.2 编制商务标书

1. 商务标书的主要内容
商务标书的主要内容有商务文件、人员培训计划、质量保证措施等。
（1）商务文件（14 种）
1）投标函（附投标保证金证明）。
2）投标文件汇总表。
3）投标保函。
4）法定代表人身份证明书及授权委托书。
5）查询资信情况的授权书。
6）投标报价表。
7）主要项目人员资格和经验一览表。
8）类似合同业绩表：合同原件/复印件（保密合同除外）、进口设备原产地证明/报关单、用户评价、竣工验收报告等。
9）企业简介（概况、业绩、解决方案介绍、产品样本附后）。
10）投标人资格声明。
11）诉讼史。
12）投标企业资质证书：①企业法人营业执照复印件；②税务登记证复印件；③组织机构代码复印件；④ISO 9000、ISO 14001 认证证书；⑤外商投资企业批准证书；⑥高新技术企业认证；⑦进出口企业认证；⑧制造商授权书及资格证明材料；⑨银行出具的资信证明书；⑩近三年经审计财务状况报告：a）审计报告，b）资产负债表，c）利润表，d）现金流量表；⑪重合同守信用证书；⑫维保内容及优惠条件；⑬质保期内服务承诺及服务措施；⑭质保期外服务承诺及优惠条件；⑮确保工期的进度计划表和交货保证。

13）招投标联合体企业的资质文件。

14）主要设备制造商资质及授权函；①技术引进合同；②进口设备形式认定的查询申请（国家质量技术监督局计量司法制计量处）；③计量器具形式批准证书；④环境保护产品认证证书（中环协会认证中心）；⑤制造商出具的授权函。

（2）人员培训计划

（3）质量保证措施

2. 商务标书的编制原则

1）项目范围的理解说明，即将承包者的义务按照招标人的需要在标书中加以明确。

2）说明投标报价、工期、质量、保修期、其他保证。

3）开标一览表，包括投标报价、工期、保修承诺、质量等级、投标保证金、项目经理、项目经理资质等级。

4）报价表，说明包括软件项目各部分的报价和总报价。

5）相关资质证明材料，包括法定代表人资格证明书、授权委托书、资质及相关资料、投标单位资质证书复印件、营业执照复印件、项目经理及主要技术负责人简历表、项目经理证书复印件、主要技术负责人员相应的证件。

6）近年所完成的类似软件项目一览表，包括项目单位、项目名称及地点、软件主要功能和特点描述、开工完工日期、合同价格、鉴定与获奖情况、相关评价。

7）正在承担的类似软件项目情况的一览表，包括项目单位、项目名称及地点、软件主要功能和特点描述、开工完工日期等。

8）合理化建议。

3. 工程报价

工程报价需要专业知识，有专门的预算人员，但项目经理也要对工程成本、报价有过硬的估算能力，因为整个工程还是由项目经理来控制项目成本的。

1）报价组成：设备采购费、备品备件、管理费用、税金、利润、保管费用、运输费用、保险费用、安装调试费用、资料费、培训费用。

2）设备安装预算：直接费用、人工费用、间接费用、机械费、管理费、税金、利润税金、利润、雨季施工、赶工费用、不可预见费用等。

4. 商务标书注意事项

1）技术偏差表：主要设备技术规格偏差表格。

2）细节决定成败：标书编排顺序。

3）自控系统报价时往往会忽略某些费用，特别是涉及软件开发，要对以下几项引起重视：软件开发、专利费、业主考察费、设计联络会议费、业主到制造厂进行出厂验收的费用等。

5. 投标联合体：解决企业资质不足

施工安装、计算机信息系统集成、设计资质、项目经理资质。

21.3　编制技术标书

1. 技术标书的主要内容

在充分理解招标文件的前提下，开始编制技术标书。技术标书的主要内容一般有以下几项：

1）对投标项目的描述和理解。

2）方案介绍。

3）系统结构。

4）系统功能描述与实现。

5）设备技术性能参数描述。

6）工程进度及保证措施。

7）施工组织设计（方案）。

2. 技术响应

技术标部分——技术方案

1）软件系统总体设计，即有关软件项目的功能结构设计、程序流程设计、包括功能结构图、程序流程图等。

2）对软件项目研制的组织设计等内容的说明，即软件项目的组织、项目进度计划及保证措施、软件质量保证措施。

3）软件项目遵循的规章或程序，包括采用的设计标准、代码标准、编程规范、接收程序等，内容的多少取决于投标人的实践经验和招标人希望了解的详细程度。

4）软件项目采用的技术环境。

5）突出系统特点，如 PLC 指令处理速度快、内存大、MTBF（Mean Time Between Failure，平均无故障时间）长、冗余、自诊断功能、专用键盘、自动校时、事故追忆、历史数据、报表功能等。

3. 编制技术标书的注意事项

一般在项目跟踪、购买招标文件、准备投标的过程中，技术人员应该已经与业主、设计院经过了多次技术交流，初步了解、掌握了业主方的意向。在此基础上，还要了解多家竞争对手可能的技术方案，从技术的角度比较不同的技术方案的优缺点。只有这样，做到知彼知己，投标才有把握。

根据招标文件的要求和自己的工程经验，从系统大的技术方案、网络结构、通信协议确定，到单台设备的技术指标，所有技术细节都要科学分析，严密论证。所选配置技术上能满足，价格上最优，争取把性能价格比做到最大化。

最好多准备几套方案供业主选择，以便答疑时从容应对（除非招标文件明确要求只提供一套技术方案）。

4. 工程总结

1）是否决定参加投标？项目筛选与招标文件倾向性的判断。

2）技术壁垒：技术指标（MTBF、分辨率、内存、冗余）。

3）商务限制：注册资金、业绩、资质、人员。

21.4　评标答疑

1）如何加分数？

2）评标专家哪里来？

3）二次报价？

21.5　决标与中标通知

招标公司组织专家评审，综合各种因素决定中标单位。一般招标结果还要经过中标公示，各方没有异议后，中标单位与业主正式签订合同，交付履约保证金，开始组织工程实施。

第 22 章 系统集成与出厂质检

22.1 成立项目组

1) 任命项目经理：越早越好，最好从投标阶段开始介入，使工程项目有连续性。
2) 设计单位：设计联络会。

22.2 设计论证/评审

1) 企业内部设计论证/评审：硬件、设计图纸、变更、图纸管理/存档。
2) 现场调度会、工程协调会。

1. 设计输入/输出

2. 满足客户最低需求

3. 提高工作效率的方法

1) 项目管理软件：提高工作效率，降低劳动强度，应用新设计方法。
2) 机柜/布线设计：自动化设计。
3) 自动编程。

22.3 设备考察、采购、招标、分包管理

1) 分包管理。
2) 采购合同管理。

对供货方的考察：考察方法与内容

为保证采购部件的性能/价格比最优，需要对不同供货方进行现场考察，综合评分，以决定最终供应方。现场考察要到供货单位的办公地点、生产厂房、相关产品安装地点进行查看，一般分整体考察和针对性考察两部分。

整体考察的主要内容有：企业资质、企业认证、生产规模、营业额、人员组成（管理/开发/技术/生产/质量检验/辅助）、主要设备、生产能力、质量保证体系、售后服务、主要客户、主要业绩等。

针对性考察，指针对要采购的部件、设备、软件或系统，要求供货方提供针对性的解决方案、供货期、报价、制作样机、样机改进等。供货方的考察记录表见表 22-1。

表 22-1 供货方的考察记录表

序号	分类	详细内容	考察方法	结论	备注
1	企业资质	企业营业执照	询问/查验		
2		生产年限			
3		税务登记			
4		ISO 9000 认证			

（续）

序号	分类	详细内容	考察方法	结论	备注
5	企业资质	高新技术/专利认定			
6		信用等级			
7		企业介绍样本			
8		产品样本/技术手册			
9	企业经营状况	三年来营业额/增长率			
10		主要产品系列			
11		采购产品市场占有率			
12		主要客户			
13		生产厂房	现场查看		
14		主要生产设备			
15		主要测试设备			
27	企业核心竞争力	专利技术			
28		专有装备			
29		研发人员			
30		参加行业协会			
31		参与标准起草			
32		技术引进消化			
33		产品升级频率			
34	企业其他说明	环保情况			
35		员工福利待遇			
36		诉讼情况			
37		车间管理（布置、照明、噪音、卫生）			
38		员工精神状态			
39	综合评分	企业规模			
40		占有率			
41		供货量			
42		质量稳定性			
43		价格			
44		供货期			
45		售后服务			

22.4　车间装配

车间装配如图 22-1 所示。

内容包括：工具、人员安排、进度计划、检查、改进。

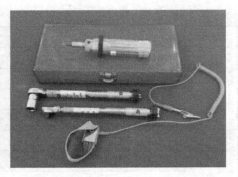

图 22-1　车间装配

22.5　出厂验收

1）业主出厂验收。

2）出厂申请。

3）质量检验，办理合格证。

持续改进，切实提高装配水平

1）人员培训。

2）配备专用工具。

3）质量管理：外协加工。

4）持续改进，提高生产效率，降低质量、安全事故，切实提高装配水平。

22.6　装箱发货

专车发运如图 22-2 所示。

图 22-2　专车发运

22.7　把握项目管理三要素

进度、质量、成本。

第 23 章 现场管理与竣工验收

23.1 安装准备

1. 设备/材料进场与报验（见图23-1）

1）开工报告。

2）材料报验。

图23-1 设备/材料进场

2.《施工组织设计》（自控仪表安装调试施工方案）**示例**

（1）总则

1）管理目标

a）合同履行：服从业主、工程监理的指挥和协调，主动与业主和工程监理进行配合，主动与其他兄弟单位做好施工配合，创造良好的施工环境，保证合同全面履行。

b）工程质量：工程质量达到优良。严格按施工图纸及国家施工验收规范组织施工。

c）施工工期：根据合同工期，结合现场主体工程进度，精心组织施工，争取提前竣工验收，交付业主使用。

d）安全生产：认真贯彻"安全第一、预防为主"的方针，加强安全管理，做到标准化，规范化、制度化，做好安全教育、安全培训、安全技术交底、安全防护、安全检查、劳动保护等各个环节的工作。

e）文明施工：严格执行公司及有关部门的要求，创建文明施工工地。创造良好的生产、生活环境，服从现场项目部的统一管理，保证业主及附近居民的生产和生活不受干扰，采取有效措施，减少施工噪声和环境污染。

2）项目组织结构介绍

根据工程设计实施及项目管理经验，污水处理自动化工程施工组织及相关职责划分如下：

a）总工程师：对整体技术总负责，在总经理要求下具体指导、协调各部门工作。

b）电厂烟气脱硫事业部：为具体工程提供全面技术服务（图纸设计、审核；系统软件编制、调试；组织人员现场安装、调试；竣工验收等），组织供应、技术支持、质量安全监督等的顺利开展，定期向总工、总经理汇报，保证对工程质量、安全、进度的有效控制。

c）项目经理：

总经理授权任命，负责整个工程的统一管理和协调，包括与项目各方、公司内部专业间、部门间的协调工作。

负责项目的成本核算和工程项目的概预算，以及工程的竣工决算。按工程计划合理组织公司设计调试及施工人员分阶段进行工程服务。

在现场调试、施工过程中，负责协调重大问题，与业主和监理方，各标段负责人配合工作。

负责合同的执行。根据合同及工程进度回笼项目资金，组织工程竣工验收。

负责工程质量，及时与甲方项目经理沟通，解决施工过程中的各种问题。

负责施工用材料、设备的计划和统计，劳动力人数和工作量的计划统计。

负责解决项目中所出现的技术问题和施工资料整理保管。

负责单机调试、联动调试。完成工程竣工验收。

d）采购部：根据水处理事业部提供的采购要求书对外签订采购、分包合同，负责采购工程所需各种国内外设备、附件、施工材料等，负责将施工所用货物发送到施工现场。

e）生产制造部：根据水处理事业部提供的设计图纸及通知单进行工程项目厂内设备组装配线，所供现场设备安装及系统恢复和现场制作，配合调试。

f）技术开发部：汇总开发要求，针对所供产品进行功能性软、硬件开发。

g）质量管理部：负责厂内所有采购器件、设备到货验收；负责系统出厂前硬件及软件测试并作好测试记录，签发系统出厂合格证；对现场系统运行情况作好质量跟踪情况备案及评价；损坏部件的登记、维修；针对部门签发的售后服务登记表进行汇总评判，给出意见。

项目组织结构如图 23-2 所示。

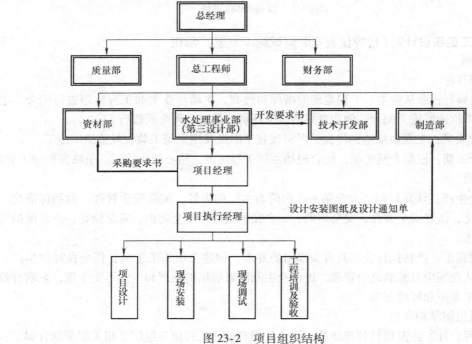

图 23-2　项目组织结构

（2）设备安装方案

1）施工准备阶段

开工前，组织公司内部有关部门参加设计评审，对图纸自审、会审，进行技术交底。参加业主招集的联络会议，对施工中的各种问题进行答疑。

认真分析研究设计院提供的施工图纸以及各类技术资料，根据工程的特点制定出一套切实可行的施工方案。为确保整个工程的顺利进行，同时考虑各个专业的相互衔接，相互制约因素等，与甲方一起制定各个关键工序的工期，对工程所需的人、财、物逐步落实到位。为保证整个工程按计划顺利进展，编制施工进度表，见附表。

制定质量保证措施和安全保证措施。

设备开箱验货：在安装前，根据现场工程进度，项目执行经理通知公司资材部及相应设备供应商发货。货到现场后，会同甲方和监理方共同进行开箱验货并做好开箱记录。

安装材料准备：根据工程量及进度，项目执行经理提出安装材料清单。由公司资材部采购，发往施工现场。零星安装辅材也可现场采购。

预留和预埋件的检查：预留位置，尺寸必须符合要求。

安装基础的检查：基础表面要平整、干燥，基础表面地脚螺栓及底座底板下的泥土、砂子、灰尘及其他异物要清除干净。做好基础检查记录，待有关部门签证认可后，再进行设备安装。

2）仪表安装

a）支架的制作安装：

我公司采用预制仪表支架，尽量随仪表一起订购，这样可以更好地保证支架质量。仪表支架安装方式主要为池边安装，分为探头固定装置和探针挂架两部分，探头支架可自由拆卸，便于安装和维护。支架整体做防腐处理，牢固、平直，尺寸准确。

BWT–07105034 探头固定装置如图 23-3 所示。

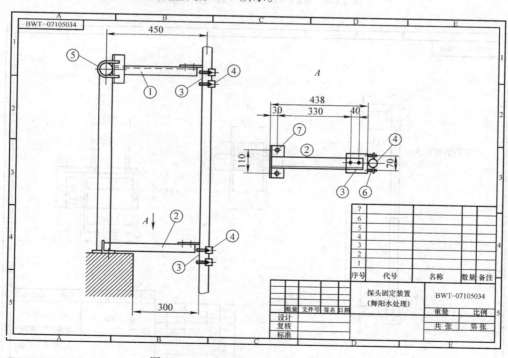

图 23-3　BWT–07105034 探头固定装置

BWT–07105035 探头固定装置如图 23-4 所示。

BWT–08105008 探针挂架如图 23-5 所示。

BWT–08105009 探针挂架如图 23-6 所示。

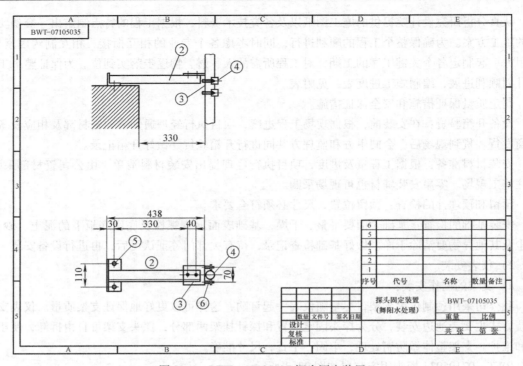

图 23-4　BWT – 07105035 探头固定装置

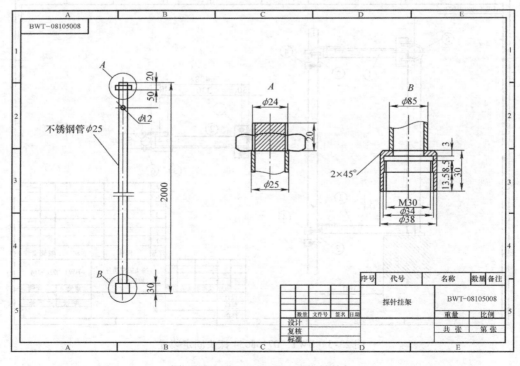

图 23-5　BWT – 08105008 探针挂架

　　安装支架时要符合下列规定：在金属结构上和混凝土构筑物的预埋件上，采用焊接固定；在混凝土上采用膨胀螺栓固定。

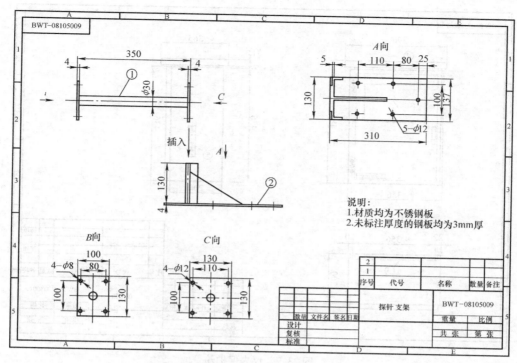

图 23-6　BWT－08105009 探针挂架

b）仪表保护箱的安装：

仪表保护箱安装包括保护箱支架固定、仪表保护箱安装。保护箱支架和仪表保护箱都为预制品，成套提供，采用标准颜色，色标为 RAL7035，整体做喷塑防腐处理。保护箱支架高度为 1200mm，保护箱外形尺寸为 $H \times D \times W = 450\text{mm} \times 200\text{mm} \times 350\text{mm}$，开观察孔便于读取仪表数值。在安装前要作检查，并符合下列条件：表面平整、内外表面涂层完好。

仪表保护箱如图 23-7 所示。

仪表保护箱支架如图 23-8 所示。

支架要固定牢固、横平竖直，在同一直线段上的支架间距要均匀、整齐、美观。

支架安装在有坡度的电缆沟内或建筑物架上时，其安装坡度要与电缆沟或建筑物构架的坡度相同；安装在有弧度的设备或构架上时，其安装弧度与设备或构架的弧度相同。

保护箱的墙面安装：也可根据现场具体情况，仪表保护箱背面有固定孔，可直接在墙面打膨胀螺栓，固定安装。

c）仪表线路敷设

电缆敷设前，要做外观及导通检查，并用直流绝缘电阻表测量绝缘电阻，其电阻值不应小于 5MΩ。

控制柜至现场仪表电缆，室外沿电缆沟敷设或采取直埋方式，室内穿钢管保护。采取直埋方式时，应加细沙、红砖防护。具体施工方法按照施工图要求，没有施工图的可遵循相应施工标准。

敷设电缆要合理安排，不能交叉。敷设时要防止电缆之间及电缆与其他硬物体之间的摩擦。固定时，电缆要松紧适度。

仪表信号电缆与电力电缆交叉敷设时，易成直角。当平行敷设时，其相互间的距离要符合设计规定。电缆线路敷设完毕后，两端挂牌，要具有耐久性颜色标记。

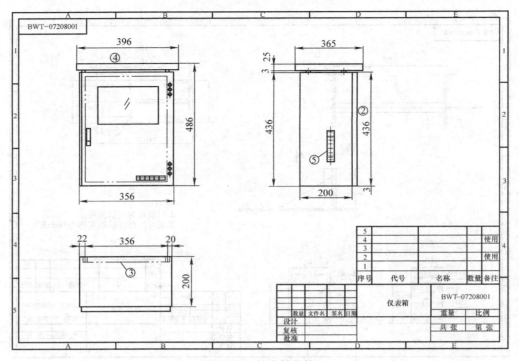

图 23-7　仪表保护箱

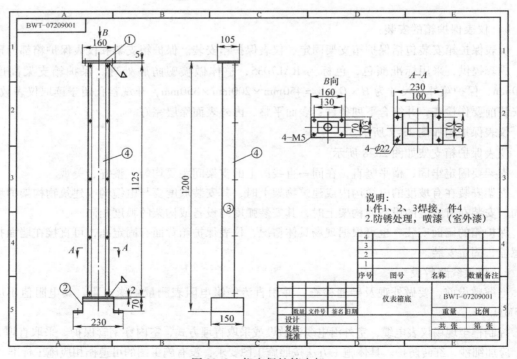

图 23-8　仪表保护箱支架

接地：仪表盘及控制台保护接地与电气接地网相连。

d）仪表安装

仪表一般安装在仪表保护箱内。安装前要仔细检查外观，应外观完整、附件齐全，并按设计规定检查其型号、规格及材质。

仪表安装时不要敲击及震动，安装后要牢固、平整。

直接安装在工艺管道上的仪表，宜在工艺管道吹扫后压力试验前进行安装，当必须与工艺管道安装时，在工艺管道吹扫时要将仪表拆下。仪表外壳上箭头的指向应与被测介质的流向一致。

电磁流量仪表的安装要符合下列规定：流量计、被测介质及工艺管道三者之间要连成等电位，并要接地。在垂直的工艺管道上安装时，被测介质的流向应自下而上；在水平和倾斜的工艺管道上安装时，两个测量电极不应在工艺管道的正上方和正下方位置。口径大于 300mm 时，要有专用的支架支撑。周围有强磁场时，要采取防干扰措施。传感器中由于与介质流动相关的感应信号是非常微弱的，因此，防止干扰就异常重要，其中最重要的一项是接地良好，要求仪表接地良好，而且管道内介质要良好接地。

超声波液位仪表的安装应符合下列规定：超声波液位计安装时要使探头成垂直状态，且注意仪表盲区、发射角度符合要求。

e）取源部件的安装：

取源部件的安装要在工艺设备制造或工艺管道预制、安装的同时进行。仪表测点的开孔位置要按设计图纸或制造厂的规定选择。如无具体规定时，可根据工艺流程图中的测点和设备、管道、阀门等的相对位置，按有关规定进行。

压力仪表：取源部件的安装位置应选在介质流速稳定、灵敏的地方；压力取源部件的端部不应超出工艺设备或管道的内壁。

分析仪表：pH、COD、氨氮等分析仪表，检测、取源部件应选在压力稳定，反映真实成分、具有代表性的分析介质的地方，若压力不足应加管道泵增压。分析样品的排放管应直接与排放总管连接，总管要引至室外安全场所，其集液处要有排放液装置。

3）现场系统恢复（机柜及操作台就位、上电）

a）控制室环境要求：为保证系统达到预定的技术指标，并使系统稳定、可靠运行，提高系统使用寿命，用户除要保持设备间的清洁外，还应保证下述工作环境条件。

供电技术指标要求

电压：电气提供两路单相 AC220V ± 10% 电源。

频率：50 ± 1 Hz。

功率：大于等于设计要求。

接地要求

单点接入公共电气接地网，接地电阻小于 4Ω，接地线截面积大于 38mm^2。

接地线接在汇流铜排上，接地点周围 15m 无大型电气设备。

环境条件见表 23-1。

表 23-1 环境条件

序号	设 备	运行时气候条件		储存时气候条件		耐振动
		温度	湿度	温度	湿度	
1	操作员站	10 ~ +35℃	35% ~80%	−20 ~ +60℃	不结露	0.25G
2	工程师站	10 ~ +35℃	35% ~80%	−20 ~ +60℃	不结露	0.25G

电磁场干扰：应使系统尽量避开强电磁场的干扰，符合 GB/T 2887 "计算机场地通用规范"第 4.4.5 条规定。网络线在电缆夹层中要与其他电缆之间保持一定距离。

b）系统恢复：系统恢复主要设备包括 PLC 控制柜、中央控制室操作台、现场操作台，恢复主要内容包括设备就位、柜间电缆连接、系统检查上电等工作。PLC 控制柜外形尺寸为 $H \times D \times W = 1900\text{mm} \times 700\text{mm} \times 700\text{mm}$，板材厚度为 2mm，前后开门，采取柜外照明、自然通风，配套底杠高度为 100mm。

现场操作台外形尺寸为 $H \times D \times W = 1050\text{mm} \times 750\text{mm} \times 800\text{mm}$；控制室操作台外形尺寸为 $H \times D \times W = 750\text{mm} \times 950\text{mm} \times 1235\text{mm}$。控制柜、操作台整体都做喷塑防腐处理，都采用标准颜色，色标为 RAL7035。

现场操作台如图 23-9 所示。PLC 控制柜如图 23-10 所示。

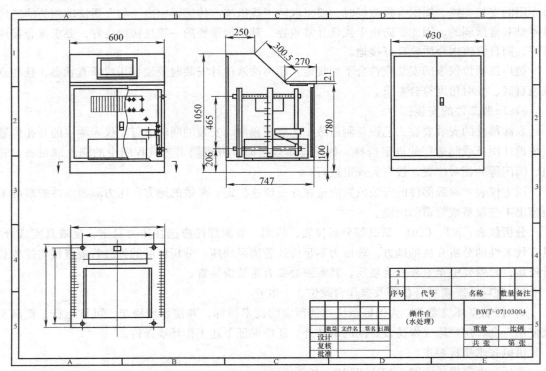

图 23-9　现场操作台

控制柜安装：安装时采用所供槽钢垂直安装于原有基础之上，在槽钢上铺设绝缘胶垫，采用螺栓连接方式将机柜固定在槽钢上。螺栓与机柜连接处用橡胶垫片绝缘，使得机柜及操作台与大地之间保证绝缘。机柜之间用螺栓连接，并贴有胶条，以减少相互之间的摩擦。

控制室操作台就位：平稳安放在控制室静电地板上面即可。操作台与控制柜间接线可走静电地板下面。

现场操作台就位：安装台操作现场，可水平放置在水泥基础上并用膨胀螺栓固定。

系统上电步骤：系统上电包括 UPS 单元、控制柜、操作台、监控计算机、打印机、投影仪等。为保证现场系统恢复顺利进行，按公司规定的步骤上电，同时填写《现场系统恢复表》，表格见附录。

（3）调试大纲

1）调试注意事项

a）严禁不经检查立即上电。现场人员服从统一安排和指挥，调试工作要遵守有关的试验规程规范和有关安全规程及规定。

b）严格按照图纸、资料检查各分项工程的设备安装、线路敷设是否与图纸相符。

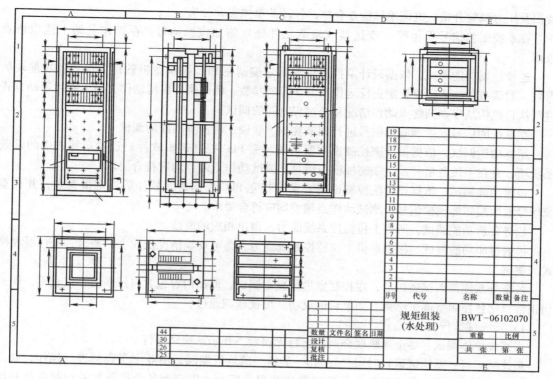

图 23-10　PLC 控制柜

c）逐个检查各设备、点位的安装情况、接线情况。如有不合格填写质量反馈单，并做好相应的记录。试调工作必须二人以上参加，试验记录中要包括时间、天气情况、试验人员、使用的仪器仪表、试验数据等，最后要有签字。

d）各设备、点位检查无误后，对各设备、点位逐个通电实验。通电实验为两人一组，涉及强电要挂牌示警，并记录。

e）通电实验后，进行单体调试，单体调试正常后，方可进行系统联调。涉及其他施工单位者，要事先通知到位并做好记录。

2）单体调试

对控制系统、检测仪表以及各种相关电动、电器设备进行调试前检查。

在甲方及兄弟施工单位的配合下，对各被控设备进行单体调试运行，并作调试记录。

在施工过程中，如发现图纸上有问题，要通过甲方同设计院协商解决，如有工程增减或图纸修改，由设计院设计出变更单或施工单位给出工程联络单，经有关部门确认后方可更改。

3）联合调试

进行 PLC 调试前，首先要熟悉 PLC 有关技术资料、文件、设计图纸、工艺过程及相关设备性能。然后准备好调试用的仪表设备，编写调试方案，调试负责人向参加调试人员进行全面的技术交底。

a）常规检查：按图纸和设备配置资料，核对检查设备数量、插件位置、部件结构及有无缺损。检查确认 PLC 设备的安装是否符合设计及有关资料的技术要求，外部接线是否准确无误，接触是否良好，标志是否清楚，接地系统是否符合设计及有关资料的技术要求等。

b）系统调试：系统调试要在工艺试车前且具备下列条件后进行：仪表系统安装完毕，管道清扫及压力试验合格，电缆绝缘检查合格，各设备单体实验合格。

在系统工艺信号发生端（变送器或检测元件处）施加模拟信号，在操作员站上读取该点数据。

连续控制功能调试，依据设计院控制说明要求编制完 PLC 控制逻辑软件后设置各功能块的参数，对调节功能块还要设定正反运作及 PID 等项参数。确认执行机构动作方向，并用手动方式进行执行机构从零点到终点动作情况和全过程时间的调试。

在系统的信号发生端施加信号进行调节规律、联锁、切换等功能的调试。

运算功能调试，依据设计院控制说明要求编制完 PLC 控制逻辑软件后设置运算式中的常数系统项，并在系统各信号发生端施加模拟信号，测试动作点偏差均应符合要求。

报警功能调试，依据设计院控制说明要求编制完 PLC 控制逻辑软件后设定报警点，并在系统信号发生端施加模拟信号，测试动作点偏差均应符合要求。

趋势分析功能调试，所供上位监控系统能力，得出相应的曲线。

报表打印功能调试，根据所供上位监控系统能力，参考现场情况及业主的要求，进行报表格式的调试。

各个分系统都调试通过后，在控制室进行独立调试，调试内容包含自控系统、仪表等。如一切正常，则各控制室调试结束。如果调试成功，可视联调通过。

4）系统试运行

当系统单体调试、整个系统联合调试运行无误后，开始系统试运行。

系统试运行：系统试运行时间一般为 1～2 周。试运行期间，由业主工程师进行操作，我方现场工程师进行指导，要求其他兄弟施工单位的积极配合。先启动各分控制站的控制系统和仪表，再启动中央控制室的上位监控系统。如果系统的某些设备出现故障，则应立即维修、更换。对于完成的试运行记录，双方签字。如果试运行正常，就向业主提交系统试运行报告，申请初步验收。

试生产运行：系统通过初步验收后，进入试生产运行阶段。试生产运行时间达到合同书规定，办理工程最终验收。

在试生产运行过程中，如发现设备质量问题，由项目执行经理第一时间通知设备生产厂家派人对设备进行检修，不得影响整个工程试运行的正常进行。

（4）保证施工质量的主要措施

为了确保安装工程质量优良，根据工程内容结合公司的质量体系文件，我们采用如下质量保证措施：

1）质量保证体系

质量保证体系如图 23-11 所示。

2）施工准备阶段的质量控制

施工合同签订后，由公司项目经理、项目执行经理、施工队长参加业主主持的图纸会审。

组织施工现场调查，根据现场调查情况、设计文件和合同要求，编写详细的安装施工方案及计划，保证工程顺利实施。

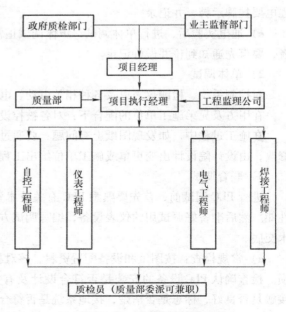

图 23-11　质量保证体系

所有进场的施工材料，做好记录，在业主提供的安全仓库或场地处对施工过程材料做好贮存、防护安排。

3）施工过程阶段的质量控制

a）施工技术交底：对照现场实际情况，作业人员要严格按照有关操作规程和技术交底施工。

b）工程洽商：凡在施工过程中遇到较大施工方法变动、设备变化、工艺调整时，均可通过工程洽商解决。工程洽商签订后，由项目经理和执行经理下发通知单，有关部门及人员按通知单对图纸或施工方案进行更改。

c）工程质量问题处理：在施工过程中，对检查出的质量问题及时采取整改措施，同时上报公司质量部，按公司管理流程处理。

d）工程技术资料管理：工程技术资料由项目执行经理指示部门资料员随施工进度和修改情况及时整理、归档。工程技术资料必须真实准确地反映出工程的实际情况。公司质量部定期对工程施工技术资料收集、整理及保存情况进行检查，对发现的问题填写"整改通知单"限期整改。

4）竣工阶段的质量控制

工程项目在施工过程中，对检查出的质量问题全部整改完成后，由执行经理组织有关人员进行全面质量检查，合格后由项目经理及时向业主提出竣工验收申请。

（5）对于"分包系统"的施工方案要求

对其他子系统如电气配电设备、马赛克显示大屏、大规模视频监视系统、大型化验室设备成套工程、机修间设备等，我公司可根据实际情况进行发包。

确定分包单位之前，由水处理事业部召集质量管理部、资材部，认真、全面考察分包公司，确认其具有相应的施工资质和工程业绩，派往现场的安装调试人员有丰富的工程经验。如果招标文件有专门要求，分包单位还需经业主、监理单位审核批准。

确定分包单位后，签署正式分包合同。要求分包公司严格响应标书要求，并提前到场实际勘察，完全掌握施工图纸，根据现场勘察情况提前编制详细的安装调试方案，报业主通过后严格执行。

分包单位必须做好自我管理，做到安全生产、文明施工，保质保量按时完成分包工作。同时编制相应施工资料，达到验收要求，配合工程验收，不得影响整个工程的顺利竣工。

分包工程竣工验收后，分包单位还要对其提供的产品和施工内容搞好售后服务。对于专用器件如化验室设备、马赛克显示大屏等，还应提供 3~5 年备品备件（有偿）。

（6）施工安全保证措施

安全目标：重大事故率为 0，轻伤事故率为 0‰。

安全保证措施：贯彻"安全第一，预防为主"的方针，搞好安全施工。开工前做好入场教育，由项目执行经理对所有施工人员进行安全教育。

严格执行有关安全施工制度，对关键部位进行经常性的安全检查，及时排除不安全因素。

进入现场的人员一律配戴安全防护设施。对电焊工、气焊工、电工等特殊工种，必须配齐、用好安全防护用品。

（7）工程验收

工程验收分步进行，主要有以下 3 个阶段：

第一阶段：到货验收。货到现场，由监理、业主、我方代表共同开箱验收，对照装箱单做好验收记录，参加人员签字确认。

第二阶段：初步验收。试运行结束后，移交工程图纸、竣工资料，同时向业主提出初步验收申请。业主应在一周内给予答复，否则认为业主认同初步验收合格。

第三阶段：最终验收。初步验收合格后，进入试生产阶段，即工程质保期（质保期不超过 1

年）。试生产阶段，业主组织环保局、设计院、监理公司等相关单位进行工程竣工验收。最终验收以工程通过竣工验收或质保期到达为准，由先到达的时间为最终验收时间，签署《最终验收证明》文件。

（8）附表

1）施工计划进度表。

2）系统调试计划进度表。

3）现场系统恢复表。

4）调试表格。

5）过滤车间调试记录。

6）机加工、五金手册。

7）人员、材料、工具、计划、协议。

3. 特殊工种/设备进场

焊工、电工、叉车、吊装等。

23.2　设备安装

1. 主要内容

协调各方关系，谨慎承诺，避免扩大工程范围，谨慎签字。包括：甲方、设计院、监理（监理必须按照国家的法律、法规、设计文件和合同规定，独立地行使自己的职责，对社会负责）、分包管理、施工单位、质监站、档案馆。

2. 机加工：切割、焊接、配管

支架：槽钢、角钢、圆钢、扁钢、钢管。

配管规范：根据材质分为五种管材：不锈钢管、镀锌钢管、铜管、PPR 管、PVC 管。

连接方式：法兰连接、焊接、螺纹连接、熔接。

3. 电缆敷设与接线

包括桥架、电缆敷设、直埋电缆、管内穿线、电缆头制作、校线、接线、套线号、挂电缆标牌。

电缆敷设与接线如图 23-12 所示。配管安装与电缆防护如图 23-13 所示。

图 23-12　电缆敷设与接线

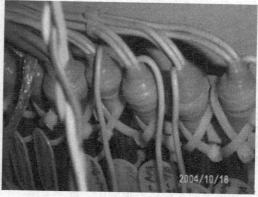

图 23-13 配管安装与电缆防护

电缆敷设现场与控制柜内电缆标牌如图 23-14 所示。

图 23-14 电缆敷设现场与控制柜内电缆标牌

4. 优化设计，争取主动

设计变更、工程变更。

（1）UPS 安装改进

（2）某清水池液位仪表安装方式的变更

仪表支架安装改进如图 23-15 所示。

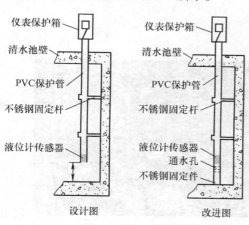

图 23-15 仪表支架安装改进

原设计中，保护管悬空固定，难于保证牢固性。经现场观察，临时决定该为改进图，这样不仅施工方便，更重要的是保证了牢固性。改进后，虽然甲方、监理始终坚持按图施工，但对此改进没有提出任何异议，还表示感谢。

（3）电磁流量计安装支架改进

仪表支架安装改进如图 23-16 所示。

原设计中，仪表支架（镀锌管）直接固定在预制的混凝土基础上。但工期紧，预制基础需要准备砂、石、水泥、钢筋等，而且我标段也没有配备此工种。

改进安装为在仪表井壁两侧各固定一块钢板，用四条双头螺栓对夹紧固，仪表支架直接焊接在外侧钢板上，再用土石方埋压。实际证明这种安装方式坚固、牢靠，保证了安装进度及工程质量，并顺利通过了验收。

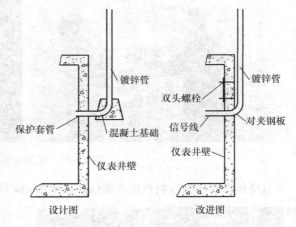

图 23-16　仪表支架安装改进

（4）进口仪表支架国产化设计

某些进口仪表安装支架造价很高，如在 2003 年 E + H 的分析仪表支架接近万元。在某项目中进行了大胆国产化改造，经过与仪表供应厂家、机加工厂家、监理单位多次讨论，现场加工制造了 40 多套仪表，直接节约资金 20 多万元。

（5）电缆桥架走向的变更

工程设计与实际现场一般会有很大出入。通过现场勘察，合理优化线路，能节约大量桥架、电缆及施工管理成本。

5. 施工进度控制与设备保护

1）第三方损坏、丢失。

2）电缆挖断。

3）设备丢失：征地矛盾，业主空调被盗，施工单位受干扰。

4）管理好自己的物资，也要管理好自己的人员。

5）破坏行为：铜排丢失，动力电缆丢失，电缆芯线编号更换，电缆被打进铁钉。

遇到这些问题时需要照片、录像取证保留。

23.3　调试

调试间如图 23-17 所示。

图 23-17　调试间

调试原则：①分时段，分系统，分区域，配合调试；②分级调试，先现场，后分控站，再到中央控制室；③防止备品备件、专用工具、说明书、操作手册、施工资料（变更单、联系单、往来传真、调试记录）、光盘、加密狗、各种管理密码等的丢失；④注意备品备件的保存环境；⑤特别注意分析仪器专用标定试剂的有效期。

1）按照工期进行，保证设备/人员安全，避免发生事故。

2）编制调试大纲：安装、上电、单体调试、分部调试、单元调式、联合调试。

3）其他标段配合、充分准备、技术交底。

4）系统最后校线、上电、调试。

1. 某控制系统的调试方案

（1）准备工作

1）特别是在上电前，要经过仔细核对，先自查。

2）通知有关监理、甲方等人员到场，无关人员撤离现场。

3）工具准备（特别是通信设备对讲机）。

（2）调试步骤

1）检查控制柜接线，经过长途运输，看有无搭接现象。

2）校线，和接线单位配合，包括设备接线和仪表接线。

3）检查电源，包括 PLC 电源和控制柜电源。检查正负极性、电压值、稳定情况。

4）检查控制柜接地情况。

5）检查控制柜内部元件在送电之前与外壳的绝缘电阻，要大于 $500\mathrm{M}\Omega$。

6）检查设备端电源正、负极及其电阻。仪表端电源先不送。

7）送电，测量电位高低，应在 $190\sim230\mathrm{V}$。

8）检查每个模块上的电源。

9）检查仪表电源，确认正、负极没有接反，然后上电。等 $3\sim5\mathrm{min}$，检查通信是否正常，能否在 PLC 和 FIX 中看到数据。

10）开始单体试车。每个设备逐一测试。首先检查手动，然后再在 PLC 测试。

注意 a：第一次送电一定要请电工来做。

注意 b：水泵没有水不能起动。

注意 c：电动机不能频繁起动！75kW 以上大于 15min，小电动机大于 5min。

注意 d：送电、断电之前必须和现场人员打招呼，还要派人去现场监视，如果发现故障要马上停止运转。

11）联合试车。根据工艺要求进行。

（3）要求

1）每一步调试要有记录。每台设备调试通过后要让甲方签字认可。

2）要汇总调试报告，详细记录调试过程中遇到的问题和解决办法，验收后交甲方。

3）特别注意人身安全。树立安全意识，不要随意触摸设备。

（4）时间安排

整个过程分校线、仪表调试、单体试车、联合试车等各项计划时间。

2. 现场调试过程中的经验与教训

1）水泵打到远程即运行。打开 PLC 程序、上位监控软件 iFix，查看设备操作端，再查看运行/停止按钮脚本语言，发现 iFix 下发停止指令后 PLC 起动寄存器清零后又自动置 1，判断是 iFix - PLC 底层驱动不完善所致。在 PLC 逻辑增加寄存器自动清零指令，问题解决。

2）第三方风机起动控制阻塞。第三方风机系统有自己的控制系统，但为了实现远程控制，需要中央控制室对其进行操作。调试过程中发现，设备起动信号下发后，不能保证设备每次都能顺利起动。由于起动指令是从上位计算机通过 RS - 485 接口先发送到对方的触摸屏，再由触摸屏控制风机起动。但是多方设备厂家联合调试，经反复查看程序也没有发现问题。在实在没有办法的情况下，试着将起动指令时间从 3s 加大到 12s 以上，问题得到了解决。这应该是通信传输、协议转换发生延时，造成起动指令不能正确控制远方设备。

3）分析间配管：分析仪表安装方式随现场情况千变万化，安装配件多，现场采购往往有难度。从取样、供水、废液排放、供电、空调、照明甚至整个建筑物都需要现场设计、施工。应争取仪表厂家支持，提供辅助设备（比如管道加压泵、空压机、过滤装置、样品预处理系统、取样系统等）、安装材料清单，避免走不必要的弯路。

4）ZULIG 磨石电极溶解氧的标定。不同于普通渗透膜 DO 的空气标定，需要量用饱和水标定。多次标定后效果不理想，漂移严重，误差增大，供货厂家到场几次都不能解决问题。后来偶然发现，采用生物氧化池水标定效果理想。

5）独立显卡驱动程序升级。由于上位监控系统版本升级很快，如果相应计算机显卡驱动程序版本过老，会影响画面正常显示，甚至自动关机退出。

6）设定显示器分辨率，否则不显示。现场更换新的显示器，由于没有设定在系统指定的分辨率，导致系统根本不能启动。这是由于某些上位监控软件对显示器分辨率有要求。

7）很多复杂设备、功能模块的调试需要充分准备，排除干扰。可安排在中午、深夜没人打扰的时候调试。

8）生产报表。一般有班报表、日报表、月报表、年报表。报表功能往往单独收费，而且价格昂贵。系统集成公司常常自己开发报表。因为报表涉及数据采集与存储，数据采集的触发方式多种多样，监控系统中间有可能中断，每个月的天数也不一样，这样系统运行一段时间后往往会发现报表中存在很多问题，需要认真分析，仔细编制、调试脚本程序。

3. 配合工艺调试，达到工艺设计要求

调试过程中，配套设备厂家技术力量不足，应积极提出建议，由监理方决定。比如，设备到场后发现没有本地/远程切换，上位机不能控制。

控制箱"启动/停止"端子没有配备电源，修改接线后加快了进度。

调试过程中，排除刮泥机、变频器控制柜内部接线错误。

生产工艺专有技术：意大利污水处理工艺，业主为此支付了 200 万专利费用。

控制方面的专有技术：模糊控制专家系统，供水厂预测控制、水网控制、热网控制、风电控制等。

4. 顺利完成工程的保证

开工程调度会议。

5. 现场施工的安全管理

（1）主要事故类型

容器爆炸、锅炉爆炸、机械伤害、起重伤害、电器触电、落水淹溺、火灾灼烫、高处坠落、物体打击、车辆伤害、水路空难、坍塌滑坡、矿山爆炸、中毒窒息、污染伤害。

（2）安全施工的底线

安全施工的底线是避免人员伤亡。

（3）沪东"7·17"龙门起重机倒塌特大事故

2001 年 7 月 17 日上午 8 时许，在沪东某造船（集团）有限公司船坞工地，由上海电力建筑工程公司等单位承担安装的 600t ×170m 龙门起重机在吊装主梁过程中发生倒塌事故，造成 36 人死亡，3 人受伤，直接经济损失 8000 多万元。

为此，一定要重视对外来施工队伍及临时用工的安全管理和培训教育，必须坚持严格的审批程序；必须坚持先培训后上岗的制度，对特种作业人员要严格培训考核、发证，做到持证上岗。

（4）现场调试过程中存在的几种设备事故

1）断路器选择太大，烧毁电源模块。这大多是因为赶工期，没有一一核对对地电阻，或是现场接地，DI 点动作后接地，对地短路。

2）第三方擅自上电，PLC 柜没有采取保护措施，烧毁大量模块。

3）调试期间，前一天晚上下雨。在按计划对一台现场仪表调试时，未经检查匆忙上电，致使仪表主板损坏。经进一步调查分析，发现前一天厂家已经对该仪表进行调试，但还没有完成，打算次日接着调试。但保护箱、仪表接线盒没有紧固，下雨潮气进入仪表内导致绝缘降低造成故障。

4）仪表井进水，淹没电磁流量计变送单元、温度变送器，两套仪表全部报废。

5）仪表井没有盖子，下雨淋坏两台压力变送器。

6）避免用普通笔记本进行设备调试。普通笔记本抗震性能差，防护等级低，缺少调试端口（没有 RS－232 接口，需要 USB 口转换，很不方便），很容易损坏，常常会发生硬盘故障、主板烧毁、显示屏缺线等故障。为了提高工作效率，项目经理应为技术人员配备专用笔记本电脑。

7）大风刮落桥架。沿海的台风很厉害，业主项目办有专门的人员负责极端天气预报。记得有一次没有提前通知，也可能是气象局没有预测到，一阵大风后吹落了大量桥架，连同电缆一同刮飞，造成很大损失。

8）雷击损坏。现场设备、控制室设备、网络设备都有被雷击损坏的可能。一旦发生雷击事故往往设备成片破坏，甚至会发生人身伤亡的严重后果。雨季、多雷区施工要特别注意。

9）设备进水。电气设备是严格防止进水的。但现场种种原因，如设计不周，安装没有很好观察，往往都会给以后生产留下隐患。

23.4　验收移交

1. 工程资料的编制与归档管理

（1）编制依据及主要文档

竣工资料整理标准可参考《国家重大建设项目文件归档要求与档案整理规范》，DA/T 28—2002。施工单位主要归档文件见表 23-2。

表 23-2　施工单位主要归档文件

序号	归档文件	保管期限		
		建设单位	施工单位	设计单位
4.3	招标投标、承发包合同协议			
4.3.1	招标书、招标修改文件、招标补遗及答疑文件	长期	长期	长期
4.3.2	投标书、资质材料、履约类保函、委托授权书和投标澄清文件、修正文件	永久	永久	长期
4.3.3	开标议程，开标大会签字表，报价表，评标纪律，评标人员签字表，评标记录、报告	长期		
4.3.4	中标通知书	长期	长期	长期
4.3.5	合同谈判纪要、合同审批文件、合同书、合同变更文件	永久	长期	长期
5	施工文件			

（续）

序号	归档文件	保管期限		
		建设单位	施工单位	设计单位
5.1	建筑施工文件			
5.1.1	开工报告、工程技术要求、技术交底、图纸会审纪要	长期	长期	
5.1.2	施工组织设计、方案及报批文件，施工计划、施工技术及安全措施文件，施工工艺文件	长期	长期	
5.1.3	原材料及构件出厂证明、质量鉴定、复验单	长期	长期	
5.1.4	建筑材料试验报告	长期	长期	
5.1.5	设计变更通知、工程更改洽商单、材料代用核定审批手续、技术核定单、业务联系单、备忘录等	永久	长期	
5.1.6	施工定位（水准点、导线点、基准线、控制点等）测量、复核记录、地质勘探	永久		
5.1.7	土（岩）试验报告、基础处理、基础工程施工图、桩基工程记录、地基验槽记录	永久	长期	
5.1.8	施工日记、大事记		长期	
5.1.9	隐蔽工程验收记录	永久	长期	
5.1.10	各类工程记录及测试、沉降、位移、变形监测记录，事故处理报告	永久	长期	
5.1.11	工程质量检查、评定	永久	长期	
5.1.12	技术总结、施工预、决算		长期	
5.1.13	交工验收记录证明	永久	长期	
5.1.14	竣工报告、竣工验收报告	永久		
5.1.15	竣工图	永久	长期	
5.1.16	声像材料	长期	长期	
5.2	设备及管线安装施工文件			
5.2.1	开工报告、工程技术要求、技术交底、图纸会审纪要	长期	长期	
5.2.2	施工组织设计、方案及其报批文件，施工计划、技术措施文件	长期	长期	
5.2.3	原材料及构件出厂证明、质量鉴定、复验单	长期	长期	
5.2.4	建筑材料试验报告	长期	长期	
5.2.5	设计变更通知、工程更改洽商单，材料、零部件、设备代用审批手续，技术核定单、业务联系单、备忘录等	永久	长期	
5.2.6	焊接试验记录、报告、施工检验、探伤记录	永久	长期	
5.2.7	隐蔽工程检查验收记录	永久	长期	
5.2.8	强度、密闭性试验报告	长期	长期	
5.2.9	设备、网络调试记录		长期	
5.2.10	施工安装记录，安装质量检查、评定，事故处理报告	长期	长期	
5.2.11	系统调试、试验记录	长期	长期	
5.2.12	管线清洗、试压、通水、通气、消毒等记录	短期	长期	
5.2.13	管线标高、位置、坡度等测量记录	长期	长期	

（续）

序号	归档文件	保管期限		
		建设单位	施工单位	设计单位
5.2.14	中间交工验收记录证明、工程质量评定	永久	长期	
5.2.15	竣工报告、竣工验收报告，施工预、决算	永久	长期	
5.2.16	竣工图	永久	长期	
5.2.17	声像材料	长期	长期	
5.3	电气、仪表安装施工文件			
5.3.1	开工报告、工程技术要求、技术交底、图纸会审纪要	长期	长期	
5.3.2	施工组织设计、方案及其报批文件、施工计划、技术措施文件	短期	长期	
5.3.3	原材料及构件出厂证明、质量鉴定、复验单	长期	长期	
5.3.4	建筑材料试验报告	长期	长期	
5.3.5	设计变更通知、工程更改洽商单，材料、零部件、设备代用审批手续，技术核定单、业务联系单、备忘录等		长期	
5.3.6	系统调试、整定记录	长期	长期	
5.3.7	绝缘、接地电阻等性能测试、校核记录	长期	长期	
5.3.8	材料、设备明细表及检验记录，施工安装记录，质量检查评定、事故处理报告	永久	长期	
5.3.9	操作、联动试验	短期	长期	
5.3.10	电气装置交接记录	短期	长期	
5.3.11	中间交工验收记录、工程质量评定	永久	长期	
5.3.12	竣工报告、竣工验收报告	永久	长期	
5.3.13	竣工图	永久	长期	
5.3.14	声像材料	长期	长期	
12	竣工验收文件			
12.1	项目竣工验收报告	永久	长期	长期
12.2	工程设计总结	永久		长期
12.3	工程施工总结	永久	长期	
12.4	工程监理总结	永久	长期	
12.5	项目质量评审文件	永久	长期	
12.6	工程现场声像文件	永久	长期	
12.7	工程审计文件、材料、决算报告	永久		
12.8	环境保护、劳动安全卫生、消防、人防、规划、档案等验收审批文件	永久		
12.9	竣工验收会议文件、验收证书及验收委员会名册、签字、验收备案文件	永久	长期	长期
12.10	项目评优报奖申报材料、批准文件及证书	长期	长期	

（2）编制注意事项

1）工程照片。

2）合格证。

3）施工日志。

4）会议纪要。

5）变更单。

6）往来传真、邮件。

（3）其他说明

需要重点说明的是，竣工资料不是在最后才着手准备的，在整个施工过程中都应该注意收集整理各种施工资料。尤其要注意的是，很多施工资料比如隐蔽工程、测试报告、施工日志等是不能后补的。

还有某些特殊行业验收有更为严格的验收标准，比如煤矿、消防、压力容器、核电等行业。具体情况应及时联系项目业主。

2. 竣工验收

1）验收申请。

2）成立验收专家小组。

3）分阶段验收。

4）分系统验收。

5）试生产运行。

6）竣工验收与工程移交。

7）进入质保期。

8）质保期满，结算质保金，工程进入有偿服务。

23.5　项目组解散

成员妥善安置，为下一个项目做好准备

1. 成员妥善安置

根据项目进展，项目成员人数是变动的。但到了项目后期，每个成员往往会考虑工程结束后的工作安排。

2. 售后服务

1）培训。

2）电话支持。

3）工作服务票。

4）有偿服务。

5）备品备件。

3. 项目的全生命周期管理

项目执行过程中，关系到人员、设备、资金的统一调配，特别是大项目与项目群管理，涉及不同项目衔接，这与企业组织结构有关。

为了工程升级改造、二期/后续工程、第三方参观、样板工程、公司再投标，为了公司的持续发展，有必要做好全生命周期管理。

4. 避免拖工（项目的进度管理）

（1）如何缩短工期

1）赶工（Crashing）：增加资源，尽可能把资源用到关键活动上，以有效压缩工期。

2）培训。

3）快速跟进（Fast tracking）：并行施工。

4）对近期即将发生的活动进行控制。

5）工期估计最长或预算估计最大的活动。

6）加班或追加人员。

7）更有经验的成员。

8）外包或缩小范围。

9）变更操作或施工方法。

10）分解任务或重排任务。

11）加强沟通与知识共享。

12）实行变更控制与版本管理。

（2）项目工期优化

项目工期不是越短越好。

1）工期压缩、并行施工需要支付代价。

2）资源的数量可能受到限制，不是无限的。

3）通过增加资源压缩工期有时是无效的。

4）一般地，考虑在资源约束下，将项目的工期、费用、收益进行综合考虑，选择科学的项目工期。

5）资源平衡：通过调整任务的工期或次序，使对资源的需求尽可能在直方图上表现的平缓并不超过资源的限量。一般通过调整非关键路径的活动实现。向关键路径要进度，向非关键路径要资源。

23.6　自动化工程项目施工中常用的表格

1）工程开工/复工审批表。

2）施工组织设计（方案）报审表。

3）分包单位资格报审表。

4）报验申请表。

5）工程款支付申请表。

6）监理工程通知回复单。

7）工程临时/最终延期申请表。

8）费用索赔申请表。

9）工程材料/构配件/设备报审表。

10）工程竣工报验收单。

附　录

附表 1　施工计划进度表（样例）

时间　项目	2007 年 9 月				2007 年 10 月				2007 年 11 月				2007 年 12 月				2008 年 1 月				2008 年 2 月				2008 年 3 月				2008 年 4 月			
	第一周	第二周	第三周	第四周	第一周	第二周	第三周	第四周	第一周	第二周	第三周	第四周	第一周	第二周	第三周	第四周	第一周	第二周	第三周	第四周	第一周	第二周	第三周	第四周	第一周	第二周	第三周	第四周	第一周	第二周	第三周	第四周
各系统安装　中央控制室设备安装																																
配电设备安装																																
现场仪表安装																																
化验室设备安装																																
机修设备安装																																

附表 2　系统调试计划进度表（样例）

时间　项目	2007 年 9 月				2007 年 10 月				2007 年 11 月				2007 年 12 月				2008 年 1 月				2008 年 2 月				2008 年 3 月				2008 年 4 月			
	第一周	第二周	第三周	第四周	第一周	第二周	第三周	第四周	第一周	第二周	第三周	第四周	第一周	第二周	第三周	第四周	第一周	第二周	第三周	第四周	第一周	第二周	第三周	第四周	第一周	第二周	第三周	第四周	第一周	第二周	第三周	第四周
系统调试、试运行　中央控制室设备调试																																
配电设备调试																																
现场仪表调试																																
化验设备调试																																
机修设备调试																																
系统培训																																
系统试运行																																

附表3　现场系统恢复表

项目名称：＿＿＿＿＿＿＿＿＿

序号	作业	项　目	确　认	备　注
1	机柜就位	◆底杠上面高于静电地板20～50mm		
		◆底杠与机柜之间加橡胶垫（必要时）		
		◆机柜与底杠的固定螺钉必须加尼龙绝缘垫		
		◆机柜无侧板侧加海绵防尘密封条（一周）		
		◆相邻机柜用螺栓固定（前后共12点）		
		◆机柜前面在同一垂直面上		
		◆机柜就位的垂直精度为0.2%（或用户认可）		
2	电缆恢复	◆强电电缆恢复		
		◆地线电缆恢复		
		◆柜内及柜间电源电缆恢复		
		◆柜间信号电缆恢复（光缆恢复）		
		◆网络电缆恢复（以太网络电缆恢复）		
3	系统上电步骤	◆上电之前，测试电气供电电源符合设计要求		
		◆将UPS电源、FFB单元所有电源开关关闭（OFF）		
		◆将CPU单元电源开关关闭（OFF）		
		◆将所有RI/O单元电源开关关闭（OFF）		
		◆将所有模板上电缆连接头拔出或拆下		
		◆用绝缘电阻表测试系统绝缘性		
		◆用绝缘电阻表测试浮空接口电源绝缘性		
		◆单点接入公共电气接地网，接地线截面积大于38mm²		
		◆将现场提供的电源（AC220V）接到电源柜接线端子上		
		◆测量现场提供的电源电压是否符合要求		
		◆闭合UPS电源开关（ON）		
		◆闭合主电源开关（ON）		
		◆将CPU单元电源开关闭合（ON）		
		◆将RI/O单元电源开关依次闭合（ON）		
		◆操作台上电，确认电源正常		
		◆监控计算机、打印机、投影仪上电		

附表 4 调试表格（样例）

取水泵房变频运行调试记录

参加人员：

调试内容	测试项	测试结果	时间	备注
调试准备	清水池液位：＿＿米			
	1#、2#、3#（4#）取水泵上电、远程、自动			
	打开 1#、2# 反应沉淀池手动进水阀			
	打开 1#、2# 过滤池手动进水阀			
	开加药泵进行加药			
	1#、2# 过滤池阀门上电、远程、滤池自动			
	进水流量设定值 1：＿＿立方/小时 #泵启动			
取水泵自动加泵测试	变频转速稳定在＿＿赫兹			
	进水流量稳定在 ±＿＿立方/小时			
	进水流量设定值 2：＿＿立方/小时 #泵启动			
	变频转速稳定在＿＿赫兹			
	进水流量稳定在 ±＿＿立方/小时			
	进水流量设定值 3：＿＿立方/小时 #泵启动			
	变频转速稳定在＿＿赫兹			
	进水流量稳定在 ±＿＿立方/小时			
取水泵自动减泵测试	进水流量设定值 1：＿＿立方/小时 #泵停止运行；#泵继续运行			
	变频转速稳定在＿＿赫兹			
	进水流量稳定在 ±＿＿立方/小时			
	进水流量设定值 2：＿＿立方/小时 #泵停止运动；泵继续运行			
	变频转速稳定在＿＿赫兹			
	进水流量稳定在 ±＿＿立方/小时			
	进水流量设定值 3：＿＿立方/小时 0 泵继续运行			
	变频转速稳定在＿＿赫兹			
	进水流量稳定在 ±＿＿立方/小时			
自动停泵测试	1# 取水泵停止运行；			
	清水池液位：＿＿米			
	关闭手动阀门；停加药泵，电动阀，水泵断电			

结论：

附表 5　过滤车间调试记录

过滤车间调试记录

参加人员：　　　　　时间：

调试内容	测试项	触摸屏监控	上位监控	马赛克屏显示	结论
滤池 1-1#进水阀状态监控	本地/远程，开/关，开/关到位，故障				
滤池 1-1#出水阀状态监控	本地/远程，开/关，开/关到位，故障				
滤池 1-1#反洗进水阀状态监控	本地/远程，开/关，开/关到位，故障				
滤池 1-1#排水阀状态监控	本地/远程，开/关，开/关到位，故障				
滤池 1-2#进水阀状态监控	本地/远程，开/关，开/关到位，故障				
滤池 1-2#出水阀状态监控	本地/远程，开/关，开/关到位，故障				
滤池 1-2#反洗进水阀状态监控	本地/远程，开/关，开/关到位，故障				
滤池 1-2#排水阀状态监控	本地/远程，开/关，开/关到位，故障				
滤池 1-3#进水阀状态监控	本地/远程，开/关，开/关到位，故障				
滤池 1-3#出水阀状态监控	本地/远程，开/关，开/关到位，故障				
滤池 1-3#反洗进水阀状态监控	本地/远程，开/关，开/关到位，故障				
滤池 1-3#排水阀状态监控	本地/远程，开/关，开/关到位，故障				
滤池 1-4#进水阀状态监控	本地/远程，开/关，开/关到位，故障				
滤池 1-4#出水阀状态监控	本地/远程，开/关，开/关到位，故障				
滤池 1-4#反洗进水阀状态监控	本地/远程，开/关，开/关到位，故障				
滤池 1-4#排水阀状态监控	本地/远程，开/关，开/关到位，故障				
滤池 1-5#进水阀状态监控	本地/远程，开/关，开/关到位，故障				
滤池 1-5#出水阀状态监控	本地/远程，开/关，开/关到位，故障				
滤池 1-5#反洗进水阀状态监控	本地/远程，开/关，开/关到位，故障				
滤池 1-5#排水阀状态监控	本地/远程，开/关，开/关到位，故障				

附表6

工程开工/复工审批表

工程名称：　　　　　　　　　　　　　　　　　　　　编号：

致：　　　　　　　　　　　　　　　　（监理单位）

　　我方承担的＿＿＿＿＿＿＿＿＿＿＿＿＿＿＿工程，已完成了以下各项工作，具备了开工/复工条件，特此申请施工，请核查并签发开工/复工指令。

承包单位（章）：＿＿＿＿＿＿＿＿＿＿

项目经理：＿＿＿＿＿＿＿＿＿＿

日　期：　　　年　　月　　日

审查意见：

项目监理机构：＿＿＿＿＿＿＿＿＿＿

总监理工程师：＿＿＿＿＿＿＿＿＿＿

日　期：　　　年　　月　　日

注：此表由承包单位填报，一式三份，经监理单位审批后，建设单位、监理单位、承包单位各存一份。

附表7

施工组织设计（方案）报审表

工程名称： 编号：

致： （监理单位）

　　我方根据施工合同的有关规定完成了_____工程施工组织设计（方案）的编制，并经我单位上级技术负责人审查批准，请予以审查。

　　附：施工组织设计（方案）

承包单位（章）：_____

项目经理：_____

日　期：　　年　月　日

专业监理工程师审查意见：

专业监理工程师：_____

日　期：　　年　月　日

总监理工程师审核意见：

项目监理机构：_____

总监理工程师：_____

日　期：　　年　月　日

注：此表由承包单位填报，一式三份，经监理单位审批后，建设单位、监理单位、承包单位各存一份。

附表 8

分包单位资格报审表

工程名称：   编号：

致：   （监理单位）

经考察，我方认为拟选择的 _____（分包单位）具有承担下列的施工资质和施工能力，可以保证本工程项目按合同的规定进行施工。分包后我方仍承担总包单位的全部责任。请予以审查和批准。

附：1）分包单位资质材料：

  2）分包单位业绩材料：

工程名称（部位）	工程数量	拟分包工程合同额	分包工程占全部工程
合计：			

承包单位（章）：_____

项目经理：_____

日　期：　　年　月　日

专业监理工程师审查意见：

专业监理工程师：_____

日　期：　　年　月　日

总监理工程师审核意见：

项目监理机构：_____

总监理工程师：_____

日　期：　　年　月　日

注：此表由承包单位填报，一式三份，经监理单位审批后，建设单位、监理单位、承包单位各存一份。

附表9

报验申请表

工程名称：　　　　　　　　　　　　　　　　　　　　　　　　编号：

致：　　　　　　　　　　　　　（监理单位）

　　我单位已完成了_____工作，现报上该工程报验申请表，请予以审查和验收。

　　附件：

承包单位（章）：_____

项目经理：_____

日　　期：　　　年　　月　　日

审查意见：

项目监理机构：_____

总/专业监理工程师：_____

日　　期：　　　年　　月　　日

注：此表由承包单位填报，一式三份，经监理单位审批后，建设单位、监理单位、承包单位各存一份。

附表 10

工程款支付申请表

工程名称： 编号：

致： （监理单位）

我方已完成了_____

_____，按施工合同

的规定，建设单位应在_____年____月____日前支付该工程款共（大写）：_____

_____（小写：_____），现报上_____

工程付款申请表，请予以审查并开具工程支付证书。

附件：1）工程量清单：

2）计算方法：

承包单位（章）：_____

项目经理：_____

日　　期：____年____月____日

注：此表由承包单位填报，一式三份，经监理单位审批后，建设单位、监理单位、承包单位各存一份。

附表11

监理工程通知回复单

工程名称：　　　　　　　　　　　　　　　　　　　　　　　　编号：

致：　　　　　　　　　　　　　　（监理单位）

　　我方接到编号为_____的监理工程师通知后，已按要求完成了

_____工作，现报上，请予以复查。

　　详细内容：

承包单位（章）：_____

项目经理：_____

日　　期：　　　年　　月　　日

复查意见：

项目监理机构：_____

总/专业监理工程师：_____

日　　期：_____

注：此表由承包单位填报，一式三份，经监理单位审批后，建设单位、监理单位、承包单位各存一份。

附表12

工程临时/最终延期申请表

工程名称： 编号：

致： （监理单位）

　　根据施工合同条款＿＿＿＿＿＿＿＿＿＿条的规定，由于＿＿＿＿＿＿＿＿＿＿＿

＿＿＿＿＿＿＿＿＿＿＿＿＿原因，我方申请工程延期，请予以批准。

　　附件：1）工程延期的依据及工期计算。

　　合同竣工日期：

　　申请延长竣工日期：

　　2）证明材料：

承包单位：＿＿＿＿＿＿＿＿＿＿

项目经理：＿＿＿＿＿＿＿＿＿＿

日　　期：　　年　　月　　日

注：此表由承包单位填报，一式三份，经监理单位审批后，建设单位、监理单位、承包单位各存一份。

附表 13

费用索赔申请表

工程名称：　　　　　　　　　　　　　　　　　　　　　　　编号：

致：　　　　　　　　　　　　　　　（监理单位）

　　根据施工合同条款＿＿＿＿＿＿＿＿＿＿＿＿条的规定，由于＿＿＿＿＿＿＿＿＿＿

＿＿＿＿＿＿＿＿＿＿＿＿＿＿原因，我方要求索赔金额（大写）＿＿＿＿＿＿＿＿＿＿

＿＿＿＿＿请予以批准。

　索赔的详细理由及经过：

　索赔金额的计算：

　附：证明材料

　　　　　　　　　　　　　　　　　承包单位（章）：＿＿＿＿＿＿＿＿＿＿

　　　　　　　　　　　　　　　　　　　项目经理：＿＿＿＿＿＿＿＿＿＿

　　　　　　　　　　　　　　　　日　　期：　　　年　　月　　日

注：此表由承包单位填报，一式三份，经监理单位审批后，建设单位、监理单位、承包单位各存一份。

附表 14

工程材料/构配件/设备报审表

工程名称：   编号：

致：   （监理单位）

我方于_____年____月____日进场的工程材料/构配件/设备质量如下（见附件）。现将质量证明文件及自检结果报上，拟用于下述部位：

_____

_____。

请予以审核。

附件：1）数量清单

2）质量证明文件

3）自检结果

承包单位（章）：_____

项目经理：_____

日　期：　　年　月　日

审查意见：

经检查上述工程材料/构配件/设备，符合/不符合设计文件和规范的，准许/不准许进场，同意/不同意使用于拟定部位：

项目监理机构：_____

总/专业监理工程师：_____

日　期：　　年　月　日

注：此表由承包单位填报，一式三份，经监理单位审批后，建设单位、监理单位、承包单位各存一份。

附表 15

工程竣工报验收单

工程名称：　　　　　　　　　　　　　　　　　　　　　编号：

致：　　　　　　　　　　　　　　　　（监理单位）

　　我方已按合同要求完成了＿＿＿＿＿＿＿＿＿＿＿＿＿＿＿＿＿工程，经自检合格，请予以检查验收。

　　附件：

承包单位（章）：＿＿＿＿＿＿＿＿＿＿

项目经理：＿＿＿＿＿＿＿＿＿＿

日　期：　　　年　　月　　日

审查意见：

　　经初步验收，该工程

　　1）符合/不符合我国现行法律、法规要求；

　　2）符合/不符合我国现行工程建设标准；

　　3）符合/不符合设计文件要求；

　　4）符合/不符合施工合同要求。

　　综上所述，该工程初步验收合格/不合格，可以/不可以组织正式验收。

项目监理机构：＿＿＿＿＿＿＿＿＿＿

总监理工程师：＿＿＿＿＿＿＿＿＿＿

日　期：　　　年　　月　　日

注：此表由承包单位填报，一式三份，经监理单位审批后，建设单位、监理单位、承包单位各存一份。

参考文献

[1] 姚福来，张艳芳，等．电气自动化工程师速成教程［M］．北京：机械工业出版社，2007．

[2] 姚福来，孙鹤旭，杨鹏，等．变频器、PLC及组态软件实用技术速成教程［M］．北京：机械工业出版社，2010．

[3] 姚福来，孙鹤旭，等．常用器件及控制线路学与用［M］．北京：电子工业出版社，2011．

[4] 姚福来，孙鹤旭，等．变频器及节能控制实用技术速成［M］．北京：电子工业出版社，2011．

[5] 姚福来，孙鹤旭，等．PLC、现场总线及工业网络实用技术速成［M］．北京：电子工业出版社，2011．

[6] 姚福来，孙鹤旭，等．组态软件及触摸屏综合应用技术速成［M］．北京：电子工业出版社，2011．

[7] 国家知识产权局专利局 http://www.sipo.gov.cn．

[8] 中国工控网：http://www.gongkong.com/．

[9] 项目管理网站：http://www.pmi.org；http://www.project.com.cn；http://www.cpmi.org.cn．

[10] 西门子：http://www.ad.siemens.com.cn/；http://www.sea.siemens.com/．

[11] 施奈德：http://www.schneider-electric.com/ schneider-electric.com.cn．

[12] MODICON：http://public.modicon.com/．

[13] ABB PLC：http://www.abbplc.com/．

[14] Rockwell：http://www.automation.rockwell.com/．

[15] AB（Allen-Bradley）：http://www.ab.com/．

[16] GE：http://www.gefanuc.com．

[17] 上海欧姆龙：http://www.omronservice.com.cn，可下载中英文手册．

[18] 富士：http://www.fujielectric.com/．

[19] 东芝：http://www.tic.toshiba.com/．

[20] 松下：PLC http://www.naisplc.com/．

[21] 日立：http://www.hitachi.com/．

[22] LG：http://www.lgis.com/．

[23] 德州仪器：http://www.ti.com.cn/．

[24] 三菱电机自动化：http://www.meau.com，可下载英文手册．

[25] 光洋电机（无锡）：http://www.koyoele.com.cn/，可下载中英文手册．

[26] 台达电子：www.deltaww.com/tw；www.dcee.com/chinese．

[27] 台湾永宏PLC：http://www.fatek.com/．

[28] 广州正欣：http://www.omrongzc.com/，可下载欧姆龙资料．

[29] 数字家园：http://binbin.diy.163.com，可下载三菱编程软件和仿真软件．

[30] 思南：http://www.gkong.com．

[31] 宝昌自动化：http://www.powercon.com.cn，可下载三菱软件和资料．

[32] 中国自动化网：http://www.CA800.com/．

[33] 凹凸网：http://www.auto100.net．

[34] 工控大世界：http://www.ylzb.com．

[35] 德阳四星电子：http://www.fourstar-dy.com/．

[36] 德国菲尼克斯（Phoenix Contact）：http://www.phoenixcontact.com．

[37] 上海西菱：www.syslink.com.cn，可下载三菱中英文手册及编程软件．

[38] PLC论坛：http://www.plcs.net/．